建筑施工项目管理丛书

建筑施工项目材料管理

卜一德　主编
董文祥　刘　琳　景政纲　副主编

中国建筑工业出版社

图书在版编目（CIP）数据

建筑施工项目材料管理/卜一德主编. 一北京：中国建筑工业出版社，2006
建筑施工项目管理丛书
ISBN 978-7-112-09257-4

Ⅰ. 建… Ⅱ. 卜… Ⅲ. 建筑材料-施工管理 Ⅳ. TU71

中国版本图书馆 CIP 数据核字（2007）第 056730 号

建筑施工项目管理丛书
建筑施工项目材料管理
卜一德 主编
董文祥 刘 琳 景政纲 副主编
*
中国建筑工业出版社出版、发行（北京西郊百万庄）
各地新华书店、建筑书店经销
霸州市顺浩图文科技发展有限公司制版
廊坊市海涛印刷有限公司印刷
*
开本：787×1092 毫米 1/16 印张：14¾ 字数：356 千字
2007 年 7 月第一版 2016 年 7 月第二次印刷
定价：**28.00** 元（附网络下载）
ISBN 978-7-112-09257-4
（15921）

版权所有 翻印必究
如有印装质量问题，可寄本社退换
（邮政编码 100037）

本社网址：http://www.cabp.com.cn
网上书店：http://www.china-building.com.cn

为加强建设工程施工项目材料管理，确保工程进度、质量和安全，使企业获取最大的经济、社会效益。根据《建设项目总承包管理规范》(GB/T 50358—2005) 和《建设工程项目管理规范》(GB/T 50326—2006) 等规范规定编写了本书，全书包括：项目材料采购管理、项目材料质量控制、项目材料管理、施工项目材料计算机管理技术和项目材料计算机管理应用实例等五章。另在第三章之后还附有两个相关附录，第四章之后附有施工项目材料管理软件光盘。

全书以项目材料管理为主线，内容丰富、翔实，结构严谨，突出实用性。

本书可供建筑施工企业有关管理人员学习应用，也可供大专院校相关专业师生学习参考。

* * *

责任编辑：郦锁林
责任设计：赵明霞
责任校对：刘　钰　王　爽

本书附配套软件，下载地址如下：
www.cabp.com.cn/td/cabp15921.rar

前　言

加强管理是企业永恒的主题，加强施工项目的材料管理更是建筑企业的重要内容之一。因为施工生产的过程同时也是材料消耗的过程，材料是生产要素中价值量最大的组成要素，一般占建筑工程造价70％左右。因此，加强材料的管理是生产客观要求，也是改善企业各项技术经济指标和提高经济效益的重要环节。对企业完成生产任务，满足社会需求和增加利润起着极其重要的作用。鉴于此，我们根据《建设项目总承包管理规范》（GB/T 50358—2005）和《建设工程项目管理规范》（GB/T 50326—2006）等规范规定编写了本书，全书包括：项目材料采购管理、项目材料质量控制、项目材料管理、施工项目材料计算机管理技术和项目材料计算机管理应用实例等五章。全书以项目材料管理为主线，突出实用性。

本书由卜一德主编，董文祥、刘琳琳、景政纲副主编，参加编写的人员还有：徐爱杰、邵青、任宪学、张军、黄海波、王旭、杨明志、王京玺、吕高友、游金锋、胡宝刚。

本书编写内容除适量引用国家现行有关技术标准外，还参考了一定的相关文献资料，在此谨向有关作者致以衷心感谢。

目　录

第一章　项目采购管理

第一节　一般管理

1. 工程总承包项目采购管理由采购经理负责，并适时组建项目采购组。在项目实施过程中，采购经理应接受项目经理和企业采购管理部门负责人的双重领导。

2. 采购工作应遵循公平、公开、公正的原则，选定供货厂商。保证按项目要求的质量、数量和时间采购，以合理的价格和可靠的供货来源，获得所需的设备、材料及有关服务。

3. 工程总承包企业应对供货厂商进行资格预审，建立企业认可的合格供货厂商名单。

第二节　采购工作程序

1. 采购工作应按下列程序实施：

（1）编制项目采购计划和项目采购进度计划。

（2）采买：

1）进行供货厂商资格预审，确认合格供货厂商，编制项目询价供货厂商名单；

2）编制询价文件；

3）实施询价，接受报价；

4）组织报价评审；

5）必要时，召开供货厂商协调会；

6）签订采购合同或订单。

（3）催交：包括在办公室和现场对所订购的设备、材料及其图纸、资料进行催交。

（4）检验：包括合同约定的检验以及其他特殊检验。

（5）运输与交付：包括合同约定的包装、运输和交付。

（6）现场服务管理：包括采购技术服务、供货质量问题的处理、供货厂商专家服务的联络和协调等。

（7）仓库管理：包括开箱检验、仓储管理、出入库管理等。

（8）采购结束：包括订单关闭、文件归档、剩余材料处理、供货厂商评定、采购完工报告编制以及项目采购工作总结等。

2. 项目采购组可根据采购工作的需要对采购工作程序及其内容进行适当调整，但应符合项目合同要求。

第三节　采购计划

1. 采购计划由采购经理组织编制，经项目经理批准后实施。

2. 采购计划编制的依据：

（1）项目合同；

（2）项目管理计划和项目实施计划；

（3）项目进度计划；

（4）工程总承包企业有关采购管理程序和制度。

3. 采购计划应包括以下内容：

（1）编制依据；

（2）项目概况；

（3）采购原则，包括分包策略及分包管理原则，安全、质量、进度、费用、控制原则，设备材料分交原则等；

（4）采购工作范围和内容；

（5）采购的职能岗位设置及其主要职责；

（6）采购进度的主要控制目标和要求，长周期设备和特殊材料采购的计划安排；

（7）采购费用控制的主要目标、要求和措施；

（8）采购质量控制的主要目标、要求和措施；

（9）采购协调程序；

（10）特殊采购事项的处理原则；

（11）现场采购管理要求。

4. 项目采购组应严格按采购计划开展工作，采购经理应对采购计划的实施进行管理和监控。

第四节　项目材料计划编制实务

材料计划是对项目材料需求目标的预测及实现目标的部署和安排，是组织、指导、监督、调节材料的采购供应、储备及使用活动重要依据，是合理控制材料成本的首要环节。

1. 材料计划的分类

（1）按用途分：

包括材料需用计划、材料申请计划、材料供应计划、材料加工订货计划和采购计划。

1）材料需用计划。材料需用计划一般由项目工长、预算员或项目主任工程师（技术负责人）编制，是编制其他计划的基本依据。

材料需用计划应结合材料施工消耗定额，逐项计算，明确需用材料的品种、规格、数量、质量，分单位工程汇总成实际的材料需用计划。

2）材料申请计划。材料申请计划一般由项目工长、预算员或项目主任工程师（技术负责人）编制，是根据材料需用计划，经平衡现场库存、场地堆放、需用时间等情况后向采购部门提出的材料申请要料计划。计划中应包括材料的品种、规格、型号、数量、质量及技术要求和需用时间等。

3）材料供应计划。材料供应计划一般由项目材料采购人员或上级材料供应部门编制，是材料供应部门/人员为完成材料供应任务，组织供需衔接的实施计划。计划中应包括材料的品种、规格、型号、数量、质量及技术要求和交货时间等。

4）材料加工订货计划。材料加工订货计划是材料供应部门/人员获得材料而编制的材料计划。计划中应包括材料的品种、规格、型号、数量、质量及技术要求和交货时间等。若为非定型产品，应附有加工图纸、技术资料或提供样品。

5）材料采购计划。材料采购计划是为了向材料市场采购材料而编制的计划，计划中应包括材料的品种、规格、型号、数量、质量、交货时间、预计采购厂商名称及需用资金等。

（2）按日期分，包括年度计划、季度计划、月计划、旬计划、一次性用料计划及临时追加计划。

1）年度计划。年度计划一般是由企业编制，为保证全年施工任务所需用的主要材料而编制的计划。年度计划必须与年度施工生产任务密切结合。

2）季度计划。季度计划一般是由企业编制，根据施工任务的落实和安排的实际情况编制，以调整年度计划，并用于具体落实材料资源，组织采购供应，保证本季度施工任务正常进行。

3）月计划。月计划是项目根据当月施工生产进度安排编制的需用材料计划，比上述两者更细致、及时，内容更全面、准确，是组织材料供应的依据。

4）一次性用料计划。针对单位工程施工任务用料编制的一次性订货的材料需用计划，应详细说明材料的品种、规格、型号、花色、数量、质量、需用时间等。内包工程也可采取签订供需合同的方法。

5）临时追加计划。

由于以下原因，需采取临时措施解决的材料计划：

① 设计变更或任务调整；

② 原计划品种、规格、数量、花色等错漏；

③ 施工中采取临时技术措施；

④ 其他意外情况。列入这种计划的一般是急用材料，要作为重点供应。如费用超支、材料超用，应查明原因，分清责任，办理签证，由责任方承担经济责任。

2. 材料计划的编制原则

（1）综合平衡的原则。

要注意产需平衡、供需平衡、各种供应渠道间平衡、各施工单位间平衡等，坚持积极平衡、留有余地，确保材料合理利用。

（2）实事求是的原则。

要供需平衡，略有余地。计划过小，容易因供应脱节而影响施工生产、加大采购成本；计划过大，将造成材料积压和浪费。

（3）严肃性和灵活性统一的原则。

必须严肃认真、科学合理地编制计划，并坚持严格地按计划落实有关工作。同时，出现异常状况要及时调整计划，以保证施工生产正常进行及整体利益不受损害。

3. 项目材料计划管理流程

材料计划是采购管理的基础和依据，要充分保证计划的及时性、准确性和严肃性，以科学地指导材料采购工作。

编制、审批材料计划时，工程技术人员应充分考虑，尽量采用绿色建材并合理控制材料数量。

（1）编报单位工程材料需用计划

一般由项目工长、预算员或主任工程师（技术负责人）编制，是编制其他材料计划、控制材料消耗总量的依据。图纸不全或提供不及时的，应先编制分部或分项工程的备料计划，待图纸到齐后立即编制单位工程材料需用计划。

1）编报程序：

① 掌握施工工艺，了解施工技术组织方案，仔细阅读施工图纸；

② 计算施工实物工程量；

③ 查材料施工消耗定额，计算完成材料分析，明确所需材料的品种、规格、型号、数量、质量及技术要求；

④ 汇总各操作项目材料分析表中的材料需用量，编制完成单位工程材料需用计划；

⑤ 按规定的程序和时间将计划送达相关人员。一般情况下，该计划要在距开工（或分部、分项施工）15d 前，经项目经理确认后，交项目工长和材料主管各一份，需上级供应或招标者，要及时报上级供应部门。

2）材料需用量的计算方法：

① 直接计算法

直接套用相应项目材料消耗定额计算材料用量的方法，叫直接计算法。即：先根据图纸计算施工实物工程量，再结合施工方案等情况，套用材料施工消耗定额，进行各分项工程的材料分析，然后汇总材料分析，就得到了单位工程材料需用量。编制月、季材料计划时，则按施工部位要求及形象进度，分别切割编制即可。

直接计算法的计算公式为：

某种材料计划需用量＝建筑安装实物工程量×相应材料消耗定额

② 间接计算法。

工程任务基本落实但设计图纸未出齐、技术资料不全的情况下需要编制材料计划时，可以根据投资、工程造价和建筑面积匡算主要材料需用量，作为备料工作依据，这种间接利用经验估算指标预计材料需要量的方法，叫间接计算法。一旦图纸齐备，施工方案、技术措施落实，应用直接计算法核实并对材料需要量进行调整。

间接计算法有两种：

A. 已知工程结构类型及建筑面积匡算主要材料需用量时，计算公式为：

某种材料计划需用量＝某类工程建筑面积×该类工程每平方米建筑面积某种材料消耗定额×调整系数

这种计算方法因考虑了不同结构类型工程材料消耗的特点，所以计算比较准确。但当设计所选用的材料品种出现差别时，应根据不同材料消耗特点进行调整。

B. 工程任务不具体，没有施工计划和图纸，只有计划总投资或工程造价时，计算公式为：

某种材料计划需用量=工程项目总投资×每万元工作量某种材料消耗定额×调整系数

这种计算方法能综合体现企业生产的材料耗用水平，但因只考虑了报价，而未考虑不同结构类型工程之间材料消耗的差别，当价格浮动较大时易出现偏差，应将这些影响因素折成系数，予以调整。

3）编制单位工程材料需用计划时要注意进行两算对比：

两算对比是材料管理的基础手段。进行两算对比可以做到先算后干，对材料消耗心中有数；可以核对出预算中可能出现的疏漏。施工预算一般应低于施工图预算。

（2）编报月度材料需用计划/申请计划

一般由项目工长、预算员或主任工程师（技术负责人）编制。在单位工程材料需用计划的编制基础上，按当月施工生产进度安排和施工部位要求分段编制即可。

计划编制完毕，按规定的程序和时间将计划送达相关人员。一般情况下，每月25日前报下月计划，每月10日报当月补充计划，经项目技术负责人和项目经理确认后交项目工长和材料主管各一份。

项目自行采购材料的，该计划即为前述的材料申请计划。

需上级供应或招标的，要由材料人员平衡现场库存、场地堆放、需用时间等情况并作相应调整，经项目经理确认后形成材料申请计划，及时报上级供应部门。

（3）编报月度材料采购计划

1）由材料采购供应部门/人员编制。

2）项目自行采购材料的，项目材料人员根据上面的月度材料需用计划/申请计划，平衡现场库存、场地堆放、需用时间、市场供应状况、资金计划等情况并作相应调整、经项目经理确认后形成材料采购计划，按规定的程序和时间将计划送达相关人员。

第五节　采　　买

1. 采买工作应包括接收请购文件、确定合格供货厂商、编制询价文件、询价、报价评审、定标、签订采购合同或订单等内容。

2. 采购组应按照批准的请购文件组织采购。

3. 采购组应在工程总承包企业的合格供货厂商名单中选择。

确定项目的合格供货厂商。项目合格供货厂商应符合如下条件：

（1）有能力满足产品质量要求；

（2）有完整并已付诸实施的质量管理体系；

（3）有良好的信誉和财务状况；

（4）有能力保证按合同要求，准时交货，有良好的售后服务；

（5）具有类似产品成功的供货及使用业绩。

4. 询价文件应由采买工程师负责编制，采购经理批准。

5. 采购组宜在项目合格供货厂商中选择3～5家询价供货厂商，发出询价文件。

6. 报价人应在报价截止日期前，将密封的报价文件送达指定地点。采购组应组织对供货厂商的报价进行评审，包括技术评审、商务评审和综合评审。必要时，可与报价人进行商务及技术谈判，并根据综合评审意见确定供货厂商。

7. 根据工程总承包企业授权，可由项目经理或采购经理按规定与供货厂商签订采购合同。采购合同文件应完整、准确、严密、合法，包括下列内容：

（1）采购合同；

（2）询价文件及其修订补充文件；

（3）满足询价文件的全部报价文件；

（4）供货厂商协调会会议纪要；

（5）任何涉及询价、报价内容变更所形成的其他书面形式文件。

第六节　催交与检验

1. 采购经理应根据设备材料的重要性和一旦延期交付对项目总进度产生影响的程度，划分催交等级，确定催交方式和频度，制订催交计划并监督实施。

2. 催交方式可包括三种：驻厂催交、办公室催交和会议催交。对关键设备材料应进行驻厂催交。

3. 催交工作应包括以下内容：

（1）熟悉采购合同及附件；

（2）确定设备材料的催交等级，制订催交计划，明确主要检查内容和控制点；

（3）要求供货厂商按时提供制造进度计划；

（4）检查供货厂商、设备材料制造、供货及提交的图纸、资料是否符合采购合同要求；

（5）督促供货厂商按计划提交有效的图纸、资料，供设计审查和确认，并确保经确认的图纸、资料按时返回供货厂商；

（6）检查运输计划和货运文件的准备情况，催交合同约定的最终资料；

（7）按规定编制催交状态报告。

4. 采购组应根据采购合同的规定制订检验计划，组织具备相应资格的检验人员根据设计文件和标准规范的要求，进行设备材料制造过程中的检验，以及出厂前的检验。重要、关键设备应驻厂验收。

5. 对于有特殊要求的设备材料，应委托有相应资格和能力的单位进行第三方检验并签订检验合同。采购组检验人员有权依据合同对第三方的检验工作实施监督和控制。当总承包合同有约定时，应安排业主参加相关的检验。

6. 采购组应根据设备材料的具体情况，确定其检验方式并在采购合同中规定。

7. 检验人员应按规定编制检验报告。检验报告应包括以下内容：

（1）合同号、受检设备材料的名称、规格、数量；

（2）供货厂商的名称、检验场所、起止时间；

（3）各方参加人员；

（4）供货厂商使用的检验、测量和试验设备的控制状态并附有关记录；

（5）检验记录；

（6）检验结论。

第七节　运输与交付

1. 采购组应根据采购合同约定的交货条件，制定设备材料运输计划并实施。计划内容应包括运输前的准备工作、运输时间、运输方式、运输路线、人员安排和费用计划等。

2. 采购组应督促供货厂商按照采购合同约定进行包装和运输。

3. 对超限和有特殊要求的设备的运输，采购组应制定专项的运输方案，并委托专门的运输机构承担。

4. 对国际运输，应按采购合同约定和国际惯例进行，做好办理报关、商检及保险等手续。

5. 采购组应落实接货条件，制定卸货方案，做好现场接货工作。

6. 设备、材料运至指定地点后，应由接收人员对照送货单进行逐项清点，签收时应注明到货状态及其完整性，及时填写接收报告并归档。

第八节　采购变更管理

1. 项目部应建立采购变更管理程序和规定。

2. 采购组接到项目经理批准的变更单后，应了解变更的范围和对采购的要求，预测相关费用和时间，制订变更实施计划并按计划实施。

3. 变更单应填写以下主要内容：

（1）变更的内容；

（2）变更的理由及处理措施；

（3）变更的责任承担方；

（4）对项目进度和费用的影响。

第二章 项目材料质量控制

第一节 项目材料质量控制的依据

1. 国家、行业、企业和地方标准、规范、规程和规定。

建设工程国家现行施工质量验收系列规范和建筑材料的技术标准分为国家标准、行业标准、企业标准和地方标准等，各级标准分别由相应的标准化管理部门批准并颁布。我国国家质量技术监督局是国家标准化管理的最高机关。各级标准部门都有各自的代号，建筑材料技术标准中常见代号有：GB——国家标准（过去多采用 GBJ，一度采用过 TJ）；JG——建设部行业标准（原为 JGJ）；JC——国家建材局标准（原为 JCJ）；ZB——国家级专业标准；CECS——中国工程建设标准化协会标准；DB××——地方性标准（××表示序号，由国家统一规定，如北京市的序号为 11，湖南为 43）等。

标准代号由标准名称、部门代号（1991 年以后，对于推荐性标准加“/T”，无“/T”为强制性标准）、编号和批准年份组成，如国家标准《硅酸盐水泥、普通硅酸盐水泥》（GB 175—99），部门代号为 GB，编号为 175，批准年份为 1999 年，为强制性标准。

另外，现行部分建材行业标准有两个年份，第一个年份为批准年份，括号中的年份为重新校对年份，如《粉煤灰砖》JC 239—91（96）。

无论是国家标准还是部门行业标准，都是全国通用标准，属国家指令性技术文件，均必须严格遵照执行。另外，在学习有关标准时应注意到黑体字标志的条文为强制性条文。

2. 工程设计文件及施工图。

3. 工程施工合同。

4. 施工组织设计。

5. 工程建设监理合同。

6. 产品说明书、产品质量证明书、产品质量试验报告、质检部门的检测报告、有效鉴定证书、试验室复试报告。

第二节 材料进场前的质量控制

1. 仔细阅读工程设计文件、施工图、施工合同、施工组织设计及其他与工程所用材料有关的文件，熟悉这些文件对材料品种、规格、型号、强度等级、生产厂家与商标的规定和要求。

2. 认真查阅所用材料的质量标准，学习材料的基本性质，对材料的应用特性、适用范围有全面了解，必要时对主要材料、设备及构配件的选择向业主提出合理的建议。

3. 掌握材料信息，认真考察供货厂家。

掌握材料质量、价格、供货能力信息，获得质量好、价格低的材料资源，以便既确保工程质量又降低工程造价。对重要的材料、构配件及设备，项目管理人员应对其生产厂家的资质、生产工艺、主要生产设备、企业质量管理认证情况等进行审查或实地考察，对产品的商标、包装进行了解，杜绝假冒伪劣产品，确保产品的质量可靠稳定，同时还应掌握供货情况、价格情况。对一些重要的材料、构配件及设备，订货前，项目部必须申报，经监理工程师论证同意后，报业主备案，方可订货。

第三节　材料进场时的质量控制

1. 物、单必须相符

材料进场时，项目管理人员应检查到场材料的实际情况与所要求的材料在品种、规格、型号、强度等级、生产厂家与商标等方面是否相符，检查产品的生产编号或批号、型号、规格、生产日期与产品质量证明书是否相符，如有任何一项不符，应要求退货或要求供应商提供材料的资料。标志不清的材料可要求退货（也可进行抽检）。

2. 检查材料质量保证资料

进入施工现场的各种原材料、半成品、构配件都必须有相应的质量保证资料。主要有：

（1）生产许可证或使用许可证；

（2）产品合格证、质量证明书或质量试验报告单。合格证等都必须盖有生产单位或供货单位的红章并标明出厂日期、生产批号或产品编号。

第四节　材料进场后的质量控制

1. 施工现场材料的基本要求

（1）工程上使用的所有原材料、半成品、构配件及设备，都必须事先经监理工程师审批后方可进入施工现场。

（2）施工现场不能存放与本工程无关或不合格的材料。

（3）所有进入现场的原材料与提交的资料在规格、型号、品种、编号上必须一致。

（4）不同种类、不同厂家、不同品种、不同型号、不同批号的材料必须分别堆放，界限清晰，并有专人管理。避免使用时造成混乱，便于追踪工程质量，分析质量事故的原因。

（5）应用新材料必须符合国家和建设行政主管部门的有关规定，事前必须通过试验和鉴定。代用材料必须通过计算和充分论证，并要符合结构构造的要求。

2. 及时复验

为防止假冒伪劣产品用于工程，或为考察产品生产质量的稳定性，或为掌握材料在存放过程中性能的降低情况，或因原材料在施工现场重新配制，对重要的工程材料应及时进行复验。凡标志不清或认为质量有问题的材料，对质量保证资料有怀疑或与合同规定不符的一般材料，凡由工程重要程度决定、应进行一定比例试验的材料，需要进行跟踪检验，以控制和保证其质量的材料等，均应进行复验。对于进口的材料设备和重要工程或关键施工部位所用材料，则应进行全部检验。

（1）采用正确的取样方法，明确复验项目。

在每种产品质量标准中，均规定了取样方法。材料的取样必须按规定的部位、数量和操作要求来进行，确保所抽样品有代表性。抽样时，按要求填写材料见证取样表，明确试验项目。常用材料的试验项目与取样方法见表2-1。

（2）取样频率应正确。

在材料的质量标准中，均明确规定了产品出厂（矿）检验的取样频率，在一些质量验收规范中（如防水材料施工验收规范）也规定取样批次。必须确保取样频率不低于这些规定，这是控制材料质量的需要，也是工程顺利进行验收的需要。业主、政府主管部门、勘察单位、设计单位在工程施工过程中一般介入得不深，在主体或竣工验收时，主要是看质量保证资料和外观，如果取样频率不够，往往会对工程质量产生质疑，作为材料管理人员要重视这一问题。

（3）选择资质符合要求的实验室来进行检测。

材料取样后，应在规定的时间内送检，送检前，监理工程师必须考察试验室的资质等级情况。试验室要经过当地政府主管部门批准，持有在有效期内的“建筑企业试验室资质等级证书”，其试验范围必须在规定的业务范围内。试验室业务范围见表2-2。

常用材料试验项目与取样规定参考表 **表2-1**

序号	材料名称及相关标准、规范代号		试验项目	组批原则及取样规定
1	水泥	(1)硅酸盐水泥 (2)普通硅酸盐水泥 (3)矿渣硅酸盐水泥 (4)粉煤灰硅酸盐水泥 (5)火山灰质硅酸盐水泥 (6)复合硅酸盐水泥 (GB 175—1999) (GB 1344—1999) (GB 12958—1999)	必试:安定性、凝结时间、强度 其他:细度、烧失量、三氧化硫、碱含量、氯化物、放射性	(1)散装水泥: ①对同一水泥厂生产同期出厂的同品种、同强度等级、同一出厂编号的水泥为一验收批,但一验收批的总量不得超过500t。 ②随机从不少于3个车罐中各取等量水泥,经混拌均匀后,再从中称取不少于12kg的水泥作为试样。 (2)袋装水泥: ①对同一水泥厂生产同期出厂的同品种、同强度等级、同一出厂编号的水泥为一验收批,但一验收批的总量不得超过200t。 ②随机从不少于20袋中各取等量水泥,经混拌均匀后,再从中称取不少于12kg的水泥作为试样
		(7)砌筑水泥 (GB 3183—2003)	必试:安定性、凝结时间、强度、泌水性(砌筑工程) 其他:细度、流动度	
		(8)铝酸盐水泥 (GB 201—2000)	必试:强度、凝结时间、细度 其他:化学成分	(1)同一水泥厂、同一类型、同一编号的水泥,每120t为一取样单位,不足120t也按一取样单位计。 (2)取样应有代表性,可从20袋中各取等量样品,总量至少15kg。 注:水泥取样后,超过45d使用时须重新取样试验
		(9)快硬硅酸盐水泥 (GB 199—90)	必试:强度、凝结时间、安定性 其他:细度、氧化镁、三氧化硫	(1)同一水泥厂、同一类、同一编号的水泥,400t为一取样单位,不足400t,也按一取样单位计。 (2)取样应有代表性,可从20袋中各取等量样品总量至少14kg
2	掺合料	(1)粉煤灰 (GB/T 1596—2005)	必试:细度、烧失量、需水量比 其他:含水量、三氧化硫	(1)以连续供应相同等级的不超过200t为一验收批,每批取样一组(不少于1kg)。 (2)散装灰取样,从不同部位取15份试样。每份1～3kg,混合拌匀按四分法缩取出1kg送试(平均样)。 (3)袋装灰取样,从每批任抽10袋,每袋不少于1kg,按上述方法取平均样1kg送试
		(2)天然沸石粉 (JGJ/T 1112—97)	必试:细度、需水量比、吸铵值 其他:水泥胶砂28d抗压强度比	(1)以相同等级的沸石粉每120t为一验收批,不足120t也按一批计。每一验收批取样一组(不少于1kg)。 (2)袋装粉取样时,应从每批中任抽10袋,每袋中各取样不得少于1kg,按四分法缩取平均试样。 (3)散装沸石粉取样时,应从不同部位取10份试样,每份不少于1kg。然后缩取平均试样

续表

<table>
<tr><th>序号</th><th colspan="2">材料名称及相关标准、规范代号</th><th>试验项目</th><th>组批原则及取样规定</th></tr>
<tr><td>3</td><td colspan="2">砂(GB/T 14684—2001)
(JGJ 52—2006)</td><td>必试：筛分析、含泥量、泥块含量
其他：密度、有害物质含量、坚固性、碱活性检验、含水率</td><td>(1)以同一产地、同一规格每 $400m^3$ 或 600t 为一验收批，不足 $400m^3$ 或 600t 也按一批计。每一验收批取样一组(20kg)。
(2)当质量比较稳定、进料较大时，可定期检验。
(3)取样部位应均匀分布，在料堆上从 8 个不同部位抽取等量试样(每份 11kg)。然后用四分法缩至 20kg，取样前先将取样部位表面铲除</td></tr>
<tr><td>4</td><td colspan="2">碎石或卵石
(GB 14685—2001)
(JGJ 52—2006)</td><td>必试：筛分析、含泥量、泥块含量、针片状颗粒含量、压碎指标
其他：密度、有害物质含量、坚固性、碱活性检验、含水率</td><td>(1)以同一产地、同一规格每 $400m^3$ 或 600t 为一验收批，不足 $400m^3$ 或 600t 也按一批计。每一验收批取样一组。
(2)当质量比较稳定、进料较大时，可定期检验。
(3)一组试样 40kg(最大粒径 10、16、20mm)或 80kg(最大粒径 31.5 、40mm)，取样部位应均匀分布，在料堆上从五个不同的部位抽取大致相等的试样 15 份(料堆的顶部、中部、底部)。每份 5～40kg，然后缩分到 40kg 或 80kg 送试</td></tr>
<tr><td>5</td><td colspan="2">混凝土用水
(JGJ 63—2006)</td><td>必试：pH 值、氯离子含量
其他：溶物、硫化物含量</td><td>(1)取样数量：用于水质检验为 5L；测定水泥凝结时间和胶砂强度不应少于 3L
(2)取样方法：井水、钻孔水和自来水应放水冲洗管道后采集；江湖水应在中心部位、距水面 100mm 以下采集</td></tr>
<tr><td rowspan="2">6</td><td rowspan="2">轻集料</td><td>轻粗集料
(GB/T 17431.1.2—1998)</td><td>必试：筛分析、堆积密度、吸水率、筒压强度、粒型系数
其他：软化系数、有害物质含量、烧失量</td><td rowspan="2">(1)以同一品种、同一密度等级、每 $200m^3$ 为一验收批，不足 $200m^3$ 也按一批计。
(2)试样可以从料堆自上到下不同部位、不同方向任选 10 点(袋装料应从 10 袋中抽取)，应避免取离析的及面层的材料。
(3)初次抽取的试样量应不少于 10 份，其总料应多于试验用料量的 1 倍。拌合均匀后，按四分法缩分到试验所需的用料量；轻粗骨料为 50L(以必试项目计)，轻细骨料为 10L(以必试项目计)</td></tr>
<tr><td>轻集料
(GB/T 17431.1—1998)</td><td>必试：筛分析、堆积密度
其他：同上</td></tr>
<tr><td rowspan="3">7</td><td rowspan="3">石灰</td><td>建筑生石灰
(JC/T 479—1992)</td><td>必试：
其他：CaO+MgO 含量、未消化残渣含量、CO_2 含量、产浆量</td><td>(1)以同一厂家、同一类别、同一等级不超过 100t 为一验收批。
(2)从不同部位选取，取样点不少于 12 个，每个点不少于 2kg，缩分至 9kg</td></tr>
<tr><td>建筑生石灰粉
(JC/T 480—1992)</td><td>必试：
其他：CaO+MgO 含量、细度</td><td>(1)以同一生产厂、同一类别，等级不超过 100t 为一验收批。
(2)从本批中随机抽取 10 袋样品，总量不少于 500g，缩分至 1kg</td></tr>
<tr><td>建筑消石灰粉
(JC/T 481—1992)</td><td>必试：
其他：CaO+MsO 含量、游离水、体积安定性、细度</td><td>(1)以同一生产厂、同一类别，等级不超过 100t 为一验收批。
(2)从本批中随机抽取 10 袋，从每袋中抽取 500g，混匀后缩分至 1kg</td></tr>
<tr><td>8</td><td colspan="2">建筑石膏
(GB 9776—88)</td><td>必试：细度、凝结时间
其他：抗折强度、标准稠度用水量</td><td>(1)以同一生产厂、同等级的石膏 200t 为一验收批，不足 200t 也按一批计。
(2)样品经四分法缩分至 0.2kg 送试</td></tr>
</table>

序号	材料名称及相关标准、规范代号		试验项目	组批原则及取样规定
9	砌墙砖和砌块	(1)烧结普通砖 (GB 5101—2003)	必试：抗压强度 其他：抗风化、泛霜、石灰爆裂、抗冻	(1)每15万块为一验收批，不足15万块也按一批计。 (2)每一验收批随机抽取试样一组(10块)
		(2)烧结多孔砖 (GB 13544—2000) (GB 50203—2002)	必试：抗压强度 其他：冻融、泛霜、石灰爆裂、吸水率	(1)每5万块为一验收批，不足5万块也按一批计。 (2)每一验收批随机抽取试样一组(10块)
		(3)烧结空心砖和空心砌块 (GB 13545—2003)	必试：抗压强度（大面、条面） 其他：密度、冻融泛霜、石灰爆裂、吸水率	(1)每3万块为一验收批，不足3万块也按一批计。 (2)每批从尺寸偏差和外观质量检验合格的砖中，随机抽取抗压强度试验试样一组(5块)
		(4)非烧结普通砖 (JG 422—1991) (1996)	必试：抗压强度、抗折强度 其他：抗冻性、吸水率、耐水性	(1)每5万块为一验收批，不足5万块也按一批计。 (2)每批从尺寸偏差和外观质量检验合格的砖中，随机抽取强度试验试样一组(10块)
		(5)粉煤灰砖 (JC 239—2001)	必试：抗压强度、抗折强度 其他：干燥收缩、抗冻性	(1)每10万块为一验收批，不足10万块也按一批计。 (2)每一验收批随机抽取试样一组(20块)
		(6)粉煤灰砌块 (JC 238—1991) (1996)	必试：抗压强度 其他：密度、碳化、抗冻、干缩	(1)每200m³为一验收批，不足200m³也按一批计。 (2)每批从尺寸偏差和外观质量检验合格的砌块中，随机抽取试样一组(3块)，将其切割成边长200mm的立方体试件进行抗压强度试验
		(7)蒸压灰砂砖 (GB 11945—1999)	必试：抗压强度、抗折强度 其他：密度、抗冻	(1)每10万块为一验收批，不足10万块也按一批计。 (2)每一验收批随机抽取试样一组(10)块
		(8)蒸压灰砂空心砖 (JC/T 637—1996)	必试：抗压强度 其他：抗冻性	(1)每10万块砖为一验收批，不足10万块也按一批计。 (2)从外观合格的砖样中，用随机抽取法抽取2组10块(NF砖为2组20块)，进行抗压强度试验和抗冻性试验。注：NF为规格代号，尺寸为240×115×53(mm)
		(9)普通混凝土小型空心砌块 (GB 8239—1997)	必试：抗压强度 其他：密度和空心率、含水率、吸水率、抗冻抗压	(1)每1万块为一验收批，不足1万块也按一批计。 (2)每批从尺寸偏差和外观质量检验合格的砖中随机抽取抗压强度试验试样一组(5块)
		(10)轻集料混凝土小型空心砌块 (GB/T 15229—2002) (GB/T 4111—1997)	必试：抗压强度 其他：密度等级、干缩率和相对含水率、抗冻性	
		(11)蒸压加气混凝土砌块 (GB 11968—2006)	必试：立方体抗压强度、干体积密度 其他：干燥收缩、抗冻性、导热性	(1)同品种、同规格、同等级的砌块，以1000块为一验收批，不足1000块也按一批计。 (2)从尺寸偏差与外观检验合格的砌块中，随机抽取砌块，制作3组试件进行立方体抗压强度试验，制作3组试件做干体积密度检验

续表

序号	材料名称及相关标准、规范代号		试验项目	组批原则及取样规定
10	钢材	(1)碳素结构钢 (GB/T 700—2006)	必试：拉伸试验（屈服点、抗拉强度、伸长率）、弯曲试验 其他：断面收缩率、硬度、冲击、化学成分	(1)同一厂别、同一炉罐号、同一规格、同一交货状态每60t为一验收批，不足60t也按一批计。 (2)每一验收批取一组试件（拉伸、弯曲各1个）
		(2)钢筋混凝土用热轧带肋钢筋 (GB 1499—1998) (GB/T 2975—1998) (GB/T 2101—89) (3)钢筋混凝土用热轧光圆钢筋 (GB 13013—91) (GB/T 2975—1998) (GB/T 2101—89) (4)钢筋混凝土用余热处理钢筋 (GB 13014—91) (GB/T 2975—1998) (GB/T 2101—89)	必试：拉伸试验（屈服点、抗拉强度、伸长率）、弯曲试验 其他：反向弯曲 化学成分	(1)同一厂别、同一炉罐号、同一规格、同一交货状态，每60t为一验收批，不足60t也按一批计。 (2)每一验收批取一组试件（拉伸2个、弯曲2个）。 (3)在任选的两根钢筋中切取
		(5)低碳钢热轧圆盘条 (GB/T 701—1997) (GB/T 2975—1998) (GB/T 2101—89)	必试：拉伸试验（屈服点、抗拉强度、伸长率）、弯曲试验 其他：化学成分	(1)同一厂别、同一炉罐号、同一规格、同一交货状态，每60t为一验收批，不足60t也按一批计。 (2)每一验收批取一组试件，其中拉伸1个、弯曲2个（取自不同盘）
		(6)冷轧带肋钢筋 (GB 13788—2000) (GB/T 2975—1995) (GB/T 2101—89)	必试：拉伸试验（屈服点、抗拉强度、伸长率）、弯曲试验 其他：松弛率、化学成分	(1)同一牌号、同一规格、同一生产工艺、同一交货状态，每60t为一验取批，不足60t也按一批计。 (2)每一检验批取拉伸试件1个（逐盘），弯曲试件2个（每批），松弛试件1个（定期）。 (3)在每（任）盘中的任 意一端截去500mm后切取
		(7)冷轧扭钢筋 (JC 3046—1998) (GB/T 2975— 1998) (GB/T 2101—89)	必试：拉伸试验（屈服点、抗拉强度、伸长率）、弯曲试验、重量节距、厚度 其他：—	(1)同一牌号、同一规格尺寸、同一台轧机、同一台班每10t为一验收批，不足10t也按一批计。 (2)每批取弯曲试件1个，拉伸试件2个，重量、节距、厚度各3个
		(8)预应力混凝土用钢丝 (GB/T 5223—2002) (GB/T 17103—97)	必试：抗拉强度、伸长率、弯曲试验 其他：屈服强度、松弛率。（每季度抽验）	(1)同一牌号、同一规格、同一生产工艺制度的钢丝组成，每批重量不大于60t。 (2)钢丝的检验应按(GB/T 2103)的规定执行。在每盘钢丝的两端进行抗拉强度、弯曲和伸长率的试验。屈服强度和松弛率试验每季度抽验一次，每次至少3根

续表

序号	材料名称及相关标准、规范代号		试验项目	组批原则及取样规定
10	钢材	(9)中强度预应力混凝土用钢丝 (YB/T 156—1999) (GB/T 2103—88) (GB/T 10120—96)	必试:抗拉强度伸长率、反复弯曲 其他:规定非比例伸长应力、松弛率	(1)钢丝应成批验收,每批由同一牌号、同一规格、同一强度等级、同一生产工艺的钢丝组成。每批重量不大于60t。 (2)每盘钢丝的两端取样进行抗拉强度、伸长率、反复弯曲的检验。 (3)规定非比例伸长应力和松弛率试验,每季度抽检一次,每次不少于3根
		(10)预应力混凝土用钢棒 (GB/T 5223.3—2005)	必试:抗拉强度、伸长率、平直度 其他:规定非比例伸长应力、松弛率	(1)钢棒应成批验收,每批由同一牌号、同一外形、同一公称截面尺寸、同一热处理制度加工的钢棒组成。 (2)不论交货状态是盘卷或直条,试件均在端部取样。各试验项目取样数最少为1根。 (3)批量划分按交货状态和公称直径而定(盘卷:$d \leqslant 13mm$,批量为≤5盘;直条:$d \leqslant 13mm$,批量为1000条;$13mm < d < 26mm$,批量为≤200条;$d \geqslant 26mm$,批量为≤100条)。 注:以上批量划分仅适用于必试项目,d为钢棒直径
		(11)预应力混凝土用钢绞线 (GB/T 5224—2003)	必试:整根钢绞线的最大负荷、屈服负荷、伸长率、松弛率、尺寸测量 其他:弹性模量	(1)预应力用钢绞线应成批验收,每批由同一牌号、同一规格、同一生产工艺制度的钢绞线组成.每批重量不大于60t。 (2)从每批钢绞线中任取3盘,从每盘所选的钢绞线端部正常部位截取一根进行表面质量、直径偏差、捻距和力学性能试验。如每批少于3盘,则应逐盘进行上述检验。屈服和松弛试验每季度抽检一次,每次不少于一根
		(12)预应力混凝土用低合金钢丝 (YB/T 038—93)	必试:①拔丝用盘条:抗拉强度、伸长率、冷弯 ②钢丝:抗拉强度、伸长率、反复弯曲、应力松弛 其他:—	(1)拔丝用盘条:见本条10(5)(低碳钢热轧圆盘条)。 (2)钢丝: ①每批钢丝应由同一牌号、同一形状、同一尺寸、同一交货态的钢丝组成。 ②从每批中抽查5%,但不少于5盘进行形状、尺寸和表面检查。 ③从上述检查合格的钢丝中抽取5%,优质钢抽取10%,不少于3盘,拉伸试验每盘一个(任意端);不少于5盘,反复弯曲试验每盘一个(任意端去掉500mm后取样)
		(13)一般用途低碳钢丝 (GB/T 343—94) (GB/T 2103—88)	必试:抗拉强度、180°弯曲试验次数、伸长率(标距100mm) 其他:—	(1)每批钢丝应由同一尺寸、同一镀层级别、同一交货状态的钢丝组成。 (2)从每批中抽查5%,但不少于5盘进行形状、尺寸和表面检查。 (3)从上述检查合格的钢丝中抽取5%,优质钢抽取10%,不少于3盘,拉伸试验,反复弯曲试验,每盘各一个(任意端)

续表

序号	材料名称及相关标准、规范代号		试验项目	组批原则及取样规定
11	钢筋连接	焊接： (GB 50204—2002) (JGJ/T 27—2001) (JGJ 18—2003) (JGJ 114—2003) (1)钢筋电阻点焊	必试：抗拉强度、抗剪强度、弯曲试验	班前焊(工艺性能试验)在工程开工或每批钢筋正式焊接前，应进行现场条件下的焊接性能试验。试验合格后方可正式生产，试件数量及要求见以下： (1)钢筋焊接骨架： ①凡钢筋级别、直径及尺寸相同的焊接骨架应视为同一类制品，且每300件为一验收批、一周内不足300件的也按一批计； ②试件应从成品中切取，当所切取试件的尺寸小于规定的试件尺寸时，或受力钢筋大于8mm时，可在生产过程中焊接试验网片，从中切取试件。 试件尺寸见图： 30 d_1 d_2 410 70×5(=350) 30 170 300 50 520 $d_1 \geq d_2$ (*a*) 50 ≥40 d_1 $l \geq 250$ d_2 $d_1 \geq d_2$ (*b*) $l/2$ $l \geq 300$ d_1 d_2 $l/2$ $d_1 \geq d_2$ (*c*) (*a*)焊接试验网片简图；(*b*)钢筋焊点抗剪试件；(*c*)钢筋焊点拉伸试件 ③由几种钢筋直径组合的焊接骨架，应对每种组合做力学性能检验；热轧钢筋焊点，应做抗剪试验，试件数量3件；冷拔低碳钢丝焊点，应做抗剪试验及对较小的钢筋做拉伸试验，试件数量3件 (2)钢筋焊接网： ①凡钢筋级别、直径及尺寸相同的焊接骨架应视为同一类制品，每批不应大于30t或每200件为一验收批，一周内不足30t或200件的也按一批计； ②试件应从成品中切取； 冷轧带肋钢筋或冷拔低碳钢丝焊点应做拉伸试验，试件数量1件，横向试件数量1件；冷轧带肋钢筋焊点应做弯曲试验，纵向试件数量1件，横向试件数量1件；热轧钢筋、冷轧带肋钢筋或冷拔低碳钢丝的焊点应做抗剪试验，试件数量3件

续表

序号	材料名称及相关标准、规范代号		试验项目	组批原则及取样规定
11	钢筋连接	(2)钢筋闪光对焊接头	必试：抗拉强度、弯曲试验	(1)同一台班内由同一焊工完成的300个同级别、同直径钢筋焊接接头应作为一批。当同一台班内，可在一周内累计计算；累计仍不足300个接头，也按一批计。 (2)力学性能试验时，试件应从成品中随机切取6个试件，其中3个做拉伸试验，3个做弯曲试验。 (3)焊接等长预应力钢筋(包括螺丝杆与钢筋)。可按生产条件做模拟试件。 (4)螺丝端杆接头可只做拉伸试验。 (5)若初试结果不符合要求时可随机再取双倍数量试件进行复试。 (6)当模拟试件试验结果不符合要求时，复试应从成品中切取其数量和要求与初试时相同
		(3)钢筋电弧焊接头	必试：抗拉强度	(1)工厂焊接条件下：同钢筋级别300个接头为一验收批。 (2)在现场安装条件下：每一至二层楼同接头形式、同钢筋级别的接头300个为一验收批。不足300个接头也按一批计。 (3)试件应从成品中随机切取3个接头进行拉伸试验。 (4)装配式结构节点的焊接接头可按生产条件制造模拟试件。 (5)当初试结果不符合要求时，应再取6个试件进行复试
		(4)钢筋电渣压力焊接	必试：抗拉强度	(1)一般构筑物中以300个同级别钢筋接头作为一验收批。 (2)在现浇钢筋混凝土多层结构中，应以每一楼层或施工区段中300个同级别钢筋接头作为一验收批，不足300个接头也按一验收批计。 (3)试件应从成品中随机切取3个接头进行拉伸试验。 (4)当初试结果不符合要求时，应再取6个试件进行复试
		(5)预埋件钢筋T形接头	必试：抗拉强度	(1)预埋件钢筋埋弧压力焊，同类型预埋件一周内累计每300件时为一验收批，不足300个接头也按一批计。每批随机切取3个试件做拉伸试验。 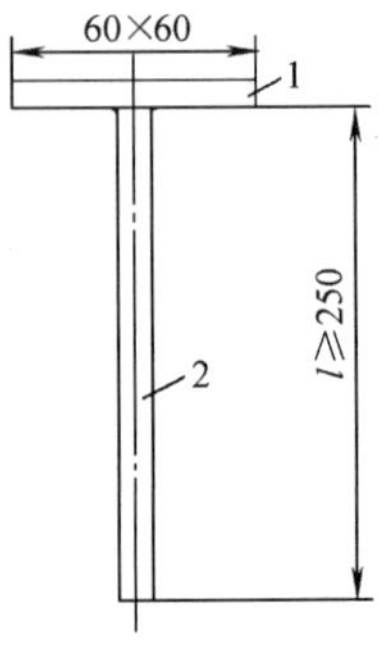 60×60　1　2　$l \geq 250$ 预埋件T形接头拉伸试件图 1—钢板；2—钢筋 (2)当初试结果不符合规定时，再取6个试件进行复试

续表

序号	材料名称及相关标准、规范代号		试验项目	组批原则及取样规定
11	钢筋连接	(6)机械连接 ①锥螺纹连接 ②套筒挤压接头 ③镦粗直螺纹钢筋接头 (GB 50204—2002) (JGJ 107—2003) (JGJ 108—96) (JGJ 109—96) (JG/T 3057—1999)	必试:抗拉强度	(1)工艺检验: 在正式施工前,按同批钢筋、同种机械连接形式的接头试件不少于3根,同时对应截取接头试件的母材,进行抗拉强度试验。 (2)现场检验: 接头的现场检验按验收批进行。同一施工条件下采用同一批材料的同等级、同形式、同规格的接头每500个为一验收批。不足500个接头也按一批计。每一验收批必须在工程结构物中随机截取3个试件做单向拉伸试验。在现场连续部位检验10个验收批,其全部单向拉伸试件一次抽样均合格时,验收批接头数量可扩大一倍
12	防水材料	(1)沥青防水卷材 (GB 50207—2002) (GB 50208—2002) ①石油沥青纸胎油毡、油纸 (GB 326—89) ②石油沥青玻璃纤维胎油毡 (GB/T 14686—93) ③石油沥青玻璃布胎油毡 (JC/T 84—1996) ④铝箔面油毡 (JC 504—1992) (1996)	必试:纵向拉力、耐热度、柔度、不透水性 其他:	(1)以同一生产厂的同一品种、同一等级的产品,大于1000卷抽5卷,100~499卷抽4卷,100卷以下抽2卷,进行规格尺寸和外观质量检验。在外观质量检验合格的卷材中,任取一卷做物理性能检验。 (2)将试样卷材切除距外层卷头2500mm后、顺纵向截取600mm的2块全幅卷材送试
		(2)高聚物改性沥青防水卷材: (GB 50207—2002) (GB 50208—2002) ①改性沥青聚乙烯胎防水卷材 (JC/T 633—1996) ②弹性体改性沥青防水卷材 (GB 18242—2000) ③塑性体改性沥青防水卷材 (GB 18243—2000) ④沥青复合胎柔性防水卷材 (JC/T 690—1998) ⑤自粘橡胶沥青防水卷材 (JC 840—1999) ⑥聚合物改性沥青复合脂防水卷材 (DB J01—53—2001)	必试:拉力、最大拉力时、延伸率、不透水性、柔度、耐热度	(1)同序号12(1)规定。 (2)将试样卷材切除距外层卷头2500mm后,顺纵向切取800mm的全幅卷材试样2块,一块做物理性能检验用,另一块备用

续表

序号	材料名称及相关标准、规范代号		试验项目	组批原则及取样规定
12	防水材料	(3)合成高分子防水卷材 (GB 50207—2002) (GB 30208—2002) ①聚氯乙烯防水卷材(GB 12952—2003) ②氯化聚乙烯防水卷材(GB 12953—2003) ③三元丁橡胶防水卷材(JC/T 645—1996) ④氯化聚乙烯—橡胶共混防水卷材(JC/T 684—1997) ⑤高分子防水材料(第一部分片材)(GB 18173.1—2006)	必试:断裂拉伸强度、扯断伸长率、不透水性、低温弯折性 其他:胶粘剂性能	(1)同序号12(1)规定。 (2)将试样卷材切除距外层卷头300mm后,顺纵向切取1500mm的全幅卷材2块,一块做物理性能检验用,另一块备用
		(4)沥青基防水涂料 (GB 50207—2002) (GB 50208—2002) (GB 3186—82) ①溶剂型橡胶沥青防水涂料 (JC/T 852—1999) ②水乳型沥青基防水涂料 (JC 408—2005)	必试:固体含量、不透水性、低温柔度、耐热度、延伸率	(1)同一生产厂每5t产品为一验收批,不足5t也按一批计。 (2)随机抽取,抽样数应不低于$\sqrt{\frac{n}{2}}$(n是产品的桶数)。 (3)从已检的桶内不同部位,取相同量的样品,混合均匀后取两份样品,分别装入样品容器中,样品容器应留有约5%的空隙,盖严,并将样品容器外部擦干净,立即作好标志。一份试验用,一份备用
		(5)合成高分子防水涂料 (GB 50207—2002) (GB 50208—2002) (GB 3186—82) ①聚氨酯防水涂料 (JC/T 500—1996)	必试:断裂延伸率、拉伸强度、低温柔性、不透水性、(或抗渗性) 其他:	(1)同一生产厂,以甲组分每5t为一验收批,不足5t也按一批计算。乙组分按产品重量配比相应增加。 (2)每一验收批按产品的配比分别取样,甲、乙组分样品总量为2kg。 (3)搅拌均匀后的样品,分别装入干燥的样品容器中,样品容器内应留有5%的空隙,密封并作好标志
		②聚合物乳液建筑防水涂料 (JC/T 864—2000)		(1)同一生产厂每5t产品为一验收批,不足5t也按一批计。 (2)随机抽取,抽样数应不低于$\sqrt{\frac{n}{2}}$(n是产品的桶数)。 (3)从已检的桶内不同部位,取相同量的样品,混合均匀后取两分样品,分别装入样品容器中,样品容器应留有约5%的空隙,盖严,并将样品容器外部擦干净,立即作好标志。一份试验用,一份备用
		③聚合物水泥防水涂料 (JC/T 894—2001) (GB 12573—1999)	必试:断裂延伸率、拉伸强度、低温柔性、不透水性 其他:	(1)同一生产厂每10t产品为一验收批,不足10t也按一批计。 (2)产品的液体组分取样同上12②之(2)。 (3)配套固体组分的抽样按GB 12973—1999中的袋装水泥的规定进行,两组分共取5kg样品

续表

序号	材料名称及相关标准、规范代号		试验项目	组批原则及取样规定
12	防水材料	(6)无机防水涂料 (GB 50207—2002) (GB 50208—2002) (GB 3186—82) ①水泥基渗透结晶型防水材料 (GB 18445—2001) ②无机防水堵漏材料 (JG 900—2002)	必试:抗折强度、湿基面粘结、强度、抗渗压力	(1)同一生产厂每10t产品为一验收批,不足10t也按一批计。 (2)在10个不同的包装中随机取样,每次取样10kg。 (3)取样后应充分拌合均匀,一分为二,一份送试;另一份密封保存一年,以备复验或仲裁用
		(7)密封材料 (GB 50207—2002) (GB 50208—2002) (GB 3186—82) ①建筑石油沥青 (GB 494—1998) (GB/T 11147—89) (SH 0146—92)	必试:软化点、针入度、延度 其他:溶解度、蒸发损失、蒸发后针入度	(1)以同一产地、同一品种、同一标号,每20t为一验收批,不足20t也按一批计。每一验收批取样2kg。 (2)在料堆上取样时取样部位应均匀分布,同时应不少于五处,每处取洁净的等量试样共2kg作为检验和留样用
		②建筑防水沥青嵌缝油膏 (JC 207—1996)	必试:耐热性(屋面)、低温柔性、拉伸粘结性、施工温度	(1)以同一生产厂、同一标号的产品每2t为一验收批,不足2t也按一批计。 (2)每批随机抽取3件产品,离表皮大约50mm处各取样1kg,装于密封容器内,一份作试验用,另两份留作备用
		(8)合成高分子密封材料 ①聚氨酯建筑密封膏 (JC/T 482—2003) ②聚硫建筑密封膏 (JC/T 483—1992)(1996) ③丙烯酸酯建筑密封胶 (JC/T 484—1992)(1996) ④聚氯乙烯建筑防水接缝材料(JC/T 798—1997)	必试:拉伸粘结性、低温柔性 其他:密度恢复率	(1)以同一生产厂、同等级、同类型产品每2t为一验收批,不足2t也按一批计。每批随机抽取试样1组,试样量不少于1kg(屋面每1t为一验收批)。 (2)随机抽取试样,抽样数应不低于$\sqrt{\frac{n}{2}}$(n是产品的桶数)。 (3)从已初检的桶内不同部位,取相同量的样品,混合均匀后A、B组分各2份,分别装入样品容器中,样品容器应留有5%的空隙,盖严,并将样品容器外部擦干净,立即作好标志。一份试验用,一份备用
		⑤建筑用硅酮结构密封胶 (GB 16776—2005)	必试:拉伸粘结性、低温柔性 其他:下垂度、热老化 注:作为幕墙工程用的必试项目为:拉伸粘结性(标准条件下)邵氏硬度相容性试验	(1)以同一生产厂、同一类型、同一品种的产品,每2t为一验收批,不足2t也按一批计。 (2)随机抽样,抽取量应满足检验需用量(约0.5kg)。从原包装双组分结构胶中抽样后,应立即另行密封包装

续表

<table>
<tr><th>序号</th><th colspan="2">材料名称及相关标准、规范代号</th><th>试验项目</th><th>组批原则及取样规定</th></tr>
<tr><td rowspan="4">12</td><td rowspan="4">防水材料</td><td>⑥高分子防水卷材胶粘剂
(JC 863—2000)
(GB/T 12954—91)</td><td>必试:剥离强度
其他:黏度、适用期剪切状态下的粘合性</td><td>(1)同一生产厂、同一类型、同一品种的产品,每5t为一验收批,不足5t也按一批计。
(2)根据不同的批量,从每批中随机抽取以下规定的容器个数,用适当的取样器,从每个容器内(预先搅拌均匀)取的等量的试样。试样总量约1.0L,并经充分混合,用于各项试验。批量大小(容器个数)抽取个数(最小值):
28　2
9~27　3
28~64　4
65~125　5
126~216　6
217~343　7
344~512　8
513~729　9
730~1000　10
注:试样和试验材料使用前,在试验条件下放置时间应不少于12h</td></tr>
<tr><td>(9)高分子防水材料止水带
(GB 18173.2—2000)</td><td>必试:拉伸强度、扯断伸长率、撕裂强度</td><td rowspan="2">(1)以同一生产厂同月生产、同标记的产品为一验收批。
(2)在外观检验合格的样品中随时抽取足够的试样,进行物理检验</td></tr>
<tr><td>(10)高分子防水材料(遇水膨胀橡胶)
(GB 18173.3—2002)</td><td>必试:拉伸强度、拉断伸长率、体积膨胀倍率</td></tr>
<tr><td>(11)油毡瓦
(JC/T 503—1992)(1996)</td><td>必试:耐热度、柔度
其他:—</td><td>(1)以同一生产厂、同一等级的产品,每500捆为一验收批,不足500捆也按一批计。
(2)从外观、重量、规格、尺寸、允许偏差合格的油毡瓦中任取2片试件进行物理性能试验</td></tr>
<tr><td rowspan="10">13</td><td rowspan="10">混凝土外加剂</td><td>(GB 8087—1997)</td><td>必试:</td><td rowspan="10">(1)掺量大于1%(含1%)的同品种、同一编号的外加剂,每100t为一验收批,不足100t也按一批计。掺量小于1%的同品种、同一编号的外加剂,每50t为一验收批,不足50t也按一批计。
(2)从不少于三个点取等量样品混匀。
(3)取样数量,不少于0.5t水泥所需量</td></tr>
<tr><td>(1)普通减水剂</td><td>钢筋锈蚀、28d抗压强度比、减水率</td></tr>
<tr><td>(2)高效减水剂</td><td>钢筋锈蚀、28d抗压强度比、减水率</td></tr>
<tr><td>(3)早强减水剂</td><td>钢筋锈蚀,1d、28d抗压强度比,减水率</td></tr>
<tr><td>(4)缓凝减水剂</td><td>钢筋锈蚀、凝结时间差、28d抗压强度比、减水率</td></tr>
<tr><td>(5)引气减水剂</td><td>钢筋锈蚀、28d抗压强度比、减水率、含水量</td></tr>
<tr><td>(6)缓凝高效减水剂</td><td>钢筋锈蚀、凝结时间差、28d抗压强度比、减水率</td></tr>
<tr><td>(7)缓凝剂</td><td>钢筋锈蚀、凝结时间差、28d抗压强度比</td></tr>
<tr><td>(8)引气剂</td><td>钢筋锈蚀、28d抗压强度比、含气量</td></tr>
<tr><td>(9)早强剂</td><td>钢筋锈蚀,1d、28d抗压强度比</td></tr>
</table>

续表

序号	材料名称及相关标准、规范代号		试验项目	组批原则及取样规定
13	混凝土外加剂	(10)泵送剂 (JC 473—2001)	必试：钢筋锈蚀、28d抗压强度比、坍落度保留值、压力泌水率比	(1)以同一生产厂、同品种、同一编号的泵送剂每50t为一验收批，不足50t也按一批计。 (2)从10个容器中取等量试样混匀。 (3)取样数量，不少于0.5t水泥所需量
		(11)防水剂 (JC 474—1999)	钢筋锈蚀、28d抗压强度比、渗透比	(1)年产500t以上的防水剂，每50t为一验收批；500t以下的防水剂每30t为一验收批，不足50t或30t也按一批计。 (2)取样数量，不少于0.2t水泥所需量
		(12)防冻剂 (JC 475—2004)	钢筋锈蚀、－7d、－7d＋28d抗压强度比	(1)以同一生产厂、同品种、同一编号的防冻剂，每50t为一验收批，不足50t也按一批计。 (2)取样数量不少于0.15t水泥所需量
		(13)膨胀剂 (JC 476—2001)	钢筋锈蚀、28d抗压抗折强度、限制膨胀率	(1)以同一生产厂、同品种、同一编号的膨胀剂每20t为一验收批，不足2t也按一批计。 (2)从20个容器中取等量试样混匀。取样数量不少于0.5t水泥所需量
		(14)喷射混凝土用速凝剂 (JC 477—2005)	钢筋锈蚀、凝结时间、28d抗压强度比	(1)同一生产厂、同品种、同一编号，每60t为一验收批，不足60t也按一批计。 (2)从16个不同点取等量试样混匀。取样数量不少于4kg
14	普通混凝土 (GB 50204—2002) (GB 50010—2002) (GBJ 50080—2002) (GBJ 50081—2002) (JGJ 55—2000) (GBJ 107—87) (GB 50209—2002)		必试：稠度、抗压强度、结构实体检验(包括同条件养护试件强度和结构实体保护层厚度，按GB 50204－2002规定执行) 其他：轴心抗压静力受压弹性模量、劈裂抗拉强度、抗折强度、长期性能和耐久性能试验、碱含量、氯化物总量、放射性	(1)试块的留置： ①每拌制100盘且不超过100m^3的同配合比的混凝土，取样不得少于一次； ②每工作班拌制的同一配合比的混凝土不足100盘时，取样不得少于一次； ③当一次连续浇筑超过1000m^3时，同一配合比混凝土每200m^3混凝土取样不得少于一次； ④每一楼层，同一配合比的混凝土，取样不得少于一次； ⑤冬期施工还应留置转常温试块和临界强度试块； ⑥对预拌混凝土，当一个分项工程连续供应相同配合比的混凝土量大于1000m^3时，其交货检验的试样，每200m^3混凝土取样不得少于一次； ⑦建筑地面的混凝土，以同一配合比、同一强度等级、每一层或每1000m^2为一检验批，不足1000m^2也按一批计。每批应至少留置一组试块。 (2)取样方法及数量： 用于检查结构构件混凝土质量的试件，应在混凝土浇筑地点随机取样制作，每组试件所用的拌合物应从同一盘搅拌混凝土或同一车运送的混凝土中取出，对于预拌混凝土还应在卸料过程中卸料量的1/4～3/4之间取样，每个试样量应满足混凝土质量检验项目所用量的1.5倍，但不少于0.2m^3。 (3)每次取样应至少留置一组标准养护试件，同条件养护试件的留置组数应根据实际需要确定

续表

序号	材料名称及相关标准、规范代号	试验项目	组批原则及取样规定
15	抗渗混凝土 (GB 50204—2002) (GB 50208—2002) (JGJ 55—2000) (GB/T 50080—2002) (GB/T 50081—2002) (GB/T 107—87)	必试:稠度、抗压强度、抗渗等级 其他:长期性能、耐久性能	(1)同一混凝土强度等级、抗渗等级、同一配合比、生产工艺基本相同,每单位工程不得少于两组抗渗试块(每组6个试块); (2)连续浇筑混凝土每500m³应留置一组抗渗试件(一组为6个抗渗试件),且每项工程不得少于2组。采用预拌混凝土的抗渗试件留置组数应视结构的规模和要求而定。 (3)留置抗渗试件的同时需留置抗压强度试件并应取自同一盘混凝土拌合物中。取样方法同普通混凝土中第14(2)项。 (4)试块应在浇筑地点制作
16	高强混凝土 (GB 50204—2002) (CECS 104:99) (GB/T 107—87) (GB/T 50080—2002) (GB/T 5001—2002)	必试:工作性(坍落度、扩展度、拌合物流速)、抗压强度 其他:同普通混凝土	同普通混凝土
17	轻集料混凝土 (JGJ 51—2002)	必试:干表观密度、抗压强度、稠度 其他:长期性能、耐久性能、静力受压弹性模量、导热系数	(1)同普通混凝土。 (2)混凝土干表观密度试验,连续生产的预制构件厂及预拌混凝土同配合比的混凝土每月不少于4次;单项工程每100m³混凝土至少一次,不足100m³也按100m³计
18	回弹法检测混凝土抗压强度技术规程 (JGJ/T 23—2001)		(1)结构或构件混凝土强度检测可采用下列两种方式,其适用范围及结构或构件数量应符合下列规定: ①单个检测:适用于单个结构或构件的检测; ②批量检测:适用于在相同的生产工艺条件下,混凝土强度等级相同,原材料、配合比、成型工艺、养护条件基本一至,且龄期相近的同类结构构件,按批进行检测的构件,抽检数量不得少于同批构件总数的30%件且构件数量不得少于10件。抽检构件时,应随机抽取并使所选构件具有代表性。 (2)每一结构或构件的测区应符合下列规定: ①每一结构或构件测区数不应少于10个,对某一方向尺寸小于4.5m且另一方向尺寸小于0.3m的构件,其测区数量可适当减少,但不应少于5个; ②相邻两测区的间距应控制在2m以内,测区离构件端部或施工缝边缘的距离不宜大于0.5m,且不宜小于0.2m; ③测区应选在使回弹仪处于水平方向检测混凝土浇筑侧面。当不能满足这一要求时,可使回弹仪处于非水平方向检测混凝土浇筑侧面、表面或底面; ④测区宜选在构件的两个对称可测面上,也可选在一个可测面上,且应均匀分布。在构件的重要部位及薄弱部位必须布置测区,并应避开预埋件; ⑤测区的面积宜大于0.04m²; ⑥检测面应为混凝土表面,并清洁、平整,不应有疏松层、浮浆、油垢、涂层以及蜂窝、麻面,必要时可用砂轮清除疏松层和杂物,且不应有残留的粉末或碎屑; ⑦对弹击时产生颤动的薄壁、小型构件应进行固定。 (3)结构或构件的测区应标有清晰的编号,必要时应在记录纸上描述测区布置示意图和外观质量情况

续表

序号	材料名称及相关标准、规范代号	试验项目	组批原则及取样规定
19	砂浆 (JGJ 70—90) (JGJ 98—2000) (GB 50203—2002) (JC 860—2000) (GB 50209—2002)	必试：稠度、抗压强度 其他：分层度、拌合物密度、抗冻性	砌筑砂浆： (1)以同一砂浆强度等级、同一配合比、同种原材料，每一楼层或 250m³ 砌体(基础砌体可按一个楼层计)为一个取样单位，每取样单位标准养护试块的留置不得少于一组(每组 6 块) (2)干拌砂浆：同强度等级每 400t 为一验收批，不足 400t 也按一批计。每批从 20 个以上的不同部位取等量样品。总质量不少于 15kg，分成两份，一份送试，一份备用。建筑地面用水泥砂浆： 以每一层或 1000m² 为一检验批，不足 1000m² 也按一批计。每批砂浆至少取样一组。当改变配合比时也应相应地留置试块
20	砌体工程现场检测技术标准 (GB/T 50315—2000)		(1)当检测对象为整栋建筑物或建筑物的一部分时，应将其划分为一个或若干个可以独立进行分析的结构单元，每一结构单元划分为若干个检测单元。 (2)每一检测单元内，应随机选择 6 个构件(单片墙体、柱)作为 6 个测区，当一个检测单元不足 6 个构件时，应将每个构件作为一个测区。 (3)每一测区应随机布置若干测点，各种检测方法的测点数，应符合下列要求： ①原位轴压法、扁顶法、原位单剪法、筒压法：测点数不应少于 1 个。 ②原位单砖双剪法，推出法，砂浆片剪切法、回弹法、点荷法、射钉法：测点数不应少于 5 个。 注：回弹法的测位，相当于其他检测方法的测点
21	陶瓷砖 (1)干压脚瓷砖(瓷质砖) (2)干压陶瓷砖(炻瓷砖) (3)干压陶瓷砖(细炻砖) (GB/T 4100.1～3—1999) (GB 50210—2001) (GB/T 3810.1—2006)	必试：吸水率(用于外墙)、抗冻(寒冷地区) 其他：(用于铺地)耐磨性、摩擦系数、抗冻性	(1)以同一生产厂、同种产品、同一级别、同一规格，实际的交货量大于 5000m² 为一批，不足 5000m² 也按一批计。 (2)各试验项目所需试件数量及判定规则等按 GB/T 3810.1 规定执行。 吸水率试验试样：每种类型的砖用 10 块整砖测试。 (3)如每块砖的表面积大于 0.04m² 时，只需用 5 块整砖作测试。如每块砖的表面积大于 0.16m² 时，至少在 3 块整砖的中间部位切割最小边长为 100mm 的 5 块试样。 如每块砖的质量小于 50g，则需足够数量的砖使每种测试样品达到 50～100g。 砖的边长大于 200mm 时，可切割成小块，但切割下的每一块应计入测量值内。多边形和其他非矩形砖，其长和宽均按矩形计算。 (4)抗冻性测定试样： 使用不少于 10 块整砖，其最小面积为 0.25m²。砖应没有裂纹、釉裂、针孔、磕碰等缺陷。如果必须用有缺陷的砖进行检验，在试验前应用永久性的染色剂对缺陷做记号，试验后检查这些缺陷。将试样砖在 110℃±5℃ 的干燥箱内烘干至恒重(即相隔 24h 连续两次称量之差值小于 0.01%)。记录每块砖的质量

续表

序号	材料名称及相关标准、规范代号		试验项目	组批原则及取样规定
21	陶瓷砖	(4)彩色釉面陶瓷墙、地砖 (GB 11947—89) (GB 50210—2001) (GB/T 3810.1—2006)	必试：吸水率(用于外墙)、抗冻(寒冷地区) 其他：耐磨、耐化学腐蚀	(1)以同一生产厂的产品每 $500m^2$ 为一验收批，不足 $500m^2$ 也按一批计。 (2)按(GB/T 3810.1—1999)规定随机抽取。吸水率、耐急冷急热性、抗冻、耐磨性试样，也可从表面质量、尺寸偏差合格的试样中抽取。(吸水率5个试件、耐急冷急热10个试件，抗冻、耐磨5个试件、弯曲10个试件)
		(5)陶瓷锦砖 (JC 456—2005)	必试：吸水率、耐急冷急热性 其他：脱纸时间	(1)以同一生产厂、同品种、同色号的产品25～300箱为一验收批，小于25箱时，由供需双方商定； (2)从每验收批中抽取3箱，然后再从3箱中抽取规定的样本量。吸水率，耐急冷急热试件各5个
22	石材	(1)天然花岗石建筑板材 (JC/T 205—1992)(1996) (GB 50210—2001) (GB 50325—2001) (GB 50327—2001)	必试：放射性元素含量(室内用板材)石材幕墙工程：弯曲强度、冻融循环 其他：吸水率、耐久性、耐磨性、镜面光泽度、体积密度	(1)以同一产地、同一品种、等级、规格的板材每 $200m^3$ 为一验收批，不足 $200m^3$ 的单一工程部位的板材也按一批计。 (2)在外观质量、尺寸偏差检验合格的板材中抽取2%，数量不足10块的抽10块。镜面光泽度的检验从以上抽取的板材中取5块进行。体积密度、吸水率取5块(50mm× 50mm×板材厚度)
		(2)天然大理石 (JC/T 79—2001)		(1)以同一产地、同一品种、同一等级规格的板材每 $100m^3$ 为一验收批。不足 $100m^3$ 的单一工程部位的板材也按一批计。 (2)同第22(1)之(2)
23	铝塑复合板 (GB/T 17748—1999) (GB 50210—2001)		必试：铝合金板与夹层的剥离强度(用于外墙)	(1)同一生产厂的同一等级、同一品种、同一规格的产品 $3000m^2$ 为一验收批，不足 $3000m^2$ 的也按一批计。 (2)从每批产品中随机抽取3张进行检验
24	陶瓷墙地砖粘结剂 (JC/T 547—2005) (JGJ 110—97) (JGJ 126—2000) (GB/T 12954—91) (GB 50210—2001)		必试：— 其他：拉伸胶粘结强度达到0.17MPa的时间间隔、压剪胶接强度、防霉性	(1)同一生产时间、同一配料工艺条件下制得的成品，A类产品每30t为一验收批，不足30t也按一批计。其他类产品每3t为一验收批．不足3t也按一批计。每批抽取4kg样品，充分混匀。 (2)取样后将样品一分为二，一份送试，一份备用。 (3)取样方法按(GB 12954—91)进行
25	外墙饰面粘结剂 (JGJ 126—2000) (JGJ 110—97) (GB 50210—2001)		必试：粘结强度	(1)现场镶贴外部饰面砖工程，每 $300m^2$ 同类墙体取一组试样，每组3个试件，每一楼层不得小于一组，不足 $300m^2$ 同类墙体，每两楼层取一组试样，每组3个试件。 (2)带饰面砖的预制墙板，每生产100块预制板墙取一组试样，不足100块预制板墙也取一组试样。每组在3块板中各取2个试件

续表

<table>
<tr><th>序号</th><th>材料名称及相关标准、规范代号</th><th>试验项目</th><th>组批原则及取样规定</th></tr>
<tr><td>26</td><td>外门窗
(GB/T 8485—2002)
(GB/T 7106—2002)
(GB/T 7107—2006)
(GB 50210—2001)
(GB 13685—92)
(GB 13686—92)</td><td>必试:抗风压性能、空气渗透性能、雨水渗漏性能</td><td>(1)同一品种门、窗类型至少选取三樘样门、窗，采用随机抽样的方法选取试件，如果是专门制作的送检样品，必须在检测报告中加以说明。
(2)试件为生产厂家检验合格准备出厂的产品，不得加设任何附件或采用其他改善措施</td></tr>
<tr><td>27</td><td>装饰单板贴面人造板
(GB/T 15104—2006)
(GB 50210—2001)
(GB 50327—2001)
(GB 50325—2001)</td><td>必试:甲醛释放量
其他:浸渍剥离强度、表面胶合强度</td><td>(1)同一生产厂、同品种、同规格的板材每1000张为一验收批，不足1000张也按一批计。
(2)抽样时应在具有代表性的板垛中随机抽取，每一验收批抽样1张，用于物理化学性能试验</td></tr>
<tr><td>28</td><td>细木工板
(GB 5849—1999)
(GB 50206—2001)
(GB 50210—2001)</td><td>必试:甲醛释放量
其他:含水率、横向静曲强度、胶合强度</td><td>(1)同一生产厂、同类别、同树种生产的产品为一验收批。
(2)物理力学性能检验试件应在具有代表性的板垛中随机抽取。
(3)批量范围在小于等于1200块时，抽样数1块;1201～3200块时，抽样数2块;>3200抽样数3块</td></tr>
<tr><td>29</td><td>层板胶合木
(GB 50210—2001)
(GB 50206—2001)
(GB/T 50—2001)</td><td>必试:甲醛释放量
其他:含水率、指形接头的弯曲强度、胶缝的抗剪强度、耐久性(脱胶试验)</td><td>每 $10m^3$ 的产品中检验1个全截面试件</td></tr>
<tr><td rowspan="3">30</td><td rowspan="3">实木复合地板
(GB/T 18103—2000)</td><td>必试:甲醛释放量
其他:含水率、浸渍剥离、静曲强度、弹性模量、表面耐磨、表面耐污染、漆膜附着力</td><td>物理力学性能检验:同一规格、同一类产品，根据产品批量大小随机抽取。每2块地板组成一组。试件制取位置、尺寸、规格及数量按下图和表中的要求进行。
部分试件制取示意图如下:
1 3 2 3 | 1 4 | 1 3 5 2 1 | 6</td></tr>
<tr><td>实木复合地板理化性能试件规格、数量表(每组试件数量)</td><td>理化性能抽样方案表</td></tr>
<tr><td colspan="2">

检验项目	试件尺寸(mm)	试件	编号	提交检查批的成品板数量(块)	初检抽样数(块)	复检抽样数(块)
浸渍剥离	75.0×75.0	6	1	≤1000	2	4
含水率	75.0×75.0	4	2			
甲醛释放量	20.0×20.0	约300g		≥1001	4	8

注:(1)在初检和复检抽样中，任意两块地板组成一组。
(2)制取浸渍剥离试件时，试件表面只允许一条拼接线，且拼接线应尽量居中</td></tr>
</table>

续表

序号	材料名称及相关标准、规范代号	试验项目	组批原则及取样规定
31	中密度纤维板 (GB/T 11718—1999) (GB/T 17657—1999)	必试:甲醛释放量 其他:弹性模量、握螺钉力、密度、含水率、吸水厚度膨胀率、内结合强度、静曲强度	物理力学性能及甲醛释放量的测定,应在每批产品中,任意抽取0.1%(但不得少于一张)的样板进行测试
32	耐酸砖 (GB 8488—2001)	必试:— 其他:弯曲强度、耐急冷急热性、耐酸度、吸水率	(1)以同一生产厂、同一规格的5000~30000块为一验收批,不足5000块,由供需双方协商验收。 (2)每一验收批,随机抽样:弯曲强度试验取5块(每块砖上截取一个130mm×20mm×20mm,尺寸偏差为±1mm)耐急冷急热试验,取3块边棱完整的砖进行,耐酸度试验取弯曲强度试验后的碎块或从检验用砖上敲取碎块约200g(除去釉面)
33	回填土 (GB 50202—2002) (GB 50007—2002) (JGJ 79—2002)	必试:压实系数(干密度、含水量、击实试验,求最大干密度和最优含水量)	(1)在压实填土的过程中,应分层取样检验土的干密度和含水率。 ①基坑每50~100m^{2}应不少于1个检验点。 ②基槽每10~20m应不少于1个检验点。 ③每一独立基础下至少有1个检验点。 ④对灰土、砂和砂石、土工合成、粉煤灰地基等,每单位工程不应少于3点,1000m^{2}以上的工程每100m^{2}至少有1点,3000m^{2}以上的工程,每300m^{2}至少有1点。 (2)场地平整: 每100~400mm^{2}取1点,但不应少于10点; 长度、宽度、边坡为每20m取1点,每边不应少于受点。 注:当用环刀取样时,取样点应位于每层2/3的深度处
34	不发火集料及混凝土 (GB 50209—2002)	必试:不发火性	(1)粗骨料:从不少于50个试件中选出做不发生火花的试件10个(应是不同表面、不同颜色、不同结晶体、不同硬度)。每个试件重50~250g,准确度应达到1g。 (2)粉状骨料:应将这些细粒材料用胶结料(水泥或沥青)制成块状材料进行试验。试件数量同上。 (3)不发火水泥砂浆、水磨石、水泥混凝土的试验用试件同上
35	聚氯乙烯卷材地板 (GB/T 11982.1—2005) (GB 50209—2002)	必试:— 其他:耐磨层厚度、PVC层厚度、加热长度变化率	(1)同一生产厂,同一配方、工艺、规格、颜色、图案的产品,每500m^{2}为一验收批,不足500m^{2}也按一批计。 (2)每一验收批随机抽取3卷,用于外观质量及尺寸偏差的检验,并在合格的样品中抽取1卷。用于物理性能检验。 (3)从距卷头一端300mm处,截取全幅地板800mm^{2}二块,一块送试,一块备用

续表

<table>
<tr><th>序号</th><th colspan="2">材料名称及相关标准、规范代号</th><th>试验项目</th><th colspan="2">组批原则及取样规定</th></tr>
<tr><td>36</td><td colspan="2">半硬质聚氯乙烯块状塑料地板
(GB/T 4085—2005)
(GB 50209—2002)</td><td>必试:—
其他:磨热膨胀系数、加热重量损失率、加热长度变化率、吸水长度变化率、磨耗量、残余凹陷度</td><td colspan="2">(1)以同一生产厂,同一配方、工艺、规格的塑料地板每 1000m² 为一验收批,不足 1000m² 也按一批计。
(2)每批中随机抽取 5 箱,每箱抽取 2 块作为试件</td></tr>
<tr><td rowspan="10">37</td><td rowspan="10">管材</td><td>(1)建筑排水用硬聚氯乙烯管材
(GB/T 5836.1—92)
(GB 2828—87)</td><td>必试:—
其他:纵向回缩率、扁平试验、拉伸屈服强度、断裂伸长率、落锤冲击试验、维卡软化温度</td><td colspan="2">(1)同一生产厂,同一原料、配方和工艺的情况下生产的同一规格的管材,每 30t 为一验收批,不足 30t 也按一批计。
(2)在计数合格的产品中随机抽取 3 根试件,进行纵向回缩率和扁平试验</td></tr>
<tr><td>(2)建筑排水用硬聚氯乙烯管件
(GB/T 5836.2—92)</td><td>必试:—
其他:烘箱试验、坠落试验维卡软化温度</td><td colspan="2">同一生产厂,同一原料、配方和工艺情况下生产的同一规格的管件,每 5000 件为一验收批、不足 5000 件也按一批计</td></tr>
<tr><td>(3)给水用硬聚氯乙烯(PVC-V)管材
(GB/T 10002.1—2006)</td><td>必试:生活饮用给水管材的卫生性能
其他:纵向回缩率、二氯甲烷浸渍试验、液压试验</td><td colspan="2">(1)同一生产厂、同一批原料、同一配方和工艺情况下生产的同规格的管材每 100t 为一验收批,不足 100t 也按一批计。
(2)抽样方案见下表</td></tr>
<tr><td rowspan="7">(4)给水用聚乙烯(PE)管材
(GB/T 13663—2000)
(GB/T 17219—98)</td><td rowspan="7">必试:生活饮用给水管材的卫生性能
其他:静液压强度(80℃)、断裂伸长率、氧化诱导时间</td><td>批量范围
(N)</td><td>样本大小
(n)</td></tr>
<tr><td>≤150</td><td>8</td></tr>
<tr><td>151～280</td><td>13</td></tr>
<tr><td>280～500</td><td>20</td></tr>
<tr><td>501～1200</td><td>32</td></tr>
<tr><td>1201～3200</td><td>50</td></tr>
<tr><td>3201～10000</td><td>80</td></tr>
<tr><td>38</td><td colspan="2">卫生陶瓷
(GB 6952—2005)</td><td>必试:—
其他:冲击功能、吸水率、抗龟裂试验、水封试验、污水排放试验</td><td colspan="2">(1)同一生产厂、同种产品、同一级别 500～3000 件为一验收批,不足 500 件也按一批计。
(2)每批随机抽取 3 件用于冲击功能试验,3 件用于污水排放试验,其他试验项目各取 1 件</td></tr>
</table>

(4) 认真审定抽检报告。

与材料见证取样表对比，做到物单相符。将试验数据与技术标准规定值或设计要求值进行对照，确认合格后方可允许使用该材料。否则，责令施工单位将该种或该批材料立即运离施工现场，对已应用于工程的材料及时作出处理意见。

3. 合理组织材料供应，确保施工正常进行

不同企业各级试验室业务范围　**表 2-2**

试验室所属企业	试验室资质等级		
	一	二	三
建筑施工企业	(1)砂、石、砖、轻骨料、沥青等原材料 (2)水泥强度等级及有关项目 (3)混凝土、砂浆试配及试块强度 (4)钢筋(含焊件)力学性能试验 (5)道路用材料试验 (6)简易土工试验 (7)外加剂、掺合剂、涂料防腐试验 (8)混凝土抗渗、抗冻试验	(1)砂、石、砖、轻骨料、沥青等原材料 (2)水泥强度等级及有关项目 (3)混凝土、砂浆试配及试块强度 (4)钢筋(含焊件)力学性能试验 (5)混凝土抗渗试验 (6)简易土工试验 (7)道路用材料试验	(1)砂、石、砖、沥青等原材料 (2)混凝土、砂浆试配及试块强度 (3)钢筋(含焊件)力学性能试验 (4)简易土工试验 (5)路基材料一般试验
市政施工企业	(1)砂、石、轻骨料、外加剂等原材料 (2)水泥强度等级及有关项目 (3)混凝土、砂浆试配及试块强度 (4)钢筋(含焊件)力学性能试验、钢材化学分析 (5)构件结构试验 (6)张拉设备和应力测定仪的校验 (7)根据需要对特种混凝土做冻融、渗透、收缩试验	(1)砂、石、轻骨料等原材料 (2)水泥强度等级及有关项目 (3)混凝土、砂浆试配及试块强度 (4)钢筋(含焊件)力学性能试验 (5)构件结构试验	(1)砂、石、轻骨料等原材料 (2)混凝土、砂浆试配及试块强度 (3)钢筋(含焊件)力学性能试验 (4)构件结构试验(预应力短向板)
预制构件厂	(1)砂、石、砖、轻骨料、防水材料等原材料 (2)水泥强度等级及有关项目 (3)混凝土、砂浆试配及试块强度 (4)钢筋(含焊件)力学性能试验、钢材化学分析 (5)混凝土非破损试验 (6)简易土工试验 (7)外加剂、掺合剂、涂料防腐试验 (8)混凝土抗渗、抗冻试验	(1)砂、石、砖、轻骨料、防水材料等原材料 (2)水泥强度等级及有关项目 (3)混凝土、砂浆试配及试块强度 (4)钢筋(含焊件)力学性能试验 (5)混凝土抗渗试验 (6)简易土工试验	(1)砂、石、砖、沥青等原材料 (2)混凝土、砂浆试配及试块强度 (3)钢筋(含焊件)力学性能试验 (4)简易土工试验
预制混凝土搅拌站	(1)砂、石、外加剂等原材料 (2)水泥强度等级及有关项目 (3)混凝土试配及主要力学性能试验(抗渗、抗冻) (4)外加剂有关项目试验		

项目部应合理地、科学地组织材料采购、加工、储备、运输，建立严密的计划、调度与管理体系，加快材料的周转，减少材料的占用量，按质、按量、如期满足工程项目需要。

4. 合理组织材料使用，减少材料的损失

正确按定额计量，使用材耗损降低，加强运输和仓库保管工作，加强材料限额管理和发放工作，健全现场管理制度以避免材料损失。

第五节 常用建筑材料技术要求

1. 通用水泥

通用水泥主要是指硅酸盐水泥、普通硅酸盐水泥、矿渣硅酸盐水泥、火山灰质硅酸盐水泥和粉煤灰硅酸盐水泥五种。

（1）硅酸盐水泥

凡由硅酸盐水泥熟料、0～5%石灰石或粒化高炉矿渣、适量石膏磨细制成的水硬性胶凝材料，称为硅酸盐水泥（即国外通称波特兰水泥）。硅酸盐水泥分为两种类型，不掺加混合材料的称Ⅰ型硅酸盐水泥，代号P·Ⅰ。在硅酸盐水泥熟料粉磨时掺加不超过水泥重量5%石灰石或粒化高炉矿渣混合材料的称Ⅱ型硅酸盐水泥，代号P·Ⅱ。

（2）普通硅酸盐水泥

凡由硅酸盐水泥熟料、6%～15%混合材料、适量石膏磨细制成的水硬性胶凝材料，称为普通硅酸盐水泥（简称普通水泥），代号P·O。掺活性混合材料时，最大掺量不得超过15%，其中允许用不超过水泥重量5%的窑灰或不超过水泥重量10%的非活性混合材料来代替。掺非活性混合材料的最大掺量不得超过水泥重量的10%。

（3）矿渣硅酸盐水泥

凡由硅酸盐水泥熟料和粒化高炉矿渣、适量石膏磨细制成的水硬性胶凝材料称为矿渣硅酸盐水泥（简称矿渣水泥），代号P·S。水泥中粒化高炉矿渣掺加量按重量百分比计为20%～70%。允许用石灰石、窑灰、粉煤灰和火山灰质混合材料中的一种材料代替矿渣，代替数量不得超过水泥重量的8%，替代后水泥中粒化高炉矿渣不得少于20%。

（4）火山灰质硅酸盐水泥

凡由硅酸盐水泥熟料和火山灰质混合材料、适量石膏磨细制成的水硬性胶凝材料称为火山灰质硅酸盐水泥（简称火山灰水泥），代号P·P。水泥中火山灰质混合材料掺量按重量百分比计为20%～50%。

（5）粉煤灰硅酸盐水泥

凡由硅酸盐水泥熟料和粉煤灰、适量石膏磨细制成的水硬性胶凝材料称为粉煤灰硅酸盐水泥（简称粉煤灰水泥），代号P·F。水泥中粉煤灰掺量按重量百分比计为20%～40%。

硅酸盐水泥强度等级分为42.5、42.5R、52.5、52.5R、62.5、62.5R。

普通硅酸盐水泥、矿渣硅酸盐水泥、火山灰质硅酸盐水泥、粉煤灰硅酸盐水泥强度分为32.5、32.5R、42.5、42.5R、52.5、52.5R。（带R的为早强型水泥）

2. 通用水泥的技术要求

（1）硅酸盐水泥、普通硅酸盐水泥技术要求

硅酸盐水泥、普通硅酸盐水泥技术要求见表2-3。

（2）矿渣水泥、火山灰水泥、粉煤灰水泥技术要求

矿渣水泥、火山灰水泥、粉煤灰水泥技术要求见表2-4。

硅酸盐水泥、普通硅酸盐水泥技术要求 **表 2-3**

项　　目	技　术　要　求
不溶物	Ⅰ型硅酸盐水泥中不溶物不得超过 0.75%；Ⅱ型硅酸盐水泥中不溶物不得超过 1.50%
氧化镁	水泥中氧化镁的含量不宜超过 5.0%，如果水泥经压蒸安定性试验合格，则水泥中氧化镁的含量允许放宽到 6.0%
三氧化硫	水泥中三氧化硫的含量不得超过 3.5%
烧失量	Ⅰ型硅酸盐水泥中烧失量不得大于 3.0%；Ⅱ型硅酸盐水泥中烧失量不得大于 3.5%；普通硅酸盐水泥中烧失量不得大于 5.0%
细度	硅酸盐水泥比表面积大于 $300m^2/kg$，普通水泥 $80\mu m$ 方孔筛筛余不得超过 10.0%
凝结时间	硅酸盐水泥初凝不得早于 45min，终凝不得迟于 6.5h；普通硅酸盐水泥初凝不得早于 45min，终凝不得迟于 10h
安定性	用沸煮法检验必须合格
碱含量	水泥中碱含量按 $Na_2O+0.658K_2O$ 计算值来表示。若使用活性骨料，用户要求提供低碱水泥时，水泥中碱含量不得大于 0.60%，或由供需双方商定

强度等级 \ 龄期与强度		抗压强度（MPa）不得低于		抗折强度（MPa）不得低于	
		3d	28d	3d	28d
硅酸盐水泥	42.5	17.0	42.5	3.5	6.5
	42.5R	22.0	42.5	4.0	6.5
	52.5	23.0	52.5	4.0	7.0
	52.5R	27.0	52.5	5.0	7.0
	62.5	28.0	62.5	5.0	8.0
	62.5R	32.0	62.5	5.5	8.0
普通硅酸盐水泥	32.5	11.0	32.5	2.5	5.5
	32.5R	16.0	32.5	3.5	5.5
	42.5	16.0	42.5	3.5	6.5
	42.5R	21.0	42.5	4.0	6.5
	52.5	22.0	52.5	4.0	7.0
	52.5R	26.0	52.5	5.0	7.0

注：1. 凡氧化镁、三氧化硫、初凝时间、安定性中任一项不符合标准规定时，均为废品；
　　2. 凡细度、终凝时间、不溶物和烧失量中的任一项不符合标准规定或混合材料掺加量超过最大限量和强度低于商品强度等级的指标时，为不合格品。

矿渣水泥、火山灰水泥、粉煤灰水泥技术要求 **表 2-4**

项　　目	技　术　要　求
氧化镁	熟料中氧化镁的含量不宜超过 5.0%，如果水泥经压蒸安定性试验合格，则水泥中氧化镁的含量允许放宽到 6.0%
三氧化硫	矿渣水泥中三氧化硫的含量不得超过 4.0%；火山灰水泥、粉煤灰水泥中三氧化硫含量不得超过 3.5%
细度	$80\mu m$ 方孔筛筛余不得超过 10.0%
凝结时间	初凝不得早于 45min，终凝不得迟于 10h
安定性	用沸煮法检验必须合格
碱含量	水泥中碱含量按 $Na_2O+0.658K_2O$ 计算值来表示。若使用活性骨料，用户要求提供低碱水泥时，水泥中碱含量不得大于 0.60%，或由供需双方商定

续表

强度等级 \ 龄期与强度	抗压强度(MPa)不得低于		抗折强度(MPa)不得低于	
	3d	28d	3d	28d
32.5	10.0	32.5	2.5	5.5
32.5R	15.0	32.5	3.5	5.5
42.5	15.0	42.5	3.5	6.5
42.5R	19.0	42.5	4.0	6.5
52.5	21.0	52.5	4.0	7.0
52.5R	23.0	52.5	4.5	7.0

注：熟料中氧化镁的含量为5.0%～6.0%时，如矿渣水泥中混合材料总掺量大于40%或火山灰水泥和粉煤灰水泥中混合材料总掺量大于30%，制成的水泥可不做压蒸试验。

通用水泥由于组成成分的不同，因而具有各自的特点和适用范围，表2-5为通用水泥的主要特点和适用范围。

通用水泥主要特点及通用范围 **表2-5**

品种	主要特点	适用范围	不适用范围
硅酸盐水泥	(1)早强快硬。 (2)水化热高。 (3)耐冻性好。 (4)耐热性差。 (5)耐腐蚀性差。 (6)对外加剂的作用比较敏感	(1)适用快硬早强工程。 (2)配制强度等级较高混凝土	(1)大体积混凝土工程。 (2)受化学侵蚀水及压力水作用的工程
普通硅酸盐水泥	(1)早强。 (2)水化热较高。 (3)耐冻性较好。 (4)耐热性较差。 (5)耐腐蚀性较差。 (6)低温时凝结时间有所延长	(1)地上、地下及水中的混凝土、钢筋混凝土和预应力混凝土结构，包括早期强度要求较高的工程。 (2)配制建筑砂浆	(1)大体积混凝土工程。 (2)受化学侵蚀水及压力水作用的工程
矿渣水泥	(1)早期强度低，后期强度增长较快。 (2)水化热较低。 (3)耐热性较好。 (4)抗硫酸盐侵蚀性好。 (5)抗冻性较差。 (6)干缩性较大	(1)大体积混凝土工程。 (2)配制耐热混凝土。 (3)蒸气养护的构件。 (4)一般地上地下的混凝土和钢筋混凝土结构。 (5)配制建筑砂浆	(1)早期强度要求较高的混凝土工程。 (2)严寒地区并在水位升降范围内的混凝土工程
火山灰水泥	(1)早期强度低，后期强度增长较快。 (2)水化热较低。 (3)耐热性较差。 (4)抗硫酸盐侵蚀性好。 (5)抗冻性较差。 (6)抗渗性较好。 (7)干缩性较大	(1)大体积混凝土工程。 (2)有抗渗要求的工程。 (3)蒸气养护的构件。 (4)一般混凝土和钢筋混凝土工程。 (5)配制建筑砂浆	(1)早期强度要求较高的混凝土工程。 (2)严寒地区并在水位升降范圈内的混凝土工程。 (3)干燥环境中的混凝土工程。 (4)有耐磨性要求的工程
粉煤灰水泥	(1)早期强度低，后期强度增长较快。 (2)水化热较低。 (3)耐热性较差。 (4)抗硫酸盐侵蚀性好。 (5)抗冻性较差。 (6)干缩性较小	(1)大体积混凝土工程。 (2)有抗渗要求的工程。 (3)一般混凝土工程。 (4)配制建筑砂浆	(1)早期强度要求较高的混凝土工程。 (2)严寒地区并在水位升降范围内的混凝土工程。 (3)有抗碳化要求的工程

3. 骨料

骨料，是建筑砂浆及混凝土主要组成材料之一。起骨架及减少由于胶凝材料在凝结硬化过程中干缩湿胀所引起体积变化等作用，同时还可以作为胶凝材料的廉价填充料。在建筑工程中，骨料有砂、卵石、碎石、煤渣灰等。

（1）细骨料（砂）

由天然风化、水流搬运和分选、堆积形成或经机械粉碎、筛分制成的粒径小于4.75mm的岩石颗粒，但不包括软质岩、风化岩石的颗粒。

1）砂的分类：

砂可按产地、细度模数和加工方法分类。

① 按产地不同分为河砂、海砂和山砂。

A. 河砂因长期受流水冲洗，颗粒成圆形，一般工程大都采用河砂。

B. 海砂因长期受海水冲刷，颗粒圆滑，较洁净，但常混有贝壳及其碎片，且氯盐含量较高。

C. 山砂存在于山谷或旧河床中，颗粒多带棱角，表面粗糙，石粉含量较多。

② 按细度模数可分为粗砂、中砂、细砂三级。

③ 按其加工方法不同可分为天然砂和人工破碎砂两大类。

A. 不需加工而直接使用的为天然砂，包括河砂、海砂和山砂。

B. 人工破碎砂则是将天然石材破碎而成的或加工粗集料过程中的碎屑。

2）砂的技术要求：

按照建设部标准《普通混凝土用砂、石质量及检验方法标准》（JGJ 52—2006）规定，关于砂的技术要求有：

① 细度模数。

砂的粗细程度按细度模数（μ_f）分为粗、中、细、特细四级，其范围应符合粗砂（μ_f 为3.7～3.1）；中砂（μ_f 为3.0～2.3）；细砂（μ_f 为2.2～1.6）；特细砂（μ_f 为1.5～0.7）的规定。

② 颗粒级配。

砂按0.63mm（630μm）筛孔的累计筛余量，分成三个级配区。砂的颗粒级配应处于表2-6中的某一个区以内。砂的实际颗粒级配与表2-6中所列的累计筛余百分率相比，除5.00mm和0.630mm外，允许稍有超出分界线，但其总量百分率不应大于5%。

当天然砂的实际颗粒级配不符合要求时，宜采取相应的技术措施，并经试验证明能确保混凝土质量后，方允许使用。

砂颗粒级配区 **表2-6**

公称粒径 \ 累计筛余(%) \ 级配区	Ⅰ区	Ⅱ区	Ⅲ区
5.00mm	10～0	10～0	10～0
2.50mm	35～5	25～0	15～0
1.25mm	65～35	50～10	25～0
630μm	85～71	70～41	40～16
315μm	95～80	92～70	85～55
160μm	100～90	100～90	100～90

配制混凝土时宜优先选用Ⅱ区砂，当采用Ⅰ区砂时，应提高砂率，并保持足够的水泥用量，以保证混凝土的和易性；当采用Ⅲ区砂时，宜适当降低砂率，以保证混凝土强度；

当采用特细砂时应符合相应的规定。

配制泵送混凝土时，宜选用中砂。

当砂颗粒级配不符合下表要求时，应采取相应措施并经试验证明能确保工程质量，方可允许使用。

3）含泥量、泥块含量。

砂中的含泥量、泥块含量应符合表 2-7 的规定。

砂中含泥量、泥块含量 **表 2-7**

混凝土强度等级	≥C60	C55～C30	≤C25
含泥量(按重量计%)	≤2.0	≤3.0	≤5.0
泥块含量(按重量计%)	≤0.5	≤1.0	≤2.0

4）坚固性。

砂的坚固性用硫酸钠溶液检验，试样经五次循环后其重量损失应符合表 2-8 的规定。

砂的坚固性指标 **表 2-8**

混凝土所处的环境条件	5 次循环后的重量损失(%)
在严寒及寒冷地区室外使用并经常处于潮湿或干湿交替状态下的混凝土 对于有抗疲劳、耐磨、抗冲击要求及有腐蚀介质作用下的混凝土	≤8
其他条件下使用的混凝土	≤10

5）砂中的有害物质。

砂中如有云母、轻物质、有机质、硫化物及硫酸盐等有害物质，其含量应符合表 2-9 的规定。

砂中的有害物质 **表 2-9**

项　　目	质　量　指　标
云母含量(按重量计%)	≤2.0
轻物质含量(按重量计%)	≤1.0
硫化物及硫酸盐含量(折算成 SO_3 按重量计%)	≤1.0
有机物含量(用比色法试验)	颜色不应深于标准色，如深于标准色，则应按水泥胶砂强度的方法进行强度对比试验，抗压强度比不应低于 0.95

对于有抗冻、抗渗要求的混凝土用砂，其云母含量不应大于 1.0%。

当砂中含有颗粒状的硫酸盐或硫化物杂质时，应进行专门检验，确认能满足混凝土耐久性要求后，方可采用。

6）对于长期处于潮湿环境的重要混凝土结构用砂，应采用砂浆棒（快速法）或砂浆长度法进行骨料的碱活性检验。经上述检验判断为有潜在危害时，应控制混凝土中的碱含量不超过 $3kg/m^3$，或采用能抑制碱-骨料反应的有效措施。

7）砂中氯离子含量应符合下列规定：

① 对于钢筋混凝土用砂，其氯离子含量不得大于 0.06%（以干砂的质量百分率计）；

② 对于预应力混凝土用砂，其氯离子含量不得大于 0.02%（以干砂的质量百分率计）。

对于有抗冻、抗渗或其他特殊要求的小于或等于 C25 混凝土用砂，其贝壳含量不应大于 5%。

（2）粗骨料（石）

1）石的分类：

石可按形状及级配不同分类。

① 按生产工艺不同分为碎石和卵石。天然卵石有河卵石、海卵石和山卵石。

由天然岩石或卵石经破碎、筛分而得的粒径大于 5mm 的岩石颗粒称为碎石或碎卵石。碎石比卵石干净，而且表面粗糙，颗粒有棱角，与水泥石粘结较牢固。由自然条件作用而形成的，粒径大于 5mm 的颗粒称为卵石。

② 按石子级配不同分为连续粒级和单粒级两种。连续粒级是指颗粒的尺寸由大到小连续分级，其中每一级骨料都占相当的比例。连续粒级分为 5～10mm、5～16mm、5～20mm、5～25mm、5～31.5mm、5～40mm 等六种规格。

单粒级是省去一级或几级中间粒级的骨料级配。单粒级分为 10～20mm、6～31.5mm、20～40mm、31.5～63mm、40～80mm 等五种规格。

2）技术要求

依据《普通混凝土用砂、石质量及检验方法标准》（JGJ 52—2006）规定，石的技术要求有：

① 颗粒级配。

碎石或卵石的颗粒级配应符合表 2-10 的规定。

碎石或卵石的颗粒级范围　　表 2-10

级配情况	公称粒级(mm)	累计筛余按重量计(%)											
		方孔筛筛孔边长尺寸(mm)											
		2.36	4.75	9.5	16.0	19.0	26.5	31.5	37.5	53.0	63.0	75.0	90
连续粒级	5～10	95～100	80～100	0～15	0	—	—	—	—	—	—	—	—
	5～16	95～100	85～100	30～60	0～10	0	—	—	—	—	—	—	—
	5～20	95～100	90～100	40～80	—	0～10	0	—	—	—	—	—	—
	5～25	95～100	90～100	—	30～70	—	0～5	0	—	—	—	—	—
	5～31.5	95～100	90～100	70～90	—	15～45	—	0～5	0	—	—	—	—
	5～40	—	95～100	70～90	—	30～65	—	—	0～5	0	—	—	—
单粒级	10～20	—	95～100	85～100	—	0～15	0	—	—	—	—	—	—
	16～31.5	—	95～100	—	85～100	—	—	0～10	0	—	—	—	—
	20～40	—	—	95～100	—	80～100	—	—	0～10	0	—	—	—
	31.5～63	—	—	—	95～100	—	—	75～100	45～75	—	0～10	0	—
	40～80	—	—	—	—	95～100	—	—	70～100	—	30～60	0～10	0

② 含泥量。

碎石或卵石中的含泥量应符合表 2-11 的规定。

③ 泥块含量。

碎石或卵石中的泥块含量应符合表 2-12 的规定。

④ 针片状颗粒含量。

碎石或卵石中的针片状颗粒含量应符合表 2-13 规定。

碎石或卵石中含泥量 **表 2-11**

混凝土强度等级	≥C60	C55～C30	≤C25
含泥量(按重量计%)	≤0.5	≤1.0	≤2.0

碎石或卵石的泥块含量 **表 2-12**

混凝土强度等级	≥C60	C55～C30	≤C25
含泥量(按重量计%)	≤0.2	≤0.50	≤0.70

碎石或卵石中的针片状颗粒含量 **表 2-13**

混凝土强度等级	≥C60	C55～C30	≤C25
针、片状颗粒含量，按重量计(%)	≤8	≤15	≤25

⑤ 压碎指标值：

A. 碎石的压碎指标值应符合表 2-14 的规定。

B. 卵石的压碎指标值应符合表 2-15 规定。

碎石的压碎指标值 **表 2-14**

岩　石　品　种	混凝土强度等级	碎石压碎指标值(%)
沉积岩	C60～C40	≤10
	≤C35	≤16
变质岩或生成的火成岩	C60～C40	≤12
	≤C35	≤20
喷出的火成岩	C60～C40	≤13
	≤C35	≤30

卵石的压碎指标值 **表 2-15**

混凝土强度等级	C60～C40	≤C35
压碎指标值(%)	≤12	≤16

⑥ 坚固性。

碎（卵）石的坚固性用硫酸钠溶液法检验，经五次循环后其重量损失应符合表 2-16 规定。

碎石或卵石的坚固性指标 **表 2-16**

混凝土所处的环境条件	循环后的质量报失(%)
在严寒及寒冷地区室外使用，并经常处于潮湿或干湿交替状态下的混凝土；有腐蚀介质作用及经常处于水位变化的地下结构	≤8
其他条件下使用的混凝土	≤12

⑦ 碎石或卵石中的有害物质。

碎石或卵石中的硫化物和硫酸盐含量，以及卵石中有机杂质等有害物质含量应符合表 2-17 的规定。

碎石或卵石中的有害物质含量 **表 2-17**

项　　目	质　量　指　标
硫化物及硫酸盐含量(折算成 SO_3 按重量计%)	≤1.0
卵石中有机质含量(用比色法试)	颜色不应深于标准色，如深于标准色，则应配制成混凝土进行强度对比试验，抗压强度比不应低于 0.95

当碎石或卵石中含有颗粒状硫酸盐或硫化物杂质时，应进行专门检验，确认能满足混凝土耐久性要求后，方可采用。

对于长期处于潮湿环境的重要结构混凝土，其所使用的碎石或卵石应进行碱活性检验。

进行碱活性检验时，首先应采用岩相法检验碱活性骨料的品种、类型和数量。当检验出骨料中含有活性二氧化硅时，应采用快速砂浆棒法和砂浆长度法进行碱活性检验；当检验出骨料中含有活性碳酸盐时，应采用岩石柱法进行碱活性检验。

经上述检验，当判定骨料存在潜在碱-碳酸盐反应危害时，不宜用作混凝土骨料；否则，应通过专门的混凝土试验，做最后评定。

当判定骨料存在潜在碱-硅反应危害时，应控制混凝土中的碱含量不超过 $3kg/m^3$，或采用能抑制碱-骨料反应的有效措施。

（3）轻骨料

堆积密度小于 $1200kg/m^3$ 的多孔轻质骨料统称为轻骨料。轻骨料包括轻粗骨料和轻细骨料。凡粒径在 5mm 以上，堆积密度小于 $1000kg/m^3$ 的轻骨料称为轻粗骨料；凡粒径在 5mm 以下，堆积密度小于 $1200kg/m^3$ 的轻骨料称为轻细骨料（或轻砂）。

1）轻骨料的分类

① 按材料的属性分类：

A. 无机轻骨料由天然的或人造的无机硅酸盐材料加工而成的轻骨料，如浮石、陶粒等。

B. 有机轻骨料由天然的或人造的有机高分子材料加工而成的轻骨料，如木屑、聚苯乙烯轻骨料等。

② 按原材料来源分类：

A. 工业废料轻骨料以工业废料为原料，经加工而成的轻骨料，如粉煤灰陶粒、自燃煤矸石、膨胀矿渣珠、煤渣及其轻砂。

B. 天然轻骨料是天然形成的多孔岩石，经加工而成的轻骨料，如浮石、火山灰渣及其轻砂。

C. 人造轻骨料以地方材料为原料，经加工而成的轻骨料，如页岩陶粒、黏土陶粒、膨胀珍珠岩及其轻砂。

③ 按其粒形分类。

轻粗骨料按其粒形可分为：

A. 圆球形的原材料经造粒工艺加工而成的，呈圆球状的轻骨料，如粉煤灰陶粒、磨细成球的页岩陶粒等。

B. 普通形的原材料经破碎加工而成的，呈非圆球状的轻骨料，如页岩陶粒、黏土陶粒、膨胀珍珠岩等。

C. 碎石形的由天然轻骨料或多孔烧结块，经破碎加工而成的，呈碎石形的轻骨料，如浮石、自燃煤矸石和煤渣等。

2）轻骨料技术要求

轻骨料的技术要求有：颗粒级配、堆积密度、筒压强度、吸水率、软化系数、表观密度、空隙率、抗冻性、坚固性、煮沸重量损失、铁分解重量损失、三氧化硫含量、氯盐含量、含泥量、烧失量、有机物含量、异类岩石颗粒含量、粒形系数和强度等。

4. 掺合料

掺合料是在混凝土拌合物制备时，为了节约水泥、改善混凝土性能、调节混凝土强度等级而加入的天然或人造的矿物材料，统称为混凝土掺合料。

（1）掺合料品种

1）粉煤灰。

从煤粉炉烟道气体中收集到的细颗粒粉末称为粉煤灰。其氧化钙含量在8%以内。粉煤灰按其品质分为Ⅰ、Ⅱ、Ⅲ级。

粉煤灰能够改善混凝土拌合物和易性，降低混凝土水化热，提高混凝土的抗渗性和抗硫酸盐性能，早期强度较低。因而主要用于大体积混凝土、泵送混凝土、预拌（商品）混凝土中。

粉煤灰的技术要求应符合表2-18的规定。

拌制混凝土和砂浆用粉煤灰技术要求 **表2-18**

项　目		技术要求		
		Ⅰ级	Ⅱ级	Ⅲ级
细度(45μm方孔筛筛余)，不大于(%)	F类粉煤灰	12.0	25.0	45.0
	C类粉煤灰			
需水量比，不大于(%)	F类粉煤灰	95	105	115
	C类粉煤灰			
烧失量，不大于(%)	F类粉煤灰	5.0	8.0	15.0
	C类粉煤灰			
含水量，不大于(%)	F类粉煤灰	1.0		
	C类粉煤灰			
三氧化硫，不大于(%)	F类粉煤灰	3.0		
	C类粉煤灰			
游离氧化钙，不大于(%)	F类粉煤灰	1.0		
	C类粉煤灰	4.0		
安定性 雷氏夹沸煮后增加距离，不大于(mm)	C类粉煤灰	5.0		

注：F类粉煤灰——由无烟煤或烟煤煅烧收集的粉煤灰。
C类粉煤灰——由褐煤或次烟煤煅烧收集的粉煤灰，其氧化钙含量一般大于10%。

2）高钙粉煤灰。

高钙粉煤灰（简称高钙灰）是褐煤或次烟煤经粉磨和燃烧后，从烟道气体中收集到的粉末。其氧化钙含量在8%以上，一般具有需水性低、活性高和可自硬特征。

在上海地区用次烟煤与其他煤种混合燃烧收集到的混烧煤灰，如其氧化钙含量大于8%或游离氧化钙含量大于1%时，也视为高钙粉煤灰。

高钙灰按其品质分为Ⅰ、Ⅱ两个等级。

高钙灰需水量比较低，对水泥、混凝土强度的贡献比较明显，早期强度比粉煤灰有所提高。但其含钙量及游离氧化钙含量波动大，超过一定范围容易使水泥、混凝土构筑物开裂、破坏。高钙灰主要应用于泵送混凝土、商品混凝土中。

高钙灰的技术要求应符合表 2-19 的规定。

高钙粉煤灰质量指标 **表 2-19**

序　号	质 量 指 标	高钙粉煤灰级别	
		Ⅰ	Ⅱ
1	细度(45μm 筛余)(%)	≤12	≤20
2	游离氧化钙(%)	≤3.0	≤2.5
3	体积安定性(mm)	≤5	≤5
4	烧失量(%)	≤5	≤8
5	需水比(%)	≤95	<100
6	三氧化硫(%)	≤3	≤3
7	含水率(%)	≤1	≤1

3）粒化高炉矿渣微粉。

粒化高炉矿渣微粉（简称矿渣微粉）是粒化高炉矿渣经干燥、粉磨达到规定细度的粉体。矿渣微粉按其品质分为 S115、S105 和 S95 三个等级。

矿渣微粉掺入混凝土，混凝土后期强度增长率较高、收缩值较小，大掺量矿粉混凝土可降低水化热峰值。早期强度有所降低，矿粉对混凝土有一定的缓凝作用，低温时影响更为明显。因而主要用于大体积混凝土、泵送混凝土、商品混凝土。

矿渣微粉的技术要求应符合表 2-20 的规定。

矿渣微粉质量指标 **表 2-20**

序号	质 量 指 标		级　别		
			S115	S105	S95
1	密度(g/cm^3)		>2.8	>2.8	>2.8
2	比表面积(m^2/kg)		>580	>480	>380
3	活性指数	7d	≥95	≥80	≥70
		28d	≥115	≥105	≥95
4	流动度比(%)		>90	>95	>95
5	氧化镁(%)		<13.0		
6	三氧化硫(%)		<4.0		
7	氯离子(%)		<0.02		
8	烧失量(%)		<3.0		

注：若矿渣微粉粉磨过程中未掺加助磨剂，且所掺石膏为天然石膏时，可免检氯离子项目。

① 粉煤灰。以连续供应的 200t 相同等级的粉煤灰为一批，不足 200t 的按一批计。

② 高钙灰。以连续供应的 100t 相同等级的粉煤灰为一批，不足 100t 的按一批计。

③ 矿渣微粉。年产量 10 万～30 万 t，以 400t 为一批。年产量 4 万～10 万 t，以 200t

为一批。

(2) 检验项目

不同掺合料质量检验的项目有所不同，常用掺合料的检验项目有：

1) 粉煤灰。

粉煤灰的检验项目主要有细度、烧失量。同一供应单位每月测定一次需水量比，每季测定一次三氧化硫含量。

2) 高钙灰。

高钙粉煤灰的检验项目主要有细度、游离氧化钙、体积安定性，同一供应单位每月测定一次需水量比和烧失量，每季度测定一次三氧化硫含量。

3) 矿渣微粉。

矿渣微粉的检验项目主要有活性指数、流动度比。

(3) 不合格品（废品）处理

1) 粉煤灰质量检验中，如有一项指标不符合要求，可重新从同一批粉煤灰中加倍取样，进行复验，复验后仍达不到要求时，应作降级或不合格品处理。

2) 高钙灰质量检验中，如有一项指标不符合要求，可重新从同一批高钙灰中加倍取样进行复验。复验后仍达不到要求时，应作降级或不合格品处理。体积安定性及游离氧化钙含量不合格的高钙粉煤灰严禁用于混凝土中。

3) 矿渣微粉质量检验中，若其中任何一项不符合要求，应重新加倍取样，对不合格的项目进行复验。评定时，以复验结果为准。

5. 外加剂

外加剂是在混凝土拌合过程中掺入，并能按要求改善混凝土性能的、一般掺量不超过水泥重量5%（特殊情况除外）的材料称为混凝土外加剂。

(1) 外加剂的分类

混凝土外加剂可按其主要功能分类：

1) 改善混凝土拌合物流动性能的外加剂。包括各种减水剂、引气剂和泵送剂。

2) 调节混凝土凝结时间、硬化性能的外加剂。包括缓凝剂、早强剂和速凝剂等。

3) 改善混凝土耐久性的外加剂。包括引气剂、防水剂和阻锈剂等。

4) 改善混凝土其他性能的外加剂。包括加气剂、膨胀剂、防冻剂、防水剂和泵送剂等。

(2) 外加剂的技术要求

1) 掺外加剂混凝土的技术要求见表2-21。

2) 检测拌合物质量。

在制作三个配合比的混凝土强度试件时，尚应检测拌合物的坍落度（或维勃稠度）、黏聚性、保水性及表观密度，并以此作为这一配合比的混凝土拌合物的性能参数。

3) 混凝土配合比的确定。

混凝土配合比可按下列两种方法确定：

① 根据试验结果，在三个配合比中选出一个既满足强度、和易性要求，且水泥用量较少的配合比作为混凝土配合比。

② 根据试验所得的混凝土强度，以强度为纵坐标、水灰比为横坐标，绘制出这三个

掺外加剂混凝土性能指标 表 2-21

试验项目		外加剂品种																	
		普通减水剂		高效减水剂		早强减水剂		高效减水剂		缓凝减水剂		引气减水剂		早强剂		缓凝剂		引气剂	
		一等品	合格品	一等品	合格品	一等品	合格品	一等品	合格品	一等品	合格品	一等品	合格品	一等品	合格品	一等品	合格品	一等品	合格品
减水率(%)不小于		8	5	12	10	8	5	12	10	8	5	10	10	—	—			6	6
泌水率比(%)不大于		95	100	90	95	95	100	100		100		70	80	100		100	100	70	80
含气量(%)		≤3.0	≤4.0	≤3.0	≤4.0	≤3.0	≤4.0	<4.5		<5.5		>3.0		—		—		>3.0	
凝结时间之差(min)	初凝	−90～+120		−90～+120		−90～+90		>+90		>+90		−90～+120		−90～+90		>+90		−90～+120	
	终凝							—		—									
抗压强度比(%)不小于	1d	—	—	140	130	140	130	—	—	—		—		135	125	—			
	3d	115	110	130	120	130	120	125	120	100		115	110	130	120	100	90	95	80
	7d	115	110	125	115	115	110	125	115	110		110		110	105	100	90	95	80
	28d	110	105	120	110	105	100	120	110	110	105	100		100	95	100	90	90	80
收缩率比(%)不大于	28d	135		135		135		135		135		135		135		135		135	
相对耐久性指标200次(%)不小于		—		—		—		—		—		80	60	—		—		80	60
对钢筋锈蚀作用		应说明对钢筋有无锈蚀作用																	

注：1. 除含气量外，表中所列数据为掺外加剂混凝土与基准混凝土的差值或比值；

2. 凝结时间指标，“—”表示提前，“+”表示延缓；

3. 相对耐久性指标一栏中，“200 次≥80 和 60”表示将 28d 龄期的掺外加剂混凝土试件冻融循环 200 次后，动弹性模量保留值大于等于 80%或 60%；

4. 对于可以用高频振捣排除的，由外加剂所引入的气泡的产品，允许用高频振捣，达到某类型性能指标的外加剂，可按本表进行命名和分类，但在产品说明书和包装上注明“用于高频振捣的××剂”。

配合比的强度与水灰比的关系曲线，据此关系曲线求出配制强度所对应的水灰比值，计算出混凝土配合比，其各种材料的用量：

A. 用水量（m_w）。取基准配合比中的用水量，并根据制作强度试件时测得的坍落度（或维勃稠度）值，加以适当调整。

B. 水泥用量（m_c）。取上述用水量乘以经试验确定的、能符合配制强度要求的水灰比（或用水量除以水灰比）。

C. 粗、细骨料用量（m_g、m_s）。取基准配合比中的粗细骨料用量，并以确定的水灰比作适当调整。

4）校正混凝土配合比。

根据上述计算定出的混凝土配合比，还应根据实测的混凝土拌合物密度再作必要的校正，根据混凝土拌合物密度的实测值与计算值求得校正系数（δ）。

$$\delta = 实测值 \div 计算值$$

当实测值与计算值之差小于2%时，上述试验计算定出的配合比即确定为混凝土配合比。如两者之差的绝对值大于2%时，把上述确定的配合比中每项材料用量均乘以校正系数δ，即为最终确定的混凝土配合比。

混凝土配合比是以干燥状态（或饱和面干）为基准的，而生产现场存放的砂、石均含有一定的水分，且因气候的变化而时有变化。因此，应根据生产混凝土时所用砂、石的实际含水率，对砂、石用量及用水量进行适当修正，即根据砂、石的各自含水率适当增加砂、石用量，并从原用水量中扣除砂、石所含水量。

6. 混凝土拌合物

（1）抗压强度

混凝土的抗压强度是一个重要的技术指标，根据国家标准《混凝土强度检验评定标准》(GBJ 107—87）的规定，混凝土强度等级应按抗压强度标准值确定。立方体抗压强度标准值系指按照标准方法制作和养护的边长为150mm的立方体试件、在28d龄期、用标准试验方法测得的，具有大于95%保证率的抗压强度。

由于混凝土是一种非均质材料，具有较大的不均匀性和强度的离散性，为了要配制满足设计要求的混凝土强度等级，其配制强度应比设计强度增加一定的富裕量。这一富裕量的大小应根据原材料情况、生产控制水平、施工管理水平以及经济性等一系列情况综合考虑。

（2）抗折强度

混凝土抗折强度同样也是一个重要的技术标准。在道路混凝土工程中，常以混凝土28d的抗折强度作为控制指标。混凝土的抗折强度与抗压强度之间存在一定的相关性，但并不是成线性关系，通常情况下抗压强度增长的同时抗折强度亦增长，但抗折强度增长速度较慢。

影响混凝土抗压强度的因素同样影响混凝土抗折强度，其中粗骨料类型对抗折强度有十分显著的影响。碎石表面粗糙，对提高抗折强度有利，而卵石表面光滑不利于表面粘结，对抗折强度不利。合理的粗骨料及细骨料的级配，对提高抗折强度有利。粗骨料最大粒径适中、针片状含量小的混凝土抗折强度较高。粗细骨料表面含泥量偏高将严重影响抗折强度。另外，养护条件对混凝土抗折强度的影响比抗压强度更为敏感。

（3）坍落度

为能满足施工要求，混凝土应具有一定的和易性（流动性、黏聚性和保水性）。如果是泵送混凝土，还必须具有良好的可泵性，要求混凝土具有摩擦阻力小，不离析、不阻塞，黏聚适宜，能顺利泵送。水泥及掺合料、外加剂的品种、骨料级配、形状、粒径，以及配合比是影响可泵性的主要因素。

混凝土坍落度实测值与合同规定的坍落度值之差应符合表 2-22 的规定。

坍落度允许偏差 **表 2-22**

规定的坍落度(mm)	允许偏差(mm)	规定的坍落度(mm)	允许偏差(mm)
≤40 50～90	±10 ±20	≥100	±30

（4）含气量

混凝土含气量与合同规定值之差不应超过±1.5%。

（5）氯离子总含量限值

氯离子总含量限值见表 2-23。

氯离子总含量的最高限值 **表 2-23**

混凝土类型及其所处环境类别	最大氯离子含量
素混凝土	2.0
室内正常环境下的钢筋混凝土	1.0
室内潮湿环境；非严寒和非寒冷地区的露天环境、与无侵蚀的水或土壤直接接触的环境下的钢筋混凝土	0.3
严寒和寒冷地区的露天环境、与无侵蚀的水或土壤直接接触的环境下的钢筋混凝土	0.2
使用除冰盐的环境；严寒和寒冷地区冬期水位变动的环境；滨海室外环境下的钢筋混凝土	0.1
预应力混凝土构件及设计使用年限为 100 年的室内正常环境下的钢筋混凝土	0.06

注：氯离子含量系指其占水泥（含替代水泥量的矿物掺合料）重量的百分比。

（6）放射性核素放射性比活度

混凝土放射性核素放射性比活度应满足现行国家标准《建筑材料放射性核素限量》（GB 6566—2001）标准的规定。

（7）其他

当需方对混凝土其他性能有要求时，应按国家现行有关标准规定进行试验，无相应标准要求时应按合同规定进行试验，其结果应符合标准及合同要求。

7. 砂浆

砂浆由胶结料、细骨料、掺合料和水配制而成的建筑工程材料，在建筑工程中起粘结、衬垫和传递力的作用。

（1）砂浆分类

按胶凝材料可分为：水泥砂浆、石灰砂浆和混合砂浆等；

按用途可分为：砌筑砂浆、抹灰（面）砂浆和防水砂浆；

按堆积密度可分为：重质砂浆和轻质砂浆等；

按生产工艺可分为：传统砂浆、预拌砂浆和干粉砂浆等。

预拌砂浆系指由水泥、砂、保水增稠材料、水、粉煤灰或其他矿物掺合料和外加剂等组分按一定比例，在集中搅拌站（厂）经计量拌制后，用搅拌运输车运至使用地点，放入密封容器储存，并在规定时间内使用完毕的砂浆拌合物。

干粉砂浆又称砂浆干粉（混）料，系指由专业生产厂家生产的，经干燥筛分处理的细骨料与无机胶结料、保水增稠材料、矿物掺合料和添加剂按一定比例混合而成的一种颗粒状或粉状混合物，它既可由专用罐车运输至工地加水拌合使用，也可采用包装形式运送到工地拆包加水拌合使用，其技术要求见表 2-24。

干粉砂浆技术要求 **表 2-24**

种类		强度等级	稠度(mm)	凝结时间(h)
预拌砂浆	砌筑砂浆	M5.0、M7.5、M10、M15、M20、M25、M30	50、70、90、100	8、12、24
	抹灰砂浆	M5.0、M7.5、M10、M15、M20	70、90、110	8、12、24
	地面砂浆	M15、M20、M25	30、50	4、8
普通干粉砂浆	砌筑砂浆	M5.0、M7.5、M10、M15、M20、M25、M30	≤90	≤8
	抹灰砂浆	M5.0、M10、M15、M20	≤110	≤8
	地面砂浆	M15、M20、M25	≤50	≤8

（2）质量指标

1）预拌砂浆的质量要求见表 2-25、表 2-26。

预拌砂浆性能 **表 2-25**

种类		稠度(mm)	分层度(mm)	凝结时间(h)	28d 抗压强度(MPa)
砌筑砂浆	M5.0 M7.5 M10 M15 M20 M25 M30	50～100	≤25	8、12、24	5.0 7.5 10.0 15.0 20.0 25.0 30.0
抹灰砂浆	M5.0 M10 M15 M20	70～110	≤20	8、12、24	5.0 7.5 10.0 15.0 20.0
地面砂浆	M15 M20 M25	30～50	≤20	4、8	15.0 20.0 25.0

稠度允许偏差 **表 2-26**

规定的稠度(mm)	允许偏差(mm)	规定的稠度(mm)	允许偏差(mm)
30～49	+5、−5	70～100	±15
50～69	±10	110	+5、−10

2）干粉砂浆的质量要求见表 2-27。

干粉砂浆性能 **表 2-27**

种　类	强度等级	稠度(mm)	分层度(mm)	28d 抗压强度(MPa)
砌筑砂浆	M5.0 M7.5 M10 M15 M20 M25 M30	≤90	≤25	5.0 7.5 10.0 15.0 20.0 25.0 30.0
抹灰砂浆	M5.0 M10 M15 M20	≤10	≤20	5.0 10.0 15.0 20.0
地面砂浆	M15 M20 M25	≤50	≤20	15.0 20.0 25.0

8. 墙体材料

在建筑工程中，墙体材料具有承重、围护和分隔作用。墙体材料的重量占建筑物总重量的 50%以上，合理选用墙体材料对建筑物的结构形式、高度、跨度、安全、使用功能及工程造价等均有重要意义。墙体材料的品种很多，根据外形和尺寸大小分为砌墙砖、砌块和板材三大类，每一类中又分成实心和空心两种形式，砌墙砖还有烧结和非烧结（免烧）砖之分。以下仅介绍常用砌墙砖和砌块。

（1）烧结普通砖（GB 5101—2003）

以黏土、页岩、煤矸石或粉煤灰为原料制得的没有孔洞或孔洞率（砖面上孔洞总面积占砖面积的百分率）小于 15%的烧结砖，称为烧结普通砖。

根据国家标准《烧结普通砖》（GB 5101—2003）规定，烧结普通砖根据抗压强度分为 MU30、MU25、MU20、MU15、MU10 五个强度等级。根据尺寸偏差、外观质量、泛霜和石灰爆裂分为优等品（A）、一等品（B）和合格品（C）。尺寸为 240mm×115mm×53mm。砖的产品标记按产品名称、规格、品种、强度等级、质量等级和标准编号顺序编写，如“烧结普通砖 NMU15 B GB 5101”表示强度等级为 MU15 一等品的黏土砖。

1）尺寸允许偏差。

尺寸允许偏差应符合表 2-28 的规定。

2）外管质量。

外观质量应符合表 2-29 的规定。

3）强度等级。

抗压强度测定时，取 10 块砖进行试验，根据试验结果，按平均值-标准差（变异系数 $\delta \leq 0.21$ 时）或平均值-最小值方法（变异系数 $\delta > 0.21$ 时）评定砖的强度等级，见表 2-30。

烧结普通砖尺寸允许偏差（mm） 表 2-28

公称尺寸	优等品		一等品		合格品	
	样品平均偏差	样品极差≤	样品平均偏差	样品极差≤	样品平均偏差	样品极差≤
240	±2.0	6	±2.5	7	±3.0	8
115	±1.5	5	±2.0	6	±2.5	7
53	±1.5	4	±1.6	5	±2.0	6

烧结普通砖外观质量要求（mm） 表 2-29

项目		优等品	一等品	合格品
两条面高度差	≤	2	3	4
弯曲	≤	2	3	4
杂质凸出高度	≤	2	3	4
缺棱掉角的三个破坏尺寸	不得同时大于	5	20	30
裂纹长度 ≤	a. 大面上宽度方向及其延伸至条面的长度	30	60	80
	b. 大面上长度方向及其延伸至顶面的长度或条顶面上水平裂纹的长度	50	80	100
完整面[a]	不得少于	二条面和二顶面	一条面和一顶面	—
颜色		基本一致	—	—

注：为装饰而施加的色差，凹凸纹、拉毛、压花等不算缺陷。

[a] 凡有下列缺陷之一者，不得称为完整面：

a）缺损在条面或顶面上造成的破坏面尺寸同时大于 10mm×10mm。

b）条面或顶面上裂纹宽度大于 1mm，其长度超过 30mm。

c）压陷、粘底、焦花在条面或顶面上的凹陷或凸出超过 2mm，区域尺寸同时大于 10mm×10mm。

烧结普通砖强度等级划分规定（MPa） 表 2-30

强度等级	抗压强度平均值 $\overline{f}$≥	变异系数 δ≤0.21	变异系数 δ>0.21
		强度标准值 f_k≥	单块最小抗压强度值 f_{min}≥
MU30	30.0	22.0	25.0
MU25	25.0	18.0	22.0
MU20	20.0	14.0	16.0
MU15	15.0	10.0	12.0
MU10	10.0	6.5	7.5

4）泛霜。

泛霜是指黏土原料中的可溶性盐类（如硫酸钠等）在砖使用过程中，随着砖内水分蒸发而在砖表面产生的盐析现象，一般为白霜。这些结晶的白色粉状物不仅有损于建筑物的外观，而且结晶的体积膨胀也会引起砖表层的酥松，同时破坏砖与砂浆之间的粘结。泛霜应符合表 2-31 规定。

5）石灰爆裂。

当原料土或掺入的内燃料中夹杂有石灰质成分，则在烧砖时被烧成过火石灰留在砖中。这些过火石灰在砖体内吸收水分，消化时产生体积膨胀，导致砖发生胀裂破坏，这种现象称为石灰爆裂。

烧结普通砖石灰爆裂指标应符合表 2-31 的规定。

烧结普通砖泛霜、石灰爆裂规定 **表 2-31**

项目	优等品	一等品	合格品
泛霜	无泛霜	不允许出现中等泛箱	不允许出现严重泛霜
石灰爆裂	不允许出现最大破坏尺寸大于 2mm 的爆裂区域	① 最大破坏尺寸大于 2mm，且小于等于 10mm 的爆裂区域，每组样砖不得多于 15 处 ② 不允许出现最大破坏尺寸大于 10mm 的爆裂区域	① 最大破坏尺寸大于 2mm，且小于等于 15mm 的爆裂区域，每组样砖不得多于 15 处，其中大于 10mm 的不得多于 7 处 ② 不允许出现最大破坏尺寸大于 15mm 的爆裂区域

6）抗风化性能。

抗风化性能是指在干湿变化、温度变化、冻融变化等物理因素作用下，材料不破坏并长期保持其原有性质的能力。风化指数是指日气温从正温降低至负温或负温升至正温的每年平均天数与每年从霜冻之日起至消失霜冻之日止这一期间降雨量（以毫米计）的平均值的乘积。当风化指数大于等于 12700 为严重风化区，风化指数小于 12700 为非严重风化区，风化区的划分见表 2-32。用于非严重风化区和严重风化区的烧结普通砖，其 5h 沸煮吸水率和饱和系数见表 2-33。

风化区的划分 **表 2-32**

严重风化区		非严重风化区	
1. 黑龙江省 2. 吉林省 3. 辽宁省 4. 内蒙古自治区 5. 新疆维吾尔自治区 6. 宁夏回族自治区 7. 甘肃省	8. 青海省 9. 陕西省 10. 山西省 11. 河北省 12. 北京市 13. 天津市	1. 山东省 2. 河南省 3. 安徽省 4. 江苏省 5. 湖北省 6. 江西省 7. 浙江省 8. 四川省 9. 贵州省 10. 湖南省	11. 福建省 12. 台湾省 13. 广东省 14. 广西壮族自治区 15. 海南省 16. 云南省 17. 西藏自治区 18. 上海市 19. 重庆市

砖抗风化性能 **表 2-33**

砖种类	严重风化区				非严重风化区			
	5h 沸煮吸水率(%)≤		饱和系数≤		5h 沸煮吸水率(%)≤		饱和系数≤	
	平均值	单块最大值	平均值	单块最大值	平均值	单块最大值	平均值	单块最大值
黏土砖	18	20	0.85	0.87	19	20	0.88	0.90
粉煤灰砖	21	23			23	25		
页岩砖	16	18	0.74	0.77	18	20	0.78	0.80
煤矸石砖	16	18			18	20		

注：粉煤灰掺入量（体积比）小于 30%时，抗风化性能指标按黏土砖规定判定。

严重风化区中的 1、2、3、4、5 地区的砖必须进行冻融试验，其他地区砖的抗风化性能符合表 2-33 规定时可不做冻融试验，否则，必须进行冻融试验。

冻融试验后，每块砖样不允许出现裂纹、分层、掉皮、缺棱、掉角等冻坏现象；质量损失不得大于 2%。

（2）烧结多孔砖（GB 13544—2000）

烧结多孔砖是以黏土、页岩、煤矸石为主要原料，经焙烧而成的多孔砖。孔洞率大于或等于15%，孔的尺寸小而数量多，主要用于承重结构。

根据国家标准《烧结多孔砖》（GB 13544—2000）的规定，多孔砖按抗压强度分为MU30、MU25、MU20、MU15、MU10五个强度等级。根据尺寸偏差、外观质量、孔型及孔洞排列、泛霜、石灰爆裂分为优等品（A）、一等品（B）和合格品（C）。

砖的外形为直角六面体，其长度、宽度、高度应符合下列要求：

（a）290，240，190，180mm；

（b）175，140，115，90mm

注：其他规格尺寸由供需双方协商确定。

孔洞尺寸见表2-34。砖的产品标记按产品名称、规格代号、强度等级、产品等级和标准编号顺序编写，如"烧结多孔砖 MU-25A-GB/13544"，表示强度等级为25，优等品煤矸石砖。

烧结多孔砖的孔洞尺寸（mm）　　表2-34

圆孔直径	非圆孔内切圈直径	手抓孔
≤22	≤15	(30～40)×(75～85)

1）尺寸允许偏差。

尺寸允许偏差应符合表2-35的规定。

烧结多孔砖的尺寸允许偏差（mm）　　表2-35

尺　寸	优等品		一等品		合格品	
	样本平均偏差	样本极差≤	样本平均偏差	样本极差≤	样本平均偏差	样本极差≤
190、240	±2.0	6	±2.5	7	±3.0	8
190、180、175、140、115	±1.5	5	±2.0	6	±2.5	7
90	±1.5	4	±1.7	5	±2.0	6

2）外观质量。

外观质量应符合表2-36的规定。

烧结多孔砖外观质量要求（mm）　　表2-36

项　目	优等品	一等品	合格品
1. 颜色(一条面和一顶面)	一致	基本一致	—
2. 完整面　不得少于	一条面和一顶面	一条面和一顶面	—
3. 缺棱掉角的三个破坏尺寸不得同时大于	15	20	30
4. 裂纹长度　不大于			
a. 大面上深入孔壁15mm以上宽度方向及其延伸到条面的长度	60	80	100
b. 大面上深入孔壁15mm以上长度方向及其延伸到顶面的长度	60	100	120
c. 条顶面上的水平裂纹	80	100	120
(5)杂质在砖面上造成的凸出高度　不大于	3	4	5

注：1. 为装饰而施加的色差、凹凸纹、拉毛、压花等不算缺陷；

2. 凡有下列缺陷之一者，不能称为完整面：

a）缺损在条面或顶面上造成的破坏面尺寸同时大于20mm×30mm。

b）条面或顶面上裂纹宽度大于1mm，其长度超过70mm。

c）压陷、焦花、粘底在条面或顶面上的凹陷或凸出超过2mm，区域尺寸同时大于20mm×30mm

3）强度等级。

强度等级应符合表 2-37 的规定。

4）孔型孔洞率及孔洞排列。

孔型孔洞率及孔洞排列应符合表 2-38 的规定。

5）泛霜和石灰爆裂。

多孔砖的泛霜和石灰爆裂应符合表 2-39 的规定。

烧结多孔砖强度等级　　表 2-37

强度等级	抗压强度平均值 $\overline{f}\geqslant$	变异系数 $\delta\leqslant0.21$	变异系数 $\delta>0.21$
		强度标准值 $f_k\geqslant$	单块最小抗压强度值 $f_{min}\geqslant$
MU30	30.0	22.0	25.0
MU25	25.0	18.0	22.0
MU20	20.0	14.0	16.0
MU15	15.0	10.0	12.0
MU10	10.0	6.5	7.5

烧结多孔砖孔型孔洞率及孔洞排列要求　　表 2-38

产品等级	孔　型	孔洞率(%)≥	孔洞排列
优等品	矩形条孔或矩形孔	25	交错排列，有序
一等品			
合格品	矩形孔或其他孔形		—

注：1. 所有孔宽 b 应相等，孔长 $L\leqslant50$mm；
2. 孔洞排列上下、左右应对称，分布均匀，手抓孔的长度方向尺寸必须平行于砖的条面；
3. 矩形孔的孔长 L、孔宽 b 满足式 $L\geqslant3b$ 时，为矩形条孔。

烧结多孔砖泛霜、石灰爆裂规定　　表 2-39

项　目	优　等　品	一　等　品	合　格　品
泛霜	无泛霜	不允许出现中等泛霜	不允许出现严重泛霜
石灰爆裂	不允许出现最大破坏尺寸大于 2mm 的爆裂区域	① 最大破坏尺寸大于 2mm，且小于等于 10mm 的爆裂区域，每组样砖不得多于 15 处 ② 不允许出现最大破坏尺寸大于 10mm 的爆裂区域	① 最大破坏尺寸大于 2mm，且小于等于 15mm 的爆裂区域，每组样砖不得多于 15 处，其中大于 10mm 的不得多于 7 处 ② 不允许出现最大破坏尺寸大于 15mm 的爆裂区域

6）抗风化性能。

风化区的划分见表 2-32。烧结多孔砖抗风化性能见表 2-40 严重风化区中的第 1、2、3、4、5 地区的砖，必须进行冻融试验，其余地区的砖的抗风化性能符合表 2-40 规定时可不做冻融试验，否则，必须进行冻融试验。冻融试验后，每块砖样不允许出现裂纹、分层、掉皮、缺棱掉角等冻坏现象。

7）产品中不允许有欠火砖、酥砖和螺旋纹砖。

烧结多孔砖抗风化性能　　表 2-40

项目 / 砖种类	严重风化区				非严重风化区			
	5h 沸煮吸水率，%≤		饱和系数≤		5h 沸煮吸水率，%≤		饱和系数≤	
	平均值	单块最大值	平均值	单块最大值	平均值	单块最大值	平均值	单块最大值
粘土砖	21	23	0.85	0.87	23	25	0.88	0.90
粉煤灰砖	23	25			30	32		
页岩砖	16	18	0.74	0.77	18	20	0.78	0.80
煤矸石砖	19	21			21	23		

注：粉煤灰掺入量（体积比）小于 30%时按粘土砖规定判定。

(3) 烧结空心砖和空心砌块（GB 13545—2003）

烧结空心砖和空心砌块是以黏土、页岩、煤矸石为主要原料，经焙烧而成的多孔砖。孔洞率大于或等于35%，孔的尺寸大而数量少，主要用于非承重结构。

国家标准《烧结空心砖和空心砌块》（GB 13545—2003）规定：烧结空心砖根据抗压强度分为MU10、MU7.5、MU5、MU3.5和MU2.5五个级别；根据尺寸偏差、外观质量、强度等级和物理性能分为优等品（A）、一等品（B）和合格品（C）；按表观密度分800、900、1000、1100四个密度级别。

烧结空心砖和空心砌块外形为直角六面体，其长度、宽度、高度应符合下列要求：

(a) 290、190（140）、90mm；

(b) 240、180（175）、115mm。

注：其他规格尺寸由供需双方协商确定。

砖和砌块的壁厚应大于10mm，肋厚应大于7mm。孔洞采用矩形条孔或其他孔形，且平行于大面和条面。

砖的产品标记按产品名称、规格尺寸、密度级别、产品等级和标准编号顺序编写，如"空心砖（290×190×90）800A-GB 13545"表示尺寸为290mm×190mm×90mm，密度800级，优等品空心砖。

1) 尺寸允许偏差。

尺寸允许偏差应符合表2-41的规定。

烧结空心砖和空心砖块的尺寸允许偏差（mm） **表2-41**

尺寸	优等品		一等品		合格品	
	样本平均偏差	样本极差≤	样本平均偏差	样本极差≤	样本平均偏差	样本极差≤
＞300	±2.5	6.0	±3.0	7.0	±3.5	8.0
＞200～300	±2.0	5.0	±2.5	6.0	±3.0	7.0
100～200	±1.5	4.0	±2.0	5.0	±2.5	6.0
＜100	±1.5	3.0	±1.7	4.0	±2.0	5.0

2) 外观质量。

外观质量应符合表2-42的规定。

烧结空心砖和空心砌块外观质量要求（mm） **表2-42**

项目		优等品	一等品	合格品
1. 弯曲	≤	3	4	5
2. 缺棱掉角的三个破坏尺寸不得同时	＞	15	30	40
3. 垂直度差	≤	3	4	5
4. 未贯穿裂纹长度	≤			
① 大面上宽度方向及其延伸到条面的长度		不允许	100	120
② 大面上长度方向或条面上水平面方向的长度		不允许	120	140
5. 贯穿裂纹长度				
① 大面上宽度方向及其延伸到条面的长度		不允许	40	60
② 壁、肋沿长度方向、宽度方向及其水平方向的长度		不允许	40	60
6. 肋、壁内残缺长度	≤	不允许	40	60
7. 完整面[a]	不少于	一条面和一大面	一条面和一大面	—

[a] 凡有下列缺陷之一者，不能称为完整面：

a) 缺损在大面、条面上造成的破坏面尺寸同时大于20mm×30mm。

b) 大面、条面上裂纹宽度大于1mm，其长度超过70mm。

c) 压陷、粘底、焦花在大面、条面上的凹陷或凸出超过2mm，区域尺寸同时大于20mm×30mm。

3）强度。

强度应符合表 2-43 的规定。

烧结空心砖和空心砌块强度等级　　　　表 2-43

强度等级	抗压强度/MPa			密度等级范围/(kg/m³)
	抗压强度平均值 $\overline{f}\geqslant$	变异系数 $\delta\leqslant0.21$	变异系数 $\delta>0.21$	
		强度标准值 $f_k\geqslant$	单块最小抗压强度值 $f_{min}\geqslant$	
MU10.0	10.0	7.0	8.0	≤1100
MU7.5	7.5	5.0	5.8	
MU5.0	5.0	3.5	4.0	
MU3.5	3.5	2.5	2.8	
MU2.5	2.5	1.6	1.8	≤800

4）密度。

密度级别应符合表 2-44 的规定。

烧结空心砖和空心砌块密度等级　　　　表 2-44

密度等级	5 块密度平均值	密度等级	5 块密度平均值
800	≤800	1000	901～1000
900	801～900	1100	1001～1100

5）孔洞及其结构。

孔洞及其排数应符合表 2-45 的规定。

烧结空心砖和空心砌块孔洞及其结构　　　　表 2-45

等　级	孔洞排列	孔洞排数/排		孔洞率/%
		宽度方向	高度方向	
优等品	有序交错排列	$b\geqslant$200mm≥7 $b<$200mm≥5	≥2	≥40
一等品	有序排列	$b\geqslant$200mm≥5 $b<$200mm≥4	≥2	
合格品	有序排列	≥3	—	

注：b 为宽度的尺寸。

6）吸水率

砖和砌块的吸水率应符合表 2-46 的规定。

烧结空心砖和空心砌块吸水率　　　　表 2-46

等　级	吸水率≤	
	黏土砖和砌块、页岩砖和砌块、煤矸石砖和砌块	粉煤灰砖和砌块[a]
优等品	16.0	20.0
一等品	18.0	22.0
合格品	20.0	24.0

[a] 粉煤灰掺入量（体积比）小于 30%时，按黏土砖和砌块规定判定。

7）抗风化性能

烧结空心砖和空心砌块抗风化性能见表 2-47。

烧结空心砖和空心砖块抗风化性能 **表 2-47**

分类	饱和系数≤			
	严重风化区		非严重风化区	
	平均值	单块最大值	平均值	单块最大值
粘土砖和砌块 粉煤灰砖和砌块	0.85	0.87	0.88	0.90
页岩砖和砌块 煤矸石砖和砌块	0.74	0.77	0.78	0.80

冻融试验后，每块砖或砌块不允许出现分层、掉皮、缺棱掉角等冻坏现象；冻后裂纹长度不大于有关标准合格品的规定。

严重风化区中的1、2、3、4、5地区的砖和砌块必须进行冻融试验，其他地区砖和砌块的抗风化性能符合有关标准规定时可不做冻融试验，否则必须进行冻融试验。

(4) 蒸养（压）砖

蒸压灰砂砖（简称灰砂砖）是以石灰和砂为主要原料，经坯料制备、压制成型、蒸压养护而成的实心砖。

国家标准《蒸压灰砂砖》(GB 11945—99) 规定，蒸压灰砂砖根据灰砂砖的颜色分为彩色的 (Co) 和本色的 (N)；根据抗压强度和抗折强度分为MU25、MU20、MU15、MU10四级；根据尺寸偏差和外观质量分为优等品 (A)、一等品 (B) 和合格品 (C)。尺寸为240mm×115mm×53mm。砖的产品标记按产品名称、颜色、强度级别、产品等级、标准编号的顺序编写，如“LSB-Co-20-A-GB11945”表示强度级别为20，优等品的彩色灰砂砖。

1) 尺寸偏差和外观尺寸。

偏差和外观应符合表2-48的规定。

灰砂砖尺寸偏差和外观质量 **表 2-48**

项目			指标		
			优等品	一等品	合格品
尺寸允许偏差(mm)	长度	*L*	±2	±2	±3
	宽度	*B*	±2		
	高度	*H*	±1		
缺棱掉角	个数．不多于(个)		1	1	2
	最大尺寸不得大于(mm)		10	15	20
	最小尺寸不得大于(mm)		5	10	10
对应高度差不得大于(mm)			1	2	3
裂纹	条数,不多于(条)		1	1	2
	大面上宽度方向及其延伸到条面的长度不得大于(mm)		20	50	70
	大面上长度方向及其延伸到顶面上的长度或条、顶面水平裂纹的长度不得大于(mm)		30	70	100

2）抗折强度和抗压强度。

抗折强度和抗压强度应符合表 2-49。

灰砂砖力学性能 **表 2-49**

强度级别	抗压强度（MPa）		抗折强度（MPa）	
	平均值≥	单块值≥	平均值≥	单块值≥
MU25	25.0	20.0	5.0	4.0
MU20	20.0	16.0	4.0	3.2
MU15	15.0	12.0	3.3	2.6
MU10	10.0	8.0	2.5	2.0

注：优等品的强度级别不得小于 MU15。

3）抗冻性。

抗冻性应符合表 2-50 的规定。

灰砂砖的抗冻性指标 **表 2-50**

强度级别	冻后抗压强度（MPa），平均值≥	单块砖的干质量损失（%），≤
MU25	20.0	2.0
MU20	16.0	2.0
MU15	12.0	2.0
MU10	8.0	2.0

注：优等品的强度级别不得小于 MU15。

（5）粉煤灰砖

粉煤灰砖以粉煤灰、石灰为主要原料，掺加适量石膏和骨料经坯料制备、压制成型、高压或常压蒸气养护而成的实心砖。

行业标准《粉煤灰砖》（JC 239—2001）规定，粉煤灰砖根据抗压强度和抗折强度分为 20、15、10、7.5 四个强度级别。根据外观质量、强度、抗冻性和干燥收缩分为优等品（A）、一等品（B）和合格品（C）。尺寸为 240mm×115mm×53mm。砖的产品标记按产品名称（FAB）、强度级别、产品等级、标准编号的顺序编写、如“FAB-20-A-JC239 表示强度级别为 20，优等品的粉煤灰砖。

1）外观质量。

外观质量应符合表 2-51 的规定。

粉煤灰砖外观质量 **表 2-51**

项目		指标		
		优等品（A）	一等品（B）	合格品（C）
尺寸允许偏差（mm）	长	±2	±3	±4
	宽	±2	±3	±4
	高	±1	±2	±3
对应高度差（mm） ≤		1	2	3
缺棱掉角的最小破坏尺寸（mm） ≤		10	15	20
完整面 不少于		二条面和一顶面或二顶面和一条面	一条面和一顶面	一条面和一顶面
裂纹长度（mm） ≤ a. 大面上宽度方向的裂纹（包括延伸到条面上的长度） b. 其他裂纹		 30 50	 50 70	 70 100
层裂		不允许		

注：在条面或顶面上破坏面的两个尺寸同时大于 10mm 和 20mm 者为非完整面。

2）抗折强度和抗压强度。

抗折强度和抗压强度应符合表 2-52 的规定，优等品的强度级别应不低于 15 级，一等品的强度级别应不低于 10 级。

3）抗冻性。

抗冻性应符合表 2-53 规定。

粉煤灰砖的强度指标　　表 2-52

强度等级	抗压强度		抗折强度	
	10 块平均值≥	单块值≥	10 块平均值≥	单块值≥
MU30	30.0	24.0	6.2	5.0
MU25	25.0	20.0	5.0	4.0
MU20	20.0	16.0	4.0	3.2
MU15	15.0	12.0	3.3	2.6
MU10	10.0	8.0	2.5	2.0

粉煤砖的抗冻性　　表 2-53

强度等级	抗压强度(MPa) 平均值≥	砖的干重量损失(%) 单块值≤
MU30	24.0	2.0
MU25	20.0	
MU20	16.0	
MU15	12.0	
MU10	8.0	

4）干燥收缩值。

干燥收缩值：优等品应不大于 0.60mm/m；一等品应不大于 0.75mm/m；合格品应不大于 0.85mm/m。

（6）煤渣砖

煤渣砖是以煤渣为主要原料，掺入适量石灰、石膏，经混合、压制成型，蒸养或蒸压而成的实心砖。

行业标准《煤渣砖》(JC 525—93) 规定，煤渣砖根据抗压强度和抗折强度分为 20、15、10、7.5 四个强度级别。根据尺寸偏差、外观质量、强度级别分为优等品（A）、一等品（B）和合格品（C）。尺寸为 240mm×115mm×53mm。

1）尺寸偏差与外观质量。

尺寸偏差与外观质量应符合表 2-54 规定。

2）强度级别

强度级别应符合表 2-55 的规定，优等品的强度级别应不低于 15 级，一等品的强度级别应不低于 10 级，合格品的强度级别应不低于 7.5 级。

3）抗冻性。

抗冻性应符合表 2-56 的规定。

煤渣砖的尺寸偏差与外观质量　　表 2-54

项　目	指标(mm)		
	优等品	一等品	合格品
尺寸允许偏差： 长度 宽度 高度	±2	±3	±4
对应高度差　≤	1	2	3
每一缺棱掉角的最刁峨坏尺寸	10	20	30
完整面不少于	二条面和一顶面或二顶面和一条面	一条面和一顶面	一条面和一顶面
裂缝长度： a. 大面上宽度方向及其延伸到条面的长度 b. 大面上长度方向及延伸到顶面上的长度或条、顶面水平裂纹的长度	 30 50	 50 70	 70 100
层裂	不允许	不允许	不允许

注：在条面或顶面上破坏面的两个尺寸同时大于 10mm 和 20mm 者为非完整面。

煤渣砖的强度规定　　表 2-55

强度级别	抗压强度(MPa)		抗折强度(MPa)	
	10 块平均值≥	单块值≥	10 块平均值≥	单块值≥
20	20.0	15.0	4.0	3.0
15	15.0	11.2	3.2	2.4
10	10.0	7.5	2.5	1.9
7.5	7.5	5.6	2.0	1.5

注：强度级别以蒸气养护后 24～36h 内的强度为准。

煤渣砖的抗冻性　　表 2-56

强度级别	冻后抗压强度(MPa)平均值≥	单块砖的干质量损失(%)≤	强度级别	冻后抗压强度(MPa)平均值≥	单块砖的干质量损失(%)≤
20	16.0	2.0	10	8.0	2.0
15	12.0	2.0	7.5	6.0	2.0

4）碳化性能。

碳化性能应符合表 2-57 规定。

煤渣砖的碳化性能　　表 2-57

强度级别	碳化后强度(MPa)平均值≥	强度级别	碳化后强度(MPa)平均值≥
20	14.0	10	7.0
15	10.5	7.5	5.2

5）放射性。

放射性应符合《掺工业废渣建筑材料产品放射性物质控制标准》（GB 9196—88）的规定。

（7）普通混凝土小型空心砌块

普通混凝土小型空心砌块是以水泥、砂、石子制成的，空心率为25％～50％且适宜于人工砌筑的混凝土建筑砌块系列制品。其主规格尺寸为390mm×190mm×190mm。

普通混凝土小型空心砌块具有强度较高、自重较轻、耐久性好、外表尺寸规整等优点，部分类型的混凝土砌块还具有美观的饰面以及良好的保温隔热性能，适用于建造各种居住、公共、工业、教育、国防和安全性质的建筑，包括高层与大跨度的建筑以及围墙、挡土墙、桥梁、花坛等市政设施，应用范围十分广泛。混凝土砌块施工方法与普通烧结砖相近，在产品生产方面还具有原材料来源广泛、可以避免毁坏良田、能利用部分工业废渣、生产能耗较低、对环境的污染程度较小、产品质量容易控制等优点。

混凝土砌块在19世纪末起源于美国，经历了手工成型、机械成型、自动振动成型等阶段。混凝土砌块有空心和实心之分，有多种块型，在世界各国得到广泛应用，许多发达国家已经普及了砌块建筑。

我国从20世纪60年代开始对混凝土砌块的生产和应用进行探索。1974年，国家建材局开始把混凝土砌块列为积极推广的一种新型建筑材料。20世纪80年代，我国开始研制和生产各种砌块生产设备，有关混凝土砌块的技术立法工作也不断取得进展，并在此基础上建造了许多建筑。在二十几年的时间中，我国混凝土砌块的生产和应用虽然取得了一些成绩，但仍然存在许多问题，比如，空心砌块存在强度不高、块体较重、易产生收缩变形、保温性能差、易破损、不便砍削加工等缺点，这些问题亟待解决。

国家标准《混凝土小型空心砌块》（GB 8239—97）规定，混凝土小型空心砌块根据抗压强度分为：MU3.5、MU5.0、MU7.5、MU10.0、MU15.0、MU20.0六个等级。按其尺寸偏差，外观质量分为：优等品（A），一等品（B）及合格品（C）。产品标记按产品名称（NHB）、强度等级、外观质量等级和标准编号的顺序进行标记，如“NHB-MU7.5-A-GB-8239”表示强度等级为7.5，优等品的混凝土小型空心砌块。

1）规格。

混凝土小型空心砌块的主规格尺寸为390mm×190mm×190mm，其他规格尺寸可由供需双方协商。最小外壁厚应不小于30mm，最小肋厚应不小于25mm。空心率不小于25％。尺寸允许偏差应符合表2-58要求。

混凝土小型空心砌块尺寸允许偏差（mm）　　表2-58

项目名称	优等品(A)	一等品(B)	合格品(C)
长度	±2	±3	±3
宽度	±2	±3	±3
高度	±2	±3	+3，−4

2）外观质量。

应符合表2-59的规定。

混凝土小型空心砌块外观质量　　　表 2-59

项目名称			优等品(A)	一等品(B)	合格品(C)
弯曲(mm)		≤	2	2	3
掉角缺棱	个数(个)	≤	0	2	2
	三个方向投影尺寸的最小值(mm)	≤	0	20	30
裂纹延伸的投影尺寸累计(mm)		≤	0	20	30

3）强度等级。

应符合表 2-60 规定。

4）相对含水率。

应符合表 2-61 规定。

5）抗渗性。

用于清水墙的砌块，其抗渗性应满足表 2-62 规定。

6）抗冻性。

抗冻性应符合表 2-63。

混凝土小型空心砌块强度等级（MPa）　　　表 2-60

强度等级	砌块抗压强度		强度等级	砌块抗压强度	
	平均值≥	单块最小值≥		平均值≥	单块最小值≥
MU3.5	3.5	2.8	MU10.0	10.0	8.0
MU5.0	5.0	4.0	MU15.0	15.0	12.0
MU7.5	7.5	6.0	MU20.0	20.0	16.0

混凝土小型空心砌块相对含水率（%）　　　表 2-61

使用地区	潮湿	中等	干燥
相对含水率≤	45	40	35

注：潮湿—系指年平均相对湿度大于 75%的地区；中等—系指年平均相对湿度为 50%～75%的地区；干燥—系指年平均相对湿度低于 50%的地区。

混凝土小型空心砌块抗渗性（mm）　　　表 2-62

项目名称	指标
水面下降高度	三块中任一块不大于 10

混凝土小型空心砌块抗冻性（mm）　　　表 2-63

使用环境条件		抗冻等级	指标
非采暖地区		不规定	—
采暖地区	一般环境	F15	强度损失≤25%
	干燥交替环境	F25	质量损失≤5%

注：非采暖地区指最冷月份平均气温高于−5℃的地区；采暖地区指最冷月份平均气温低于或等于−5℃的地区。

（8）轻骨料混凝土小型空心砌块

用轻骨料混凝土制成，空心率等于或大于 25%的小型砌块称为轻骨料混凝土系列型空心砌块。按其孔的排数分为：单排孔、双排孔、三排孔和四排孔等 4 类。主规格尺寸为 390mm×190mm×190mm。

我国自 20 世纪 70 年代末开始利用浮石、火山渣、煤渣等研制并批量生产轻骨料混凝土小砌块。进入 80 年代以来，轻骨料混凝土小砌块的品种和应用发展很快，有天然轻骨料（如浮石、火山渣）混凝土小型砌块；工业废渣轻骨料（如煤渣、自然煤歼石）混凝土小砌块；人造轻骨料（如黏土陶粒、页岩陶粒、粉煤灰陶粒等）混凝土小砌块。轻骨料混凝土小砌块以其轻质、高强、保温隔热性能好、抗震性能好等特点，在各种建筑的墙体中得到广泛应用，特别是在保温隔热要求较高的维护结构上的应用。

国家标准《轻骨料混凝土小型空心砌块》（GB 15229—2002）规定，混凝土小型空心砌块根据抗压强度分为：1.5、2.5、3.5、5.0、7.5、10.0 六个等级。按其尺寸偏差和外观质量分为：一等品（B）及合格品（C）。

1）规格：

① 规格尺寸。主规格尺寸为 390mm×190mm×190mm，其他规格尺寸可由供需双方商定。

② 尺寸允许偏差。尺寸允许偏差应符合表 2-64 的要求。

2）外观质量。

外观质量应符合表 2-65 要求。

3）密度等级。

密度等级应符合表 2-66 要求。其规定值允许最大偏差为 10kg/m³。

轻骨料混凝土小型空心砌块尺寸允许偏差　　表 2-64

项 目 名 称	一 等 品	合 格 品
长度(mm)	±2	±3
宽度(mm)	±2	±3
高度(mm)	±2	±3

注：最小外壁厚和肋厚不应小于 20mm。

轻骨料混凝土小型空心砌块外观质量要求　　表 2-65

项 目 名 称		一 等 品	合 格 品
缺棱掉角：			
个数	≤	0	2
3 个方向投影的最小值(mm)	≤	0	30
裂缝延伸投影的累计尺寸(mm)	≤	0	30

轻骨料混凝土小型空心砌块密度等级　　表 2-66

密 度 等 级	砌块干燥表观密度的范围(kg/m³)	密 度 等 级	砌块干燥表观密度的范围(kg/m³)
500	≤500	900	810～900
600	510～600	1000	910～1000
700	610～700	1200	1010～1200
800	710～800	1400	1210～1400

4）强度等级。

强度等级符合表 2-67 要求者为优等品或一等品；密度等级范围不满足要求者为合格品。

轻骨料混凝土小型空心砌块强度等级　　　　表 2-67

强度等级	砌块抗压强度(MPa)		密度等级范围
	平均值	最小值	
1.5	≥1.5	1.2	≤800
2.5	≥2.5	2.0	
3.5	≥3.5	2.8	≤1200
5.0	≥5.0	4.0	
7.5	≥7.5	6.0	≤1400
10.0	≥10.0	8.0	

5）吸水率和相对含水率：

① 吸水率不应大于 20%；

② 不同吸水率时，相对含水率应符合表 2-68 要求。

6）抗冻性。

抗冻性应符合表 2-69 的要求。

7）碳化系数和软化系数。

加入粉煤灰等火山灰质掺合料的小砌块，其碳化系数不应小于 0.8，软化系数不应小于 0.75

8）放射性。

放射性应符合《掺工业废渣建筑材料产品放射性物质控制标准》（GB 9196—88）的规定。

轻骨料混凝土小型空心砌块吸水率和相对含水率　　　　表 2-68

吸水率(%)	相对含水率(%)		
	潮湿	中等	干燥
<15	45	40	35
15～18	40	35	30
>18	35	30	25

注：1. 潮湿系指年平均相对湿度大于 75%的地区；中等系指年平均相对湿度为 50%～75%的地区；
2. 干燥系指年平均相对湿度小于 50%的地区。

轻骨料混凝土小型空心砌块抗冻性　　　　表 2-69

使用环境条件	抗冻等级	使用环境条件	抗冻等级
非采暖地区	F15	采暖地区： 一般环境 干湿交替环境	F25、F30 F50

注：非采暖地区指最冷月份平均气温高于－5℃的地区；采暖地区指最冷月份平均气温低于或等于－5℃的地区。
抽取如下数量进行其他项目的检验：抗压强度 5 块；表观密度、吸水率和相对含水率各 3 块。

判定所有检验结果均符合技术要求中某一等级指标时，则为该等级。

（9）蒸压加气混凝土砌块

蒸压加气混凝土砌块是以水泥、矿渣、砂或水泥、石灰、粉煤灰为基本原料，以铝粉为发气剂，经过蒸压养护等工艺加工而成。它具有轻质、保温、防火、可锯、可刨、易加工等特点，可制成建筑砌块，用于建筑内外墙体。

我国从1958年开始进行加气混凝土研究；20世纪60年代开始工业性试验和应用，并从国外引进全套技术和装备进行生产；70年代对引进技术和设备进行消化吸收，并建立了独立的工业体系。目前，我国加气混凝土工业的整体水平还很低，在已有的200条生产线中，年生产能力不足5万m^3、工艺设备简陋的生产线占70%以上，整个产品的合格率也不高，生产管理水平较低，整个行业需要加强技术改进。

蒸压加气混凝土砌块规格的公称尺寸如下（单位mm）：

宽度：100，125，150，200，250，300及120，180，240。

高度：200，250，300。

1）尺寸允许偏差和外观。

尺寸允许偏差和外观应符合表2-70的规定。

2）抗压强度。

抗压强度应符合表2-71的规定。

蒸压加气混凝土砌块尺寸偏差和外观要求　　表2-70

项目			指标		
			优等品	一等品	合格品
尺寸允许偏差(mm)	长度	L_1	±3	±4	±5
	宽度	B_1	±2	±3	+3 −4
	高度	H_1	±2	±3	+3 −4
缺棱掉角	个数,不多于(个)		0	1	2
	最大尺寸不得大于(mm)		0	70	70
	最小尺寸不得大于(mm)		0	30	30
平行弯曲不得大于(mm)			0	3	5
裂纹	条数,不多于(条)		0	1/3	1/2
	任一面上的裂纹长度不得大于裂纹方向尺寸的		0	1/3	1/2
	贯穿一棱二面的裂纹长度不得大于裂纹所在面的裂纹方向尺寸总和的		0	1/3	1/3
爆裂、粘模和损坏深度不得大于(mm)			10	20	30
表面疏松、层裂			不允许		
表面油污			不允许		

蒸压加气混凝土砌块抗压强度　　表2-71

强度级别	立方体抗压强度(MPa)		强度级别	立方体抗压强度(MPa)	
	平均值≥	单块最小值≥		平均值≥	单块最小值≥
A1.0	1.0	0.8	A5.0	5.0	4.0
A2.0	2.0	1.6	A7.5	7.5	6.0
A2.5	2.5	2.0	A10.0	10.0	8.0
A3.5	3.5	2.8			

3）强度级别。

强度级别应符合表 2-72 的规定。

4）干体积密度。

干体积密度应符合表 2-73。

5）干燥收缩、抗冻性和导热系数。

干燥收缩、抗冻性和导热系数（干态）应符合表 2-74 的规定。

蒸压加气混凝土砌块强度级别　　表 2-72

体积密度级别		B03	B04	B05	B06	B07	B08
强度级别	优等品(A)	A1.0	A2.0	A3.5	A5.0	A7.5	A10.0
	一等品(B)			A3.5	A5.0	A7.5	A10.0
	合格品(C)			A2.5	A3.5	A5.0	A7.5

蒸压加气混凝土砌块干体积密度　　表 2-73

体积密度级别		B03	B04	B05	B06	B07	B08
体积密度（kg/m^3）	优等品(A)≤	300	400	500	600	700	800
	一等品(B)≤	330	430	530	630	730	830
	合格品(C)≤	350	450	550	650	750	850

蒸压加气混凝土砌块的干燥收缩、抗冻性和导热系数（干态）　　表 2-74

体积密度级别			B03	B04	B05	B06	B07	B08
干燥收缩值	标准法	(mm/m)	0.50					
	快速法		0.80					
抗冻性	质量损失(%)	≤	5.0					
	冻后强度(MPa)	≥	0.8	1.6	2.0	2.8	4.0	6.0
导热系数(干态)[W/(m·K)]		≤	0.10	0.12	0.14	0.16	—	—

注：1. 规定采用标准法、快速法测定砌块干燥收缩值，若测定结果发生矛盾不能判定时，则以标准法测定的结果为准；
2. 用于墙体的砌块，允许不测导热系数；
3. 测定导热系数的方法见《绝热材料稳态热阻及有关特性的测定·防护热板法》(GB 10294—88)。

6）放射性。

掺用工业废渣为原料时，所含放射性物质，应符合《掺工业废渣建筑材料产品放射性物质控制标准》(GB 9196—88）的规定。

（10）现行常用墙体材料技术标准

技术标准索引见表 2-75。

9. 建筑钢材

（1）碳素结构钢的技术要求

根据国家标准《碳素结构钢(CB/T 700—2006）规定，各牌号碳素结构钢的技术要求如下：

1）化学成分。

各牌号碳素结构钢的化学成分（熔炼分析）应符合表 2-76 的规定。

现行常用墙体材料标准 **表 2-75**

类别	产品名称	产品质量标准	抽样方法	试验方法
烧结砖	烧结普通砖	烧结普通砖（GB 5101—2003）	砌墙砖检验规则（JC 466—92）(96)	砌墙砖试验方法（GB/T 2542—92）
	烧结多孔砖	烧结多孔砖（GB 13544—2000）	GB 13544—2000	GB/T 2542—92
	烧结空心砖和空心砌块	烧结空心砖和空心砌块（GB 13545—2003）	GB 13545—92	GB/T 2542—92
免烧砖	蒸压灰砂砖	蒸压灰砂砖（GB 11945—99）	GB 11945—99	GB/T 2542—92
	粉煤灰砖	粉煤灰砖（JC 239—2001）	JC 239—91(96)	GB/T 2542—92
	煤渣砖	煤渣砖（JC 525—93）	JC 525—93	GB/T 2542—92
	非烧结普通黏土砖	非烧结普通黏土砖（JC 422—91）(96)	JC 422—91(96)	JC 422—91(96)
砌块	普通混凝土小型空心砌块	普通混凝土小型空心砌块（GB 8239—97）	GB 8239—97	混凝土小型空心砌块检验方法（GB/T 4111—97）
	轻骨料混凝土小型空心砌块	轻骨料混凝土小型空心砌块（GB/T 15229—2002）	GB 15229—94	GB/T 4111—97
	蒸压加气混凝土砌块	蒸压加气混凝土砌块（GB/T 11968—2006）	GB/T 11968—2006	尺寸和外观检验按（GB/T 11968—2006）进行，其他性能检验按《加气混凝土性能试验方法总则》等按（GB 11969～11975—97）进行
	粉煤灰砌块	粉煤灰砌块（JC 862—2000）	JC 238—91	JC 238—91
	中型空心砌块	中型空心砌块（ZBQ 15001—86）	ZBQ 15001—86	ZBQ 15001—86

碳素结构钢的化学成分 **表 2-76**

牌号	统一数字代号[a]	等级	厚度（或直径）(mm)	脱氧方法	化学成分（质量分数）(%)，不大于				
					C	Si	Mn	P	S
Q195	U11952	—	—	F、Z	0.12	0.30	0.50	0.035	0.040
Q215	U12152	A	—	F、Z	0.15	0.35	1.20	0.045	0.050
	U12155	B							0.045
Q235	U12352	A	—	F、Z	0.22	0.35	1.40	0.045	0.050
	U12355	B			0.20[b]				0.045
	U12358	C		Z	0.17			0.040	0.040
	U12359	D		TZ				0.035	0.035
Q275	U12752	A	—	F、Z	0.24	0.35	1.50	0.045	0.050
	U12755	B	≤40	Z	0.21			0.045	0.045
			＞40		0.22				
	U12758	C	—	Z	0.20			0.040	0.040
	U12759	D		TZ				0.035	0.035

[a] 表中为镇静钢、特殊镇静钢牌号的统一数字，沸腾钢牌号的统一数字代号如下：

Q195F——U11950；

Q215AF——U12150，Q215BF——U12153；

Q235AF——U12350，Q235BF——U12353；

Q275AF——U12750。

[b] 经需方同意，Q235B 的碳含量可不大于 0.22%。

2）力学性能。

碳素结构钢的力学性能（强度、冲击韧性等）应符合表 2-77 的规定，冷弯性能应符合表 2-78 的规定。

碳素结构钢的力学性能　　　　表 2-77

牌号	等级	屈服强度[a] R_{eH}/(N/mm^2)，不小于						抗拉强度[b] R_m/(N/mm^2)	断后伸长率 A/%，不小于					冲击试验(V型缺口)	
		厚度(或直径)/mm							厚度(或直径)/mm					温度/℃	冲击吸收功(纵向)/J 不小于
		≤16	>16～40	>40～60	>60～100	>100～150	>150～200		≤40	>40～60	>60～100	>100～150	>150～200		
Q195	—	195	185	—	—	—	—	315～430	33	—	—	—	—	—	—
Q125	A	215	205	195	185	175	165	335～450	31	30	29	27	26	—	—
	B													+20	27
Q235	A	235	225	215	215	195	185	370～500	26	25	24	22	21	—	—
	B													+20	27[c]
	C													0	
	D													−20	
Q275	A	275	265	255	245	225	215	410～540	22	21	20	18	17	—	—
	B													+20	27
	C													0	
	D													−20	

[a] Q195 的屈服强度值仅供参考，不作交货条件。

[b] 厚度大于 100mm 的钢材，抗拉强度下限允许降低 20N/mm^2。宽带钢（包括剪切钢板）抗拉强度上限不作交货条件。

[c] 厚度小于 25mm 的 Q235B 级钢材，如供方能保证冲击吸收功值合格，经需方同意，可不作检验。

碳素结构钢冷弯试验指标　　　　表 2-78

牌　号	试样方向	冷弯试验 180°　$B=2a$[a]	
		钢材厚度(或直径)[b]/mm	
		≤60	>60～100
		弯心直径 d	
Q195	纵	0	—
	横	0.5a	
Q215	纵	0.5a	1.5a
	横	a	2a
Q235	纵	a	2a
	横	1.5a	2.5a
Q275	纵	1.5a	2.5a
	横	2a	3a

[a] B 为试样宽度，a 为试样厚度（或直径）。

[b] 钢材厚度（或直径）大于 100mm 时，弯曲试验由双方协商确定。

（2）低合金高强度结构钢

低合金高强度结构钢是一种在碳素结构钢的基础上添加总量不小于 5%合金元素的钢材。所加合金元素主要有锰（Mn）、硅（Si）、钒（V）、钛（Ti）、铌（Nb）、铬（Cr）、镍（Ni）及稀土元素，均为镇静钢。

1）低合金高强度结构钢的牌号及其表示方法。

低合金高强度结构钢有 Q295、Q345、Q390、Q420 和 Q460 五个牌号，其表示方法如下：

屈服点等级：Q295、Q345、Q390、Q420 和 Q460，Q 表示屈服点，295、345、390、420 和 460 为屈服强度值（MPa）。

质量等级：各牌号按冲击韧性至多划分有 A、B、C、D、E 五个等级：

A 级——不要求冲击韧性；B 级——要求＋20℃冲击韧性；C 级——要求 0℃冲击韧性；D 级——要求－20℃冲击韧性；E 级——要求－40℃冲击韧性。

2）低合金高强度结构钢的技术要求。

根据国家标准《低合金高强度结构钢》（GB/T 1591—94）的规定，各牌号低合金高强度结构钢的技术要求如下：

① 化学成分。

各牌号低合金高强度结构钢的化学成分（熔炼分析）应符合表 2-79 的规定。

低合金高强度结构钢的化学成分　　表 2-79

牌号	质量等级	化学成分(%)										
		C≤	Mn	Si	P≤	S≤	V	Nb	Ti	Al≥	Cr≤	Ni≤
Q295	A	0.16	0.80～1.50		0.045					—		
	B				0.40							
Q345	A	0.02			0.045		0.02～0.15			—		
	B	0.02			0.040					—	—	—
	C	0.20			0.035					0.015		
	D	0.18			0.030					0.015		
	E	0.18	1.00～1.60		0.025					0.015		
Q390	A				0.045					—		
	B				0.040					—		
	C				0.035			0.015～0.060	0.02～0.20	0.015	0.30	
	D			0.55	0.030					0.015		
	E				0.025					0.015		
Q420	A				0.045		0.02～0.15					
	B	0.20			0.040					0.015		0.70
	C				0.035					0.015	0.40	
	D				0.030					0.015		
	E		1.00～1.70		0.025							
Q460	C				0.035							
	D				0.030						0.70	
	E				0.025							

② 力学性能。

低合金高强度结构钢的机械性能（强度、冲击韧性、冷弯等）应符合表 2-80 的规定。

（3）钢结构建筑用钢的性能和技术要求

钢结构用钢材主要是热轧成型的钢板和型钢等；薄壁轻型钢结构中主要采用薄壁型钢、圆钢和小角钢，钢材所用的母材主要是普通碳素结构钢和低合金高强度结构钢。

低合金高强度结构钢的机械性能 **表 2-80**

牌号	质量等级	屈服点(MPa) 厚度(直径,边长),mm				抗拉强度(MPa)	伸长率 δ_5 (%)	冲击功(纵向) J				180°冷弯试验 d=弯心直径 a=试样厚度(直径)	
		≤16	>16~35	>35~50	>50~100			+20℃	0℃	−20℃	−40℃		
		≥						≥				a≤16	a>50~100
Q295	A	295	275	255	235	390~570	23	—				$d=2a$	$d=3a$
	B							34					
Q345	A	345	325	295	275	470~630	21	—					
	B						21	34					
	C						22		34				
	D						22			34			
	E						22				27		
Q390	A	390	370	350	330	490~650	19	—					
	B						19	34					
	C						20		34				
	D						20			34			
	E						20				27		
Q420	A	420	400	380	360	520~680	18	—					
	B						18	34					
	C						19		34				
	D						19			34			
	E						19				27		
Q460	C	460	440	420	400	550~720	17		34				
	D						17			34			
	E						17				27		

1）热轧型钢

钢结构常用型钢有：工字钢、H 形钢、T 形钢、槽钢、等边角钢、不等边角钢等。型钢由于截面形式合理，材料在截面上分布对受力最为有利，且构件间连接方便，所以它是钢结构中采用的主要钢材。

① 热轧普通工字钢（GB/T 706—88）。

工字钢是截面为工字形、腿部内侧有 1∶6 斜度的长条钢材。工字钢的规格以“腰高度×腿宽度×腰厚度”（cm）表示，也可用“腰高度”（cm）表示，规格范围为 10 号～63 号。若同一腰高的工字钢有几种不同的腿宽和腰厚，则在其后标注 a、b。表示该腰高下的相应规格。

工字钢广泛应用于各种建筑结构和桥梁，主要用于承受横向弯曲（腹板平面内受弯）的杆件，但不宜单独用作轴心受压构件或双向弯曲的构件。

② 热轧 H 型钢和部分 T 型钢（GB/T 11263—2005）。

H 型钢由工字钢发展而来，翼缘宽度与腰高度之比大于工字钢。根据翼缘宽度大小，将 H 型钢分为宽翼缘（代号 HW）、中翼缘（HM）、窄翼缘（HN）及钢桩（HP）型四类。H 型钢的规格型号以“代号腹板高度×翼板宽度×腹板厚度”（mm）表示，也可用“代号腹板高度×翼板宽度”（mm）表示。对于同样高度的 H 型钢，宽翼缘型的腹板和翼板，厚度最大，中翼缘型次之，窄翼缘型最小。

H型钢的规格范围为：HW100×100～HW400×400，HM150×100～HM600×300，HN100×50～HN900×300，HP200×200～HP500×500。

与工字钢相比，H型钢优化了截面的分布，翼缘宽，侧向刚度大，抗弯能力强，翼缘两表面相互平行、连接构造方便、省劳力，重量轻、节省钢材等优点。常用于承载力大、截面稳定性好的大型建筑，其中宽翼缘和中翼缘H型钢适用于钢柱等轴心受压构件；窄翼缘H型钢适用于钢梁等受弯构件。

T型钢由H型钢对半部分而成，分为宽翼缘（代号为TW）、中翼缘（TM）和窄翼缘（TN）型三类。

③ 热轧普通槽钢（GB/T 707—88）。

槽钢是截面为凹槽形、腿部内侧有1∶10斜度的长条钢材。规格以“腰高度×腿宽度×腰厚度”（mm）表示，也可用“腰高度”（cm）表示，规格范围为5号～40号。同一腰高的槽钢，若有几种不同的腿宽和腰厚，则在其后标注a、b。表示该腰高下的相应规格。

槽钢可用作承受轴向力的杆件、承受横向弯曲的梁以及联系杆件，主要用于建筑结构、车辆制造等。

④ 热轧L形钢（GB/T 9946—88）。

L形钢是截面为L形的长条钢材，规格以“腹板高度×面板宽度×腹板厚度×面板厚度”（mm）表示，型号从L250×90×9×13到L500×120×13.5×35。

⑤ 热轧等边角钢（GB 9787—88）、热轧不等边角钢（GB 9788—88）。

角钢是两边互相垂直成直角形的长条钢材。

等边角钢的两个边宽相等，规格以（边宽度×边宽度×厚度）（mm）或“边宽”（cm）表示。规格范围为20×20×(3～4)～200×200×(14～24)。

不等边角钢的两个边宽不相等，规格以（长边宽度×短边宽度×厚度）（mm）或“长边宽度×短边宽度”（cm）表示。规格范围为25×16×(3～4)～200×125×(12～18)。

角钢主要用作承受轴向力的杆件和支撑杆件，也可作为受力构件之间的连接零件。

2）冷弯薄壁型钢

① 结构用冷弯空心型钢（GB/T 6728—2002）。

空心型钢是用连续辊式冷弯机组生产的，按形状可分为方形空心型钢（代号为F）和矩形空心型钢（J）。方形空心型钢的规格表示方法为：F边长×壁厚（mm），规格范围为F25×(1.2～2.0)～F160×(4.0～8.0)。矩形空心型钢的规格表示方法为：J长边长度×短边长度×壁厚（mm），规格范围为J50×25×(1.2～1.5)～J200×100×(4.0～8.0)。

② 通用冷弯开口型钢（GB/T 6723—86）。

冷弯开口型钢是用可冷加工变形的冷轧或热轧钢带在连续辊式冷弯机组上生产的，按形状分为8种：冷弯等边角钢、冷弯不等边角钢、冷弯等边槽钢、冷弯不等边槽钢、冷弯内卷边槽钢、冷弯外卷边槽钢、冷弯Z型钢、冷弯卷边Z型钢。

3）棒钢

① 热轧六角钢和八角钢（GB/T 705—89）。

热轧六角钢和八角钢是截面为六角形和八角形的长条钢材，规格以“对边距离”表示。热轧六角钢的规格范围为8～70mm，热轧八角钢的规格范围为16～40mm。建筑钢结构的螺栓常以此种钢材为坯材。

② 热轧扁钢（GB/T 704—88）。

扁钢是截面为矩形并稍带钝边的长条钢材，规格以“厚度×宽度”表示，规格范围为3×10～60×150（mm）。扁钢在建筑上用作屋架构件，扶梯、桥梁和栅栏构件等。

③ 热轧圆钢和方钢（GB/T 702—2004）。

圆钢的规格以“直径”（mm）表示，规格范围为5.5～250；方钢的规格以“边长”（mm）表示，规格范围为5.5～200。圆钢和方钢在普通钢结构中很少采用；圆钢可用于轻型钢结构，用作一般杆件和连接件。

4）钢管

钢结构中常用热轧无缝钢管和焊接钢管。钢管在相同截面积下，刚度较大，因而是中心受压杆的理想截面；流线型的表面使其承受风压小，用于高耸结构十分有利。在建筑结构上，钢管多用于制作桁架、塔桅等结构，也可用于制作钢管混凝土。钢管混凝土是指在钢管中浇筑混凝土而形成的构件，可使构件承载力大大提高，且有良好的塑性和韧性，经济效果显著，施工简单、工期缩短。钢管混凝土可用于厂房柱、构架柱、地铁站台柱、塔柱和高层建筑等。

① 结构用无缝钢管（GB/T 8162—99）。

结构用无缝钢管是以优质碳素结构和低合金高强度结构钢为原材料，采用热轧、冷拔和冷轧无缝方法制造而成的。热轧（挤压、扩）钢管以热轧状态或热处理状态交货，冷拔（轧）钢管以热处理状态交货。钢管规格的表示方法为外径×壁厚（mm）；热轧钢管的规格范围：32×(2.5～8)～530×(9～24)；冷拔钢管的规格范围：6×(0.25～2.0)～200×(4.0～12)。

② 焊缝钢管。

“焊缝钢管由优质或普通碳素钢钢板卷焊而成，价格相对较低，分为直缝电焊钢管（GB/T 13793x—92）和螺旋焊钢管（GB/T 9711.1—97，9711.2—99，9711.3—2005）。适用于各种结构、输送管道等用途。

5）板材

① 钢板（GB/T 709—2006和GB/T 708—2006）。

钢板是矩形平板状的钢材，可直接轧制而成或由宽钢带剪切而成，按轧制方式分为热轧钢板（GB/T 709—2006）和冷轧钢板（GB/T 708—2006）。钢板规格表示方法为“宽度×厚度×长度”（mm）。

钢板分为厚板（厚度大于4mm）和薄板（厚度小于等于4mm）两种。厚板主要用于结构，薄板主要用于屋面板、楼板和墙板等。在钢结构中，单块钢板不能独立工作，必须用几块板组合成工字形、箱形等结构来承受荷载。

② 花纹钢板（GB/T 3277—91）。

花纹钢板是表面轧有防滑凸纹的钢板，主要用于平台、过道及楼梯等的铺板。花纹钢板有菱形、扁豆形和圆豆形花纹。钢板的基本厚度为2.5～8.0mm，宽度为600～1800mm，长度为2000～112000mm。

③ 建筑用压型钢板（GB/T 12755—91）。

建筑用压型钢板简称压型钢板，是由薄钢板经辊压冷弯而成的波形板，其截面呈梯形、V形、U形或类似的波形，原板材可用冷轧板、镀锌板、彩色涂层板等不同类别的薄钢板。压型板的波高一般为21～173mm，波距模数为50、100、150、200、250、300mm，有效覆盖宽度的尺寸系列为300、450、600、750、900、1000mm，板厚为0.35～1.60mm。

压型钢板曲折的板形大大增加了钢板在其平面外的惯性矩、刚度和抗弯能力，具有重量轻、强度刚度大、施工简便和美观等优点。在建筑上，压型钢板主要用作屋面板、墙板、楼板。

④ 彩色涂层钢板（GB/T 12754—2006）。

彩色涂层钢板是以薄钢板为基底，表面涂有各类有机涂料的产品。彩色涂层钢板按用途分为建筑外用（JW）、建筑内用（JN）和家用电器（JD），按表面状态分为涂层板（TC）、印花板（YH）、压花板（YaH）。彩色涂层钢板可以用多种涂料和基底板材制作。彩色涂层钢板主要用于建筑物的围护和装饰。

（4）钢筋混凝土用钢材的性能和技术要求

钢筋与混凝土之间有较大的握裹力，能牢固啮合在一起。钢筋抗拉强度高、塑性好，放入混凝土中可很好地改善混凝土脆性，扩展混凝土的应用范围，同时混凝土的碱性环境又很好地保护了钢筋。钢筋混凝土结构用的钢筋主要由碳素结构钢、低合金高强度结构钢和优质碳素钢组成。

1）热轧钢筋

钢筋混凝土用热轧钢筋，根据其表面形状分为光圆钢筋和带肋钢筋两类。

① 热轧光圆钢筋（GB 13013—91）。

根据国家标准《钢筋混凝土用热轧光圆钢筋》（GB 13013—91）的规定，热轧光圆钢筋级别为Ⅰ级，强度等级代号为R235，“R”表示“热轧”第一个拼音字母，“235”表示屈服强度要求值（MPa）。其化学成分（熔炼分析）应符合表2-81的规定，力学性能、工艺性能应符合表2-82的规定。

注：热轧光圆钢筋牌号已改为HPB235。

热轧光圆钢筋化学成分要求　　表2-81

表面形状	钢筋级别	强度等级代号	牌号	化学成分(%)				
				C	Si	Mn	P	S
							≤	
光圆	Ⅰ	R235	Q235	0.14～0.22	0.12～0.30	0.300.65	0.045	0.050

热轧光圆钢筋力学性能和工艺性能要求　　表2-82

表面形状	钢筋级别	强度等级代号	公称直径(mm)	屈服点(MPa)	抗拉强度(MPa)	伸长率δ_5(%)	冷弯 d—弯心直径 a—钢筋公称直径
				≥			
光圆	Ⅰ	R235	8～20	235	370	25	180° $d=a$

光圆钢筋的强度低，但塑性和焊接性能好，便于各种冷加工，因而广泛用作小型钢筋混凝土结构中的主要受力钢筋以及各种钢筋混凝土结构中的构造筋。

② 热轧带肋钢筋（GB 1499—98）。

热轧带肋钢筋分为月牙肋和等高肋两种。

根据国家标准《钢筋混凝土用热轧带肋钢筋》（GB 1499—98）的规定，热轧带肋钢筋分为 HRB335、HRB400、HRB500 三个牌号。其中，H、R、B 分别为热轧（Hotrolled）、带肋（Ribbed）、钢筋（Bars）三个词的英文首字母，数字表示相应的屈服强度要求值（MPa）。热轧带肋钢筋的化学成分（熔炼分析）应符合表 2-83 的规定，力学性能、工艺性能应符合表 2-84 的规定。

热轧带肋钢筋的化学成分要求　　**表 2-83**

牌号	化学成分(%)					
	C	Si	Mn	P	S	Ceq
HRB335	0.25	0.80	1.60	0.045	0.045	0.52
HRB400	0.25	0.80	1.60	0.045	0.045	0.54
HRB500	0.25	0.80	1.60	0.045	0.045	0.55

热轧带肋钢筋的力学性能和工艺性能要求　　**表 2-84**

表面形状	牌号	公称直径(mm)	屈服点(MPa)	抗拉强度(MPa)	伸长率 δ_5(%)	冷弯 d—弯心直径 a—钢筋公称直径
			不小于			
带肋	HRB335	6～25 28～50	335	490	16	180° $d=3a$ $d=4a$
	HRB400	6～25 28～50	400	570	14	180° $d=4a$ $d=5a$
	HRB500	6～25 28～50	500	630	12	180° $d=6a$ $d=7a$

HRB335 和 HRB400 钢筋的强度较高，塑性和焊接性能较好，广泛用作大、中型钢筋混凝土结构的受力筋。HRB500 钢筋强度高，但塑性和焊接性能较差，可用作预应力钢筋。

2）钢筋混凝土用余热处理钢筋（GB 13014—91）

余热处理钢筋是热轧后立即穿水，进行表面控制冷却，然后利用芯部余热自身完成回火处理所得的成品钢筋。这种钢筋晶粒细小，性能均匀，在保证良好塑性、焊接性能的条件下，屈服点约提高 10%，用作钢筋混凝土的配筋，可节约材料并提高构件的安全可靠性。

余热处理钢筋的公称直径范围为 ϕ8～ϕ40mm，推荐的钢筋公称直径为 8、10、12、16、20、25、32、40mm。该种钢筋的级别为Ⅲ级，外形为月牙肋，强度等级代号为 KL400，其中 K、L 分别为“控制”和“肋”的汉语拼音首字母。

根据国家标准《余热处理钢筋》（GB 13014—91）的规定，余热处理钢筋的牌号及化学成分（熔炼分析）应符合表 2-85 的规定，力学性能和工艺性能应符合表 2-86 的规定。

余热处理钢筋的牌号及化学成分　　表 2-85

表面形状	钢筋级别	强度代号	牌号	化学成分(%)				
				C	Si	Mn	P	S
							≥	
月牙肋	Ⅲ	KL400	20MnSi	0.17～0.25	0.40～0.80	1.20～1.60	0.045	0.045

注：余热处理钢筋的牌号已改用 RRB400。

余热处理钢筋的力学性能和工艺性能　　表 2-86

表面形状	钢筋级别	强度等级代号	公称直径(mm)	屈服点(MPa)	抗拉强度(MPa)	伸长率 δ_5(%)	冷弯 d—弯心直径 a—钢筋公称直径
				≥			
月牙肋	Ⅲ	KL400	8～25 28～40	440	600	14	90° $d=3a$ 90° $d=4a$

3）低碳钢热轧圆盘条（GB/T 701—97）

低碳钢热轧圆盘条是由屈服强度较低的碳素结构钢轧制的盘条。可用作拉丝、建筑、包装及其他用途，是目前用量最大、使用最广的线材，也称普通线材。普通线材大量用作建筑混凝土的配筋、拉制普通低碳钢丝和镀锌低碳钢丝。

供拉丝用盘条代号为“L”，供建筑和其他用途盘条代号为“J”。盘条的公称直径为：5.5、6.0、6.5、7.0、8.0、9.0、10.0、11.0、12.0、13.0、14.0mm，根据供需双方协议也可生产其他尺寸的盘条。牌号有 Q195、Q215、Q235 三种。标记方法如下：

标记示例：“盘条 Q235-A · F-L6.5-GB/T 701-97”表示用 Q235-A · F 轧制的供拉丝用直径为 6 .5mm 的盘条。

根据国家标准《低碳钢热轧圆盘条》（GB/T 701—97）的规定，盘条的牌号和化学成分（熔炼分析）应符合表 2-87 要求，力学性能和工艺性能应符合表 2-88 及表 2-89 的要求。供拉丝用的盘条亦可按化学成分交货。

盘条的牌号和化学成分（熔炼分析）　　表 2-87

牌号		化学成分(%)					脱氧程度	用途
		C	Mn	Si	S	P		
				≤				
Q195		0.06～0.12	0.25～0.50	0.30	0.050	0.045	F、b、Z	拉丝
Q215	A	0.09～0.15	0.25～0.55	0.30	0.050	0.045	F、b、Z	拉丝
	B				0.045			
Q235	A	0.14～0.22	0.30～0.65	0.30	0.050	0.045	F、b、Z	建筑
	B	0.12～0.20	0.30～0.70		0.045			

供拉丝用盘条力学性能和工艺性能 **表 2-88**

牌号	力学性能		冷弯试验，180° d=弯心直径 a=试样直径
	抗拉强度 σ_b(MPa) ≥	伸长率 δ_{10}(%) ≥	
Q195	420	28	$d=0$
Q215	420	26	$d=0.5a$
Q235	470	22	$d=a$

供建筑及包装用盘条力学性能和工艺性能 **表 2-89**

牌号	力学性能			冷弯试验，180° d=弯心直径 a=试样直径	用途
	抗拉强度 σ_s (MPa)≥	抗拉强度 σ_b (MPa)≥	伸长率 δ_{10} (%)≥		
Q215	215	335	26	$d=0.5a$	供包装等用
Q235	235	375	22	$d=a$	供建筑等用

4）冷轧带肋钢筋

冷轧带肋钢筋是采用普通低碳钢或低合金钢热轧的圆盘条，经冷轧或冷拔减径后在其表面冷轧成二面或三面有肋的钢筋，也可经低温回火处理。根据国家标准《冷轧带肋钢筋》（GB13788—2000）的规定，冷轧带肋钢筋按抗拉强度最小值分为CRB550、CRB650、CRB800、CRB970 和 CRB1170 五个牌号，其中 C、R、B 分别为冷轧（Cold rolled）、带肋（Ribbed）、钢筋（Bar）三个词的英文首位字母。

CRB550 钢筋的公称直径范围为 4～12mm。CRB650 及以上牌号钢筋的公称直径为 4、5、6mm。制造钢筋的盘条应符合《低碳钢热轧圆盘条》（GB/T 701—97）和《优质碳素钢热轧盘条》（GB/T 4354—94）或其他有关标准的规定，盘条的牌号及化学成分（熔炼分析）可参考表 2-90，60 号钢、70 号钢的 Ni、Cr、Cu 含量不大于 0.25%。

冷轧带肋钢筋的牌号及化学成分 **表 2-90**

级别代号	牌号	化学成分(%)					
		C	Si	Mn	V、Ti	S	P
CRB550	Q215	0.09～0.15	≤0.30	0.25～0.55	—	≤0.050	≤0.045
CRB650	Q235	0.14～0.22	≤0.30	0.30～0.65	—	≤0.050	≤0.045
CRB800	24MnTi	0.19～0.27	0.17～0.37	1.20～1.60	Ti:0.01～0.05	≤0.045	≤0.045
	20MnSi	0.17～0.25	0.40～0.80	1.20～1.60	—	≤0.045	≤0.045
CRB970	41MnSiV	0.37～0.45	0.60～1.10	1.00～1.40	V:0.05～0.12	≤0.045	≤0.045
	60	0.57～0.65	0.17～0.37	0.50～0.80	—	≤0.035	≤0.035
CRB1170	70Ti	0.66～0.70	0.17～0.37	0.60～1.00	Ti:0.01～0.05	≤0.045	≤0.045
	70	0.67～0.75	0.17～0.37	0.50～0.80	—	≤0.035	≤0.035

钢筋的力学性能和工艺性能应符合表 2-91 的规定。当进行冷弯试验时，受弯曲部位表面不得产生裂纹，反复弯曲试验的弯曲半径应符合表 2-92 的规定。钢筋的规定非比例伸长应力 $\sigma_{p0.2}$ 值应不小于公称抗拉强度 σ_b 的 80%，$\sigma_b/\sigma_{p0.2}$ 应不小于 1.05。

冷轧带肋钢筋的力学性能和工艺性能 **表 2-91**

级别代号	抗拉强度 σ_b (MPa)≥	伸长率(%)		弯曲试验	反复弯曲	松弛率 初始应力 $\sigma_{con}=0.7\sigma_b$	
		δ_{10}	δ_{100}	180°	次数	(1000h,%)≤	(10h,%)≤
CRB550	550	8.0	—	$D=3d$	—	—	—
CRB650	650	—	4.0	—	3	8	5
CRB800	800	—	4.0	—	3	8	5
CRB970	970	—	4.0	—	3	8	5
CRB1170	1170	—	4.0	—	3	8	5

注：D 为弯心直径，d 为钢筋公称直径。

冷轧带肋钢筋反复弯曲试验的弯曲半径（mm） **表 2-92**

钢筋公称直径	4	5	6
弯曲半径	10	15	15

冷轧带肋钢筋与冷拉、冷拔钢筋相比，强度相近，但克服了冷拉、冷拔钢筋握裹力小的缺点，因此，在中、小型预应力混凝土结构构件中和普通混凝土结构构件中得到了越来越广泛的应用。CRB550 为普通钢筋混凝土用钢筋，其他牌号为预应力混凝土用钢筋。

5）预应力混凝土用热处理钢筋（GB 4463—84）

预应力混凝土用热处理钢筋是用热轧带肋钢筋经淬火和回火的调质处理而成的，按外形分为有纵肋（公称直径有 8.2、10mm 两种）和无纵肋（公称直径有 6、8.2mm 两种），其标记方式如下：

RB150-公称直径-GB 4463—84

根据国家标准《预应力混凝土用热处理钢筋》（GB 4463—84）规定，预应力混凝土用热处理钢筋的牌号及化学成分（熔炼分析）应符合表 2-93 的要求，力学性能应符合表 2-94 的要求。

预应力混凝土用热处理钢筋的牌号及化学成分 **表 2-93**

牌　号	化学成分(%)					
	C	Si	Mn	Cr	P	S
					≤	
40Si2Mn	0.36～0.45	1.40～1.90	0.80～1.20	—	0.045	0.045
48Si2Mn	0.44～0.53	1.40～1.90	0.80～1.20	—	0.045	0.045
45Si2Cr	0.41～0.51	1.55～1.95	0.40～0.70	0.30～0.60	0.045	0.045

预应力混凝土用热处理钢筋的力学性能 **表 2-94**

公称直径(mm)	牌号	屈服强度 $\sigma_{0.2}$(MPa)	抗拉强度 σ_b(MPa)	伸长率 δ_{10}(%)
		≥		
6	40Si2Mn	1325	1470	6
8.2	48Si2Mn			
10	45Si2Cr			

其牌号构成顺序是：平均含碳量的万分数、合金元素符号、合金元素平均含量（“2”表示含量为 1.5%～2.5%，无数字表示含量（1.5%）、脱氧程度（镇静钢无该项）。如 40Si2Mn 表示平均含碳量为 0.40%、硅含量为 1.5%～2.5%、锰含量为<1.5%的镇静钢。

预应力混凝土用热处理钢筋强度高，可代替高强钢丝使用；配筋根数少，节约钢材；

锚固性好不易打滑，预应力值稳定；施工简便，开盘后自然伸直，不需调直及焊接。主要用于预应力钢筋混凝土轨枕，也可用于预应力梁、板结构及吊车梁等。

（5）预应力混凝土用钢丝和钢绞线

1）冷拉钢丝的力学性能

应符合表 2-95 的规定，规定非比例伸长应力 $\sigma_{P0.2}$值不小于公称抗拉强度的 75%。除抗拉强度、规定非比例伸长应力外，对压力管道用钢丝还需进行断面收缩率、扭转次数、松弛率的检验；对其他用途钢丝还需进行断后伸长率、弯曲次数的检验。

冷拉钢丝的力学性能 **表 2-95**

公称直径 d_n(mm)	抗拉强度 σ_b(MPa) 不小于	规定非比例伸长应力 $\sigma_{p0.2}$(MPa) 不小于	最大力下总伸长率 (L_0=200mm) δ_{gt}(%)不小于	弯曲次数/(次/180°) 不小于	弯曲半径 R(mm)	断面收缩率 φ(%) 不小于	每 210mm 扭距的扭转次数 n 不小于	初始应力相当于70%公称抗拉强度时，1000h 后应力松弛率 r(%)不大于
3.00	1470 1570 1670 1770	1100 1180 1250 1330	1.5	4	7.5	—	—	8
4.00				4	10	35	8	
5.00				4	15		8	
6.00	1470 1570 1670 1770	1100 1180 1250 1330		5	15	30	7	
7.00				5	20		6	
8.00				5	20		5	

2）消除应力的光圆及螺旋肋钢丝的力学性能

应符合表 2-96 规定，规定非比例伸长应力 $\sigma_{P0.2}$值对低松弛钢丝应不小于公称抗拉强度的 88%，对普通松弛钢丝应不少于公称抗拉强度的 85%。

消除应力光圆及螺旋肋钢丝的力学性能 **表 2-96**

公称直径 d_n(mm)	抗拉强度 σ_b(MPa) 不小于	规定非比例伸长应力 $\sigma_{p0.2}$(MPa)不小于		最大力下总伸长率 (L_0=200mm) δ_{gt}(%) 不小于	弯曲次数 (次/180°) 不小于	弯曲半径 R(mm)	应力松弛性能		
							初始应力相当于公称抗拉强度的百分数(%)	1000h 后应力松弛率 r(%)不大于	
		WLR	WNR					WLR	WNR
							对所有规格		
4.00	1470 1570 1670 1770 1860	1290 1380 1470 1560 1640	1250 1330 1410 1500 1580	3.5	3	10	60 70 80	1.0 2.0 4.5	4.5 8 12
4.80					4	15			
5.00									
6.00	1470 1570 1670 1770	1290 1380 1470 1560	1250 1330 1410 1500		4	15			
6.25					4	20			
7.00					4	20			
8.00	1470	1290	1250		4	20			
9.00	1570	1380	1330		4	25			
10.00	1470	1290	1250		4	25			
12.00					4	30			

3）消除应力的刻痕钢丝的力学性能

应符合表 2-95 规定，非比例伸长应力 $\sigma_{P0.2}$ 值对低松弛钢丝应不小于公称抗拉强度的 88%，对普通松弛钢丝应不小于公称抗拉强度的 85%。

4）为便于日常检验，表中最大力下的总伸长率可采用 L_0 =200mm 的断后伸长率代替，但其数值应不少于 1.5%；表 2-96 和表 2-97 中最大力下的总伸长率可采用 L_0 =200mm 的断后伸长率代替，但其数值应不少于 3.0%。仲裁试验以最大力下总伸长率为准。

消除应力的刻痕钢丝的力学性能　　表 2-97

<table>
<tr><th rowspan="3">公称直径
d_n(mm)</th><th rowspan="3">抗拉强度
σ_b(MPa)
不小于</th><th colspan="2" rowspan="2">规定非比例伸长应力
$\sigma_{p0.2}$(MPa)不小于</th><th rowspan="4">最大力下
总伸长率
(L_0=
200mm)
δ_{gt}(%)
不小于</th><th rowspan="4">弯曲次数
(次/180°)
不小于</th><th rowspan="4">弯曲半径
R(mm)</th><th colspan="3">应力松弛性能</th></tr>
<tr><th rowspan="2">初始应力相当于公称抗拉强度的百分数(%)</th><th colspan="2">1000h 后应力松弛率
r(%)不大于</th></tr>
<tr><th>WLR</th><th>WNR</th><th>WLR</th><th>WNR</th></tr>
<tr><th></th><th></th><th>WLR</th><th>WNR</th><th colspan="3">对所有规格</th></tr>
<tr><td>≤5.0</td><td>1470
1570
1670
1770
1860</td><td>1290
1380
1470
1560
1640</td><td>1250
1330
1410
1500
1580</td><td rowspan="2">3.5</td><td rowspan="2">3</td><td>15</td><td rowspan="2">60
70
80</td><td rowspan="2">1.5
25
4.5</td><td rowspan="2">4.5
8
12</td></tr>
<tr><td>>5.0</td><td>1470
1570
1670
1770</td><td>1290
1380
1470
1560</td><td>1250
1330
1410
1500</td><td>20</td></tr>
</table>

5）每一交货批钢丝的实际强度不应高于其公称强度级 200MPa。

6）钢丝弹性模量为（205±10）GPa，但不作为交货条件。

7）根据供货协议，可以供应表 2-93、表 2-94、表 2-95 以外其他强度级别的钢丝，其力学性能按协议执行。

8）允许使用推算法确定 1000h 松弛值。

9）供轨枕用钢丝，供方应进行镦头强度检验，镦头强度不低于母材公称抗拉强度的 95%，其他需镦头锚固使用的应在合同中注明，参照本条款执行。

10）钢丝表面不得有裂纹和油污，也不允许有影响使用的拉痕、机械损伤等。

11）除非供需双方另有协议，否则钢丝表面只要没有目视可见的锈蚀麻点、表面浮锈，不应作为拒收的理由。

12）消除应力的钢丝表面允许存在回火颜色。

13）消除应力钢丝的伸直性，取弦长为 1m 的钢丝，放在一平面上，其弦与弧内侧最大自然矢高，刻痕钢丝不大于 25mm，光圆及螺旋肋钢丝不大于 20mm。

14）疲劳试验。经供需双方协商，合同中注明，可对钢丝进行疲劳性能试验。

（6）钢结构常用材料产品技术标准

钢结构工程中涉及到的原材料主要是钢材、焊接材料、涂装材料等。

1）钢材

根据现行国家标准《钢结构设计规范》(GB 50017—2003)，承重结构的钢材宜采用Q235钢、Q345钢、Q390钢和Q420钢，考虑到新旧标准、规范的过渡，下面列出新旧标准有关钢号的对照见表2-98。

新旧标准钢号对照 **表 2-98**

新标准	旧 标 准	新标准	旧 标 准
Q235	A3、C3	Q390	15MnV、15MnTi、16MnNb
Q345	12MnV、14MnNB、16Mn、16MnRE、18Nb	Q420	15MnVN、14MnVTiRE

在钢材进场验收时，常用的产品标准如下：

① 钢材牌号：

《普通碳素钢》GB/T 700

《低合金高强度结构钢》GB/T 1591

② 钢材品种与规格：

《热轧工字钢》GB/T 706

《热轧槽钢》GB/T 707

《热轧等边角钢》GB/T 9787

《热轧不等边角钢》GB/T 79788

《热轧圆钢、方钢》GB/T 702

《热轧钢板和钢带》GB/T 709

《花纹钢板》GB/T 3277

《无缝钢管》GB/T 8162

《电焊钢管（直缝管)》GB/T 13793

《螺旋焊钢管》GB/T 9711.1～3

《热轧H型钢和部分T型钢》GB/T 11263

《高层建筑结构用钢板》YB 4104

《通用冷弯开口型钢》GB/T 6723

《彩色涂层钢板及钢带》GB/T 12754

《连续热镀锌薄钢板和钢带》GB/T 2518

2）钢铸件及其他特性钢

① 钢铸件。

设计规范中选用4个钢号的钢铸件，即ZG200-400、ZG230-450、ZG270-500、ZG310-570，验收依据的标准为现行国家标准《一般工程用铸造碳钢件》GB/T 11352。

② Z向钢。

为防止钢材的层状撕裂，对焊接承重结构设计采用Z向钢，Z向钢级别为Z15、Z25和Z35三种，验收依据的标准为现行国家标准《厚度方向性能钢板》GB/T 5313。

③ 耐候钢。

对大气腐蚀有特殊要求的或在腐蚀性气态和固态介质作用下的承重结构，可以采用耐候钢，验收依据的标准为现行国家标准《焊接结构用耐候钢》GB/T 4172。

3）焊接材料

① 手工焊接焊条验收依据下列标准：

《碳钢焊条》GB/T 5117

《低合金钢焊条》GB/T 5118

② 焊丝验收依据下列标准：

《熔化焊用钢丝》GB/T 14957

《气体保护电弧焊用碳钢、低合金钢焊丝》GB/T 8110

《碳钢药芯焊丝》GB/T 10045

《低合金钢药芯焊丝》GB/T 17493

③ 埋弧焊用焊剂验收依据下列标准：

《碳素钢埋弧焊用焊剂》GB/T 5293

《低合金钢埋弧焊用焊剂》GB/T 2470

④ 气体保护焊用氢气和二氧化碳验收依据下列标准：

《氢气》GB/T 4842

《焊接用二氧化碳》HG/T 2537

⑤ 焊钉及焊接瓷环验收依据下列标准：

《圆柱头焊钉》GB/T 10433

4）涂装材料

钢结构表面使用的涂装材料分防腐涂料和防火涂料两大类。

① 防腐涂料。

用于钢结构表面防腐的涂料及与之配套的辅助材料（稀释剂、防潮剂、催干剂、脱漆剂、固化剂等）均应按其专用产品标准或生产企业标准进行进场验收，涂料产品技术性能、颜色除应符合设计要求外，其透明度、黏度、干燥时间、冲击强度、附着力、细度等性能应满足其产品标准的要求。

② 防火涂料。

钢结构表面防火涂料分厚涂型和薄涂型两类，其技术性能应按其相应的产品标准和国家标准《钢结构防火涂料通用技术条件》GB 14907 进行验收。主要技术参数如粘结强度和抗压强度应按《钢结构防火涂料应用技术规程》CECS 24：90 的规定进行抽检。

10. 建筑防水材料

（1）防水卷材

1）沥青防水卷材

① 石油沥青纸胎油毡、油纸（GB 326—1989）

其技术要求详见表 2-99～表 2-105。

石油沥青纸胎油毡、油纸的类型、规格及标记方法　　　表 2-99

类　型	规格(mm)	品种(按表面撒布材料分)	引用标准
按物理力学性能分为合格品、一等品、优等品三类	幅宽：油毡、油纸幅宽分为 915 和 1000，标号：石油沥青油毡为 200 号、350 号和 500 号，石油沥青油纸为 200 号、350 号	油毡按所用隔离材料分为粉状面油毡和片状面油毡两个品种；每卷面积为 20±0.3m²	GB 328.1～GB 328.7 沥青防水卷材试验方法

石油沥青纸胎油毡卷重 **表 2-100**

标号	200 号		300 号		500 号	
品种	粉毡	片毡	粉毡	片毡	粉毡	片毡
质量(kg)不小于	17.5	20.5	28.5	31.5	39.5	42.5

石油沥青油纸卷重 **表 2-101**

标号	200 号	300 号
质量(kg)不小于	7.5	13.0

石油沥青纸胎油毡、油纸的外观要求 **表 2-102**

项　目	要　求
成卷卷材规整度	成卷油毡宜卷紧、卷齐，卷筒两端厚度差不得超过 5mm，端面里进外出不得超过 10mm。成卷油毡在环境温度 10～45℃时，应易于展开，不应有破坏毡面长度为 10mm 以上的粘结和距卷芯 1000mm 以外长度在 10mm 以上的裂纹
胎基料	纸胎必须浸透，不应有未被浸渍的浅色斑点；涂盖材料宜均匀致密地涂盖油纸两面，不应有油纸外露和涂油不均
卷材表面	毡面不应有孔洞、硌(楞)伤、长度 20mm 以上的疙瘩、浆糊状粉浆或水渍，距卷芯 1000mm 以外长度 100mm 以上的折纹、折皱，20mm 以内的边缘裂口或长 50mm、深 20mm 以内的缺边不应超过 4 处
卷材接头	每卷油毡中允许有一处接头，其中较短的一段长度不应少于 2500mm，接头处应剪切整齐，并加长 150mm 备作搭接。优等品中有接头的油毡接数不得超过批量的 3%

石油沥青油纸的外观要求 **表 2-103**

项　目	要　求
成卷卷材规整度	成卷油毡宜卷紧、卷齐，两端里进外出不得超过 10mm
胎基料	纸胎必须浸透，不应有未被浸透的浅色斑点。表面应无成片未压干的浸油，但允许有个别不致引起互相粘结的油斑
卷材表面	油纸不应有孔洞、硌(楞)伤、折纹、折皱，20mm 以上的疙瘩，20mm 以内的边缘裂口或长 50mm、深 20mm 以内的缺边不应超过 4 处
卷材接头	每卷油纸的接头不应超过一处，其中较短的一段不应小于 2500mm，接头处应剪切整齐，并加长 150mm 备作搭接

石油沥青纸胎油毡、油纸的物理力学性能 **表 2-104**

指标名称		200 号			350 号			500 号		
		合格品	一等品	优等品	合格品	一等品	优等品	合格品	一等品	优等品
单位面积浸涂材料总量(g/m^2)不小于		600	700	800	1000	1050	1110	1400	1450	1500
不透水性	压力(MPa)不小于	0.05			0.10			0.15		
	保持时间(min)不小于	15	20	30	30	45		30		
吸水率(真空法)(%)不小于	粉毡	1.0			1.0			1.5		
	片毡	3.0			3.0			3.0		
耐热度(℃)		85±2	90±2		85±2	90±2		85±2	90±2	
		受热 2h 涂盖层应无滑动和集中性气泡								
拉力(N)(20℃±2℃)纵向不小于		240	270		340	370		440	470	
柔度(℃)		18±2			18±2	16±2	14±2	18±2	14±2	
		绕 ϕ20mm 圆棒或弯板无裂纹						绕 ϕ20mm 圆棒或弯板无裂纹		

石油沥青油纸的物理力学性能 **表 2-105**

指 标 名 称	200 号	350 号
浸渍材料占干原纸重量(%)不小于	100	
吸水率(真空法)(%)不小于	25	
拉力(N)(20℃±2℃)纵向不小于	110	240
柔度,(18℃±2℃)时	绕 ϕ10mm 圆棒或弯板无裂纹	

② 石油沥青玻璃纤维胎油毡的类型、规格及标证方法。

详见表 2-106～表 2-109。

石油沥青玻璃纤维胎油毡 (GB/T 14686—1993) **表 2-106**

类 型	规格(mm)	代 号	标记方法
按物理力学性能分为优等品(A)、一等品(B)和合格品(C)	幅宽:1000 标号:按每 10m² 标称重量分为 15 号、25 号、35 号三个标号品种:玻纤胎油毡上表面材料分为膜面、粉面和砂面三个品种	石油沥青 A 玻纤毡 G 河砂(普通矿物粒、片料)S 彩砂(彩砂矿物粒、片料)CS 粉状材料 T 聚乙烯膜 PE	按下列顺序标记: 如:15 号合格品砂面玻纤石油沥青油毡标记为 A-G-S-15(C)GB/T 14686;25 号一等品粉面玻纤胎石油沥青油毡标记为 A-GT-25(B)GB/T 14686;35 号优等品聚乙烯薄膜面玻纤胎石油沥青毡标记为 A-GPE-35(A)GB/T 14686

石油沥青玻璃纤维胎油毡的卷重 **表 2-107**

标号	15			25			35		
上表面材料	PE 膜	粉	砂	PE 膜	粉	砂	PE 膜	粉	砂
标称卷重(kg)	30			25			35		
卷重(kg)不小于	25.0	26.0	28.0	21.0	22.0	24.0	31.0	32.0	34.0

石油沥青玻璃纤维胎油毡的外观要求 **表 2-108**

项 目	要 求
成卷卷材规整度	成卷油毡应卷紧卷齐,卷筒两端厚度差不得超过 5mm,端面里进外出不得超过 10mm。成卷油毡在环境温度 5～45℃时应易于展开,不得有破坏毡面长度 10mm 以上的粘结和距卷芯 1000mm 以外长度 10mm 以上的裂纹
胎基料	胎基必须均匀浸透,并与涂盖材料紧密粘结
卷材表面	油毡表面必须平整,不允许有孔洞、硌(楞)伤,以及长度 20mm 以上的疙瘩和距芯 1000mm 以外长度 100mm 以上的折纹,折皱,20mm 以内的边缘裂口或长 20mm、深 20mm 以内的缺边不应超过 4 处,撒布材料的颜色和粒度应均匀一致,并紧密地粘附于油毡表面
卷材接头	每卷油毡接头不应超过一处,其中较短的一段不应少于 2500mm,接头应剪切整齐,并加长 150mm

石油沥青玻璃纤维胎油毡的物理力学性能　　表 2-109

序号	指标名称		15 号			25 号			35 号		
			优等品	一等品	合格品	优等品	一等品	合格品	优等品	一等品	合格品
1	可溶物含量(g/m^2)不小于		800		700	1300		1200	2100		2000
2	不透水性	压力(MPa)不小于	0.1			0.15			0.2		
		保持时间(min)不小于	30								
3	耐热度(℃)		85±2 受热 2h 涂盖层应无滑动								
4	拉力(N)不小于	纵向	300	250	200	400	300	250	400	320	270
		横向	200	150	130	300	200	180	300	240	200
5	柔度	温度(℃)不高于	0	5	10	0	5	10	0	5	10
		弯曲半径	绕 r=15mm 弯板无裂纹								
6	耐霉菌(8 周)	外观	2 级			2 级			1 级		
		重量损失率(%)不大于	3.0			3.0			3.0		
		拉力损失率(%)不大于	40			30			20		
7	人工加速气候老化(27 周)	外观	无裂缝,无气泡等现象								
		失重率(%)不大于	8.00			5.50			4.00		
		拉力变化率(%)不大于	+25～−20			+25～−15			+25～−10		

③ 石油沥青玻璃布胎油毡（JC/T 84—1996）。

详见表 2-110～表 2-112。

石油沥青玻璃布胎油毡的类型、规格及标记方法　　表 2-110

类　　型	规格(mm)	产品标记	标记示例
按物理力学性能分为一等品(B)和合格品(C)	幅宽:1000 每卷油毡面积为 $20m^2 \pm 0.3m^2$	按产品名称、等级、本标准号依次标记	按下列顺序标记:玻璃布油毡一等品标记为:玻璃布油毡 B JC/T 84

石油沥青玻璃布胎油毡的外观要求　　表 2-111

项　　目	要　　求
成卷卷材规整度	成卷油毡应卷紧 成卷油毡在 5～45℃环境温度下应易于展开,不得有粘结和裂纹
胎基料	浸涂材料应均匀、致密地浸涂玻璃布胎基
卷材表面	油毡表面必须平整,不得有裂纹、孔眼、扭曲折纹 涂布或撒布材料均匀、致密地粘附于涂盖层两面
卷材接头	每卷油毡接头应不超过一处,其中较短的一段不得少于 2000mm,接头处应剪切整齐,并加长 150mm 备作搭接

石油沥青玻璃布胎油毡的物理力学性能　　表 2-112

指　标　名　称		一等品	合格品
可溶物含量(g/m^2)≥		420	380
耐热度(85℃±2℃),(2h)		无滑动、起泡现象	
不透水性	压力(MPa)	0.2	0.1
	时间不小于 15min	无渗漏	
拉力(25℃±2℃)(N),纵向≥		400	360
柔度	温度(℃)≤	0	5
	弯曲半径(30mm)	无裂纹	
耐霉菌腐蚀性	重量损失(%)	2.0	
	拉力损失(%)	15	

④ 铝箔面油毡（JC/T 504—1992）(1996)。

详见表 2-113～表 2-116。

铝箔面油毡的类型、规格及标记方法　　表 2-113

类　型	规格(mm)	标　号	标记方法
按物理力学性能分为优等品(A)、一等品(B)和合格品(C)	幅宽：1000 厚度：30 号铝箔面油毡的厚度不小于 2.4mm；40 号铝箔面油毡的厚度不小于 3.2mm	铝箔面油毡按标称卷重分为 30、40 号两种标号	按下列顺序标记： 铝箔面产品名称、标号、质量等级、本标准号，如优等品 30 号铝箔面油毡标记为：铝箔面油毡 30AJC 504

铝箔面油毡的卷重　　表 2-114

标号	30 号	40 号
标称质量(kg)	30	25
最低质量(kg)	28.5	38.0

铝箔面油毡的外观要求　　表 2-115

项　目	要　求
成卷卷材规整度	成卷油毡应卷紧、卷齐，卷筒两端厚度差不得超过 5mm，端面里进外出不得超过 10mm，成卷油毡在环境温度为 10～45℃时应易于展开，不得有距卷芯 1000mm 以外长度 10mm 以上的裂纹
胎基料	铝箔与涂盖材料应粘结牢固，不允许有分层、气泡现象
卷材表面	铝箔表面应洁净、花纹整齐，不得有污迹、折皱、裂纹等缺陷 在油毡贴铝箔的一面上沿纵向留一条宽 50～100mm 无铝箔的搭接边，在搭接边上撒以细颗粒隔离材料或用 0.005mm 厚聚乙烯薄膜覆面，聚乙烯膜应粘结紧密，不得有错位或脱落现象
卷材接头	每卷油毡接头不应超过一处，其中较短的一段不应少于 2500mm，接头应剪切整齐，并加长 150mm 备作搭接

铝箔面油毡的物理力学性能　　表 2-116

指标名称	30 号			40 号		
	优等品	一等品	合格品	优等品	一等品	合格品
可溶物含量(g/m^2)不小于	1600	1550	1500	2100	2050	2000
拉力(纵横向)(N)不小于	500	450	400	550	500	450
断裂延伸率(纵横向)(%)不小于	2					
柔度(℃)不高于	0	5	10	0	5	10
	绕半径 35mm 圆弧，无裂纹					
耐热度	85℃±2℃受热 2h 涂盖层应无滑动					
分层	50℃±2℃，7d 无分层现象					

⑤ 煤沥青纸胎油毡（JC/T 505—92）(96)。

详见表 2-117～表 2-120。

煤沥青纸胎油毡的类型、规格及标记方法　　表 2-117

类　型	规　格	品　种	标记方法
按物理力学性能分为一等品(B)和合格品(C)	幅宽:915mm和1000mm 标号:油毡分为200、270和350三个标号	按所用隔离材料分为粉状面(F)油毡和片状面(P)油毡两个品种	按下列顺序标记: 产品名称、品种、标号、质量等级、本标准号,如:一等品(B)350号粉状面(F)煤沥青纸胎油毡 F350BJC505;合格品(C)270号片状面(P)煤沥青纸胎油毡 P270C JC505

煤沥青纸胎油毡的卷重　　表 2-118

标　号	200		270		350	
品种	粉毡	片毡	粉毡	片毡	粉毡	片毡
质量(kg)不小于	16.5	19.0	19.5	22.0	23.0	25.5

煤沥青纸胎油毡的外观要求　　表 2-119

项　目	要　求
成卷卷材规整度	成卷油毡应卷紧、卷齐,卷筒的两端厚度差不得超过5mm,端面里进外出不得超过10mm。成卷油毡在环境温度10～45℃时,应易于展开,不应有破坏毡面长度10mm以上的粘结和距卷芯1000mm以外长度10mm以上的裂纹
胎基料	纸胎必须浸透,不应有未浸透的浅色斑点;涂盖材料应均匀致密地涂盖油毡两面,不应有油纸外露和涂油不均的现象
卷材表面	毡面不应有孔洞、硌(楞)伤、长度20mm以上的疙瘩或水渍,距卷芯1000mm以外长度100mm以上的折纹和折皱;20mm以内的边缘裂口或长50mm、深20mm以内的缺边不应超过4处
卷材接头	每卷油毡的接头不应超过一处,其中较短的一段长度不应小于2500mm,接头处应剪切整齐,并加长150mm备作搭接。合格品中有接头的油毡卷数不得超过批量的10%,一等品中有接头的油毡卷数不得超过批量的5%

煤沥青纸胎油毡的物理力学性能　　表 2-120

指标名称		200号	270号		350号	
		合格品	合格品	一等品	合格品	一等品
可溶物含量(g/m²)不小于		450	560	510	660	600
不透水性	压力(MPa)不小于	0.05	0.05		0.10	
	保持时间(min)不小于	15	30	20	30	15
		不渗水				
吸水率(真空法)(%)不小于	粉毡	3.0				
	片毡	5.0				
耐热度(℃)		70±2	75±2	70±2	75±2	70±2
		受热2h涂盖层应无滑动和集中性气泡				
拉力(70℃±2℃时,纵向)(N)不小于		250	330	300	380	350
柔度(℃)不大于		18	16	18	16	18
		绕 ϕ20mm圆棒或弯板无裂纹				

2）高聚物改性沥青防水卷材

① 弹性体（SBS）改性沥青防水卷材（GB 18242—2000）。

详见表 2-121～表 2-125。

弹性体（SBS）改性沥青防水卷材的类型、规格及标记方法　　表 2-121

类　型	规格(mm)	代　号	标记方法
按物理力学性能分为Ⅰ型和Ⅱ型	幅宽：1000 厚度：聚酯胎卷材 3 和 4；玻纤胎卷材 2、3 和 4	聚酯胎 PY 玻纤胎 G 聚乙烯膜 PE 细砂 s 矿物粒(片)料 M	按下列顺序标记： 弹性体改性沥青防水卷材、型号、胎基、上表面材料、厚度和标准编号，如：3mm 厚砂面聚酯胎Ⅰ型弹性体改性沥青防水卷材标记为：SBS Ⅰ PY S3 GB 18242

弹性体（SBS）改性沥青防水卷材的品种　　表 2-122

上表面材料＼胎基	聚酯胎	玻纤胎
聚乙烯膜	PY-PE	G-PE
细砂	PY-S	G-S
矿物粒(片)料	PY-M	G-M

弹性体（SBS）改性沥青防水卷材的卷重、面积及厚度　　表 2-123

规格(公称厚度)(mm)		2		3			4					
上表面材料		PE	S	PE	S	M	PE	S	M	PE	S	M
面积(m^2/卷)	公称面积	15		10			10			7.5		
	偏差	±0.15		±0.10			±0.10			±0.10		
最低卷重(kg/卷)		33.0	37.5	32.0	35.0	40.0	42.0	45.0	50.0	31.5	33.0	37.5
厚度(mm)	平均值≥	2.0		3.0		3.2	4.0		4.2	4.0		4.2
	最小单值	1.7		2.7		2.9	3.7		3.9	3.7		3.9

弹性体（SBS）改性沥青防水卷材的外观要求　　表 2-124

项　目	要　求
成卷卷材规整度	成卷卷材应卷紧卷齐，端面里进外出不得超过 10mm。成卷卷材在 4～50℃温度下易于展开，在距卷芯 1000mm 长度外不应有 10mm 以上的裂纹或粘结
胎基料	胎基应浸透，不应有未被浸渍的条纹
卷材表面	卷材表面必须平整，不允许有孔洞、缺边和裂口，矿物粒(片)料粒度应均匀一致，并紧密地粘附于卷材表面
卷材接头	每卷接头处不应超过 1 个，较短的一段不应少于 1000mm，接头应剪切整齐，并加长 150mm 备作搭接

弹性体（SBS）改性沥青防水卷材的物理力学性能　　　表 2-125

序号	指标名称			PY		G	
				Ⅰ型	Ⅱ型	Ⅰ型	Ⅱ型
1	可溶物含盘(g/m²)≥		2mm	—		1300	
			3mm	2100			
			4mm	2900			
2	不透水性	压力(MPa)≥		0.30		0.20	0.30
		保持时间(min)≥		30			
3	耐热度(℃)			90	105	90	105
				无滑动、流淌、滴落			
4	拉力(N/50mm)≥		纵向	450	800	350	500
			横向			250	300
5	最大拉力时伸长率(%)≥		纵向	30	40	—	
			横向				
6	低温柔度(℃)			−18	−25	−18	−25
				无裂纹			
7	撕裂强度(N)≥		纵向	250	350	250	350
			横向			170	200
8	人工气候加速老化	外观		1级			
				无滑动、流淌、滴落			
		拉力保持率(%)≥	纵向	80			
		低温柔度(℃)		−10	−20	−10	−20
				无裂纹			

注：表中1～6项为强制性项目。

② 塑性体（APP）改性沥青防水卷材（GB 18243—2000）。
详见表 2-126～表 2-130。

塑性体（APP）改性沥青防水卷材的类型、规格及标记方法　　　表 2-126

类　型	规格(mm)	代　号	标　记　方　法
按物理力学性能分为Ⅰ型和Ⅱ型	幅宽:1000 厚度:聚酯胎卷材 3 和 4;玻纤胎卷材 2、3 和 4	聚酯胎 PY 玻纤胎 G 聚乙烯膜 PE 细砂 s 矿物粒(片)料 M	按下列顺序标记: 塑性体改性沥青防水卷材、型号、胎基、上表面材料、厚度和标准编号,如:3mm 厚砂面聚酯胎Ⅰ型弹性体改性沥青防水卷材标记为:APP Ⅰ PY S3 GB 18243

塑性体（APP）改性沥青防水卷材的品种　　　表 2-127

上表面材料＼胎基	聚酯胎	玻纤胎
聚乙烯膜	PY-PE	G-PE
细砂	PY-S	G-S
矿物粒(片)料	PY-M	G-M

塑性体（APP）改性沥青防水卷材的卷重、面积及厚度　　　　表 2-128

规格(公称厚度)(mm)		2		3			4					
上表面材料		PE	S	PE	S	M	PE	S	M	PE	S	M
面积(m^2/卷)	公称面积	15		10			10			7.5		
	偏差	±0.15		±0.10			±0.10			±0.10		
最低卷重(kg/卷)		33.0	37.5	32.0	35.0	40.0	42.0	45.0	50.0	31.5	33.0	37.5
厚度(mm)	平均值≥	2.0		3.0		3.2	4.0		4.2	4.0		4.2
	最小单值	1.7		2.7		2.9	3.7		3.9	3.7		3.9

塑性体（APP）改性沥青防水卷材的外观要求　　　　表 2-129

项　目	要　求
成卷卷材规整度	成卷卷材应卷紧卷齐，端面里进外出不得超过 10mm。成卷卷材在 4～60℃温度下易于展开，在距卷芯 1000mm 长度外不应有 10mm 以上的裂纹或粘结
胎基料	胎基应浸透，不应有未被浸渍的条纹
卷材表面	卷材表面必须平整，不允许有孔洞、缺边和裂口，矿物粒（片）料粒度应均匀一致并紧密地粘附于卷材表面
卷材接头	每卷接头处不应超过 1 个，较短的一段不应少于 1000mm，接头应剪切整齐，并加长 150mm 备作搭接

塑性体（APP）改性沥青防水卷材的物理力学性能　　　　表 2-130

序号	指标名称			PY		G	
				Ⅰ型	Ⅱ型	Ⅰ型	Ⅱ型
1	可溶物含量(g/m^2)≥		2mm	—		1300	
			3mm	2100			
			4mm	2900			
2	不透水性	压力(MPa)≥		0.30		0.20	0.30
		保持时间(min)≥		30			
3	耐热度(℃)			110	130	110	130
				无滑动、流淌、滴落			
4	拉力(N/50mm)≥		纵向	450	800	350	500
			横向			250	300
5	最大拉力时伸长率(%)≥		纵向	25	40	—	
			横向				
6	低温柔度(℃)			−5	−15	−5	−15
				无裂纹			
7	撕裂强度(N)≥		纵向	250	350	250	350
			横向			170	200
8	人工气候加速老化	外观		1级			
				无滑动、流淌、滴落			
		拉力保持率(%)≥	纵向	80			
		低温柔度(℃)		3	−10	−3	−10
				无裂纹			

注：1. 表中 1～6 项为强制性项目；

2. 当需要耐热度超过 130℃卷材时，该指标可由供需双方协商确定。

③ 改性沥青聚乙烯胎防水卷材（GB 18967—2003）。

技术性能详见表 2-131～表 2-135。

改性沥青聚乙烯胎防水卷材的类型、规格及标记方法　　表 2-131

类　　型	规格(mm)	代　　号	标　记　方　法
按基料分为改性沥青防水卷材(用增塑油和催化剂将沥青氧化改性后制成的防水卷材)、丁苯橡胶改性氧化沥青防水卷材(用丁苯橡胶和塑料树脂将氧化沥青改性后制成的防水卷材)、高聚物改性沥青防水卷材(用 APP、SBS 等高聚物将沥青改性后制成的防水卷材)三类	幅宽：1100mm 厚度：3、4mm 面积：每卷面积为 $11m^2$	改性氧化沥青 O(第一位表示)， 丁苯橡胶改性氧化沥青 M(第一位表示)， 高聚物改性沥青 P(第一位表示)， 高密度聚乙烯膜胎体 E(第二位表示)， 高密度聚乙烯覆面膜 E(第三位表示)	按下列顺序标记： 塑性体改性沥青防水卷材、型号、胎基、上表面材料、厚度和标准编号，如：3mm 厚砂面聚酯胎Ⅰ型聚乙烯膜覆盖高聚物改性沥青防水卷材，其标记为：REE3Ⅰ GB /T 18967

改性沥青聚乙烯胎防水卷材的品种　　表 2-132

上表面材料	基　　料		
	改性氧化沥青	丁苯橡胶改性氧化沥青	高聚物改性沥青
聚乙烯膜 铝箔	OEE —	MEE MEAL	PEE PEAL

改性沥青聚乙烯胎防水卷材的卷重、面积及厚度　　表 2-133

规格(公称厚度)(mm)		3		4	
上表面覆盖材料		E	AL	E	AL
厚度(mm)	平均值	3.0		4.0	
	最小单值	2.7		3.7	
最低卷重(kg/卷)		33	35	45	47
面积(m^2/卷)	公称面积	11			
	偏差	±0.2			

改性沥青聚乙烯胎防水卷材的外观要求　　表 2-134

项　　目	要　　求
成卷卷材规整度	成卷卷材应卷紧卷齐，端面里进外出不得超过 20mm。胎体与沥青基料和覆面材料相互紧密粘结。成卷卷材在 4～40℃温度下易于展开，在距卷芯 1000mm 长度外不应有 10mm 以上的裂纹或粘结
胎基料	厚度符合标准要求
卷材表面	卷材表面必须平整，不允许有可见的缺陷，如孔洞、裂纹、疙瘩等
卷材接头	每卷接头处不应超过 1 处，其中较短的一段不应少于 1000mm，接头应剪切整齐，并加长 150mm 备作搭接

改性沥青聚乙烯胎防水卷材的物理力学性能　　表 2-135

序号	上表面覆盖材料		E						AL			
	基料		O		M		P		M		P	
	型号		Ⅰ	Ⅱ	Ⅰ	Ⅱ	Ⅰ	Ⅱ	Ⅰ	Ⅱ	Ⅰ	Ⅱ
1	不透水性(MPa)≥		0.3									
			不透水									
2	耐热度(℃)		85		85	90	90	95	85	90	90	95
			无流滴、无起泡									
3	拉力(N/50mm)≥	纵向	100	140	100	140	100	140	200	220	200	220
		横向		120		120		120				
4	断裂伸长率(%)≥	纵向	200	250	200	250	200	250	—			
		横向										
5	低温柔度(℃)		0		−5		−10	−15	−5		−10	−15
			无裂纹									
6	尺寸稳定性	℃	85		85	90	90	95	85	90	90	95
		%≤	2.5									

④ 沥青复合胎柔性防水卷材（JC/T 690—1998）。

技术性能详见表 2-136～表 2-140。

沥青复合胎柔性防水卷材的类型、规格及标记方法　　表 2-136

类　型	规　格	代　号	标　记　方　法
按胎体将产品分为：沥青聚酯毡和玻纤网格布(以下简称网格布)复合胎柔性防水卷材；沥青玻纤毡和网格布复合胎柔性防水卷材；沥青涤棉无纺布(以下简称无纺布)和网格布复合胎柔性防水卷材；沥青玻纤毡和聚乙烯膜复合胎柔性防水卷材	长：10m、7.5m 宽：1000、1100mm 厚：3、4 mm	复合胎体材料： 聚酯毡、网格布 PYK 玻纤毡、网格布 GK 无纺布、网格布 NK 玻纤毡、聚乙烯膜 GPE 覆面材料： 细砂 S 矿物粒(片)料 M 聚酯膜 PET 聚乙烯膜 PE	按下列顺序标记： 卷材按产品名称、品种代号、厚度等级和标准编号顺序标记，如：4mm 厚的合格品聚乙烯膜覆面沥青玻纤毡和网格布复合胎柔性防水卷材，其标记为：GK-PE 4C JC/T690

沥青复合胎柔性防水卷材的品种　　表 2-137

上表面材料＼胎基	聚酯毡、网格布	玻纤毡、网格布	无纺布、网格布	玻纤毡、聚乙烯膜
细砂	PYK-S	GK-S	NK-S	GPE-S
矿物粒(片)料	PYK-M	GK-M	NK-M	GPE-M
聚酯膜	PYK-PET	GK-PET	NK-PET	GPE-PET
聚乙烯膜	PYK-PE	GK-PE	NK-PE	GPE-PE

沥青复合胎柔性防水卷材的卷重与尺寸允许偏差　　表 2-138

项　目	厚度	指　标		
		细砂	矿物粒(片)料	聚酯膜、聚乙烯膜
单位面积标称质量(kg/m²)	3mm	3.5	4.1	3.3
	4mm	4.7	5.3	4.5
标称卷重(kg/10m²)	3mm	35	41	33
	4mm	47	53	45
最低卷重(kg/10m²)	3mm	32	38	30
	4mm	42	48	40
长(m)	±0.1			
宽(mm)	±15			
厚(mm)	3mm	平均值≥3.0,最小单值 2.7		
	4mm	平均值≥4.0,最小单值 3.7		

沥青复合胎柔性防水卷材的外观要求　　表 2-139

项　目	要　求
成卷卷材规整度	成卷卷材应卷紧、卷齐,端面里进外出差不得超过 10mm。玻纤毡和聚乙烯膜复合胎卷材不超过 30mm
胎基料	胎体、沥青、复面材料之间应紧密粘结,不应有分层现象
卷材表面	卷材表面必须平整,不允许有可见的缺陷,如孔洞、麻面、裂缝、皱折、露胎等,卷材边缘应整齐、无缺口。不允许有距卷芯 1000mm 外长度 10mm 以上的裂纹。 卷材在 35℃下开卷不应发生粘结现象。在环境温度为柔度试验温度以上时,易于展开
卷材接头	成卷卷材接头不超过 1 处,其中较短一段不得少于 2500mm,接头处应剪切整齐,并加长 150mm,备作搭接。一等品有接头的卷材数不得超过批量的 3%

沥青复合胎柔性防水卷材的物理力学性能　　表 2-140

项　目			聚酯毡、网格布		玻纤毡、网格布		无纺布、网格布		玻纤毡、聚乙烯膜	
			一等品	合格品	一等品	合格品	一等品	合格品	一等品	合格品
柔度(℃)			−10	−5	−10	−5	−10	−5	−10	−5
			3mm 厚、r=15mm;4mm 厚、r=25mm;3s、180°无裂纹							
耐热度(℃)			90	85	90	85	90	85	90	85
			加热 2h,无气泡,无滑动							
拉力(N/50mm)		纵向	600	500	650	400	800	550	400	300
		横向	500	400	600	300	700	450	300	200
断裂延伸率(%)		纵向	30	20	2		2		10	4
		横向								
不透水			0.3MPa		0.2MPa				0.3 MPa	
			保持时间 30min,不透水							
人工候化处理(30d)	外观		无裂纹、不起泡、不粘结							
	拉力保持率(%)≥	纵向	80							
		横向	70							
	柔度(℃)		−5	0	−5	0	−5	0	−5	0
			无裂纹							

注:沥青玻纤毡和聚乙烯膜复合胎防水卷材为最大拉力时的延伸率。

⑤ 自粘橡胶沥青防水卷材（JC 840—1999）。

技术性能详见表 2-141～表 2-145。

自粘橡胶沥青防水卷材的类型、规格及标记方法　　表 2-141

类　型	规　格	代　号	标记方法
按表面材料分为聚乙烯膜、铝箔与无膜 3 种自粘卷材；按使用功能分为外露防水工程与非外露防水工程两种使用状况	面积：20、10、5m^2 宽：920、1000mm 厚：1.2、1.5、2.0 mm	表面材料： 聚乙烯膜 PE 铝箔 AL 无膜 N 使用功能： 外露防水工程 O 非外露防水工程 I	按下列顺序标记： 按产品名称、使用功能、表面材料、卷材厚度和标准编号顺序标记，如：2mm 厚表面材料为非外露使用的聚乙烯膜的自粘橡胶沥青防水卷材。 自粘卷材 IPE2 JC 840—1999

自粘橡胶沥青防水卷材的卷重　　表 2-142

项　目	厚　度	指标		
		PE	AL	N
标称卷重（kg/10m^2）	1.2mm	13	14	13
	1.5mm	16	17	16
	2.0mm	23	24	23
最低卷重（kg/10m^2）	1.2mm	12	13	12
	1.5mm	15	16	15
	2.0mm	22	23	22

自粘橡胶沥青防水卷材的尺寸允许偏差　　表 2-143

项　目		指　标		
面积（m^2/卷）		5±0.1	10±0.1	20±0.2
厚度（mm）	平均值≥	1.2	1.5	2.0
	最小值	1.0	1.3	1.7

自粘橡胶沥青防水卷材的外观要求　　表 2-144

项　目	要　求
成卷卷材规整度	成卷卷材应卷紧、卷齐，端面里进外出差不得超过 20mm
胎基料	胎体、沥青、复面材料之间应紧密粘结，不应有分层现象
卷材表面	卷材表面应平整，不允许有可见的缺陷，如孔洞、结块、裂缝、气泡、缺边与裂口等 成卷卷材在环境温度为柔度规定的温度以上时应易于展开
卷材接头	每卷卷材的接头不应超过 1 个，接头处应剪切整齐，并加长 150mm，一批产品中有接头卷材不应超过 3%

自粘橡胶沥青防水卷材的物理力学性能　　表 2-145

项　　目		指　　标		
		PE	AL	N
不透水性(N/mm)	压力(MPa)	0.2	0.2	0.1
	保持时间(min)	120,不透水		30,不透水
耐热度		—	80℃,加 2h. 无气泡,无滑动	—
拉力(N/5cm)≥		130	100	—
断裂延伸率(%)		450	200	450
柔度		−20℃,ϕ20 mm,3s、180°无裂纹		
剪切性能(N/mm)	卷材与卷材	2.0 或粘合面外断裂		粘合面外断裂
	卷封与铝板			
剥离性能(N/mm)		2.5 或粘合面外断裂		粘合面外断裂
抗穿孔性		不渗水		
人工候化处理	外观	—	无裂纹无起泡	—
	拉力保持率(%)≥		80	
	柔度(℃)		无裂纹	

⑥ 自粘聚合物改性沥青聚酯胎防水卷材 (JC 898—2002)。

技术性能详见表 2-146～表 2-149。

自粘聚合物改性沥青聚酯胎防水卷材的类型、规格及标记方法　　表 2-146

类　型	规　格	代　号	标 记 方 法
按物理力学性能分为Ⅰ型和Ⅱ型 按上表面材料分为聚乙烯膜、细砂、铝箔 3 种	面积:10、15m² 宽:1000mm 厚: 聚乙烯膜面与细砂:1.5、2、3mm 铝箱面:2、3mm	表面材料: 聚乙烯膜 PE 细砂 S 铝箔 AL	按下列顺序标记: 按产品名称、型号、表面材料、卷材厚度和标准编号顺序标记。如:3mm 厚Ⅰ型聚乙烯膜面自粘聚合物改性沥青聚酯胎防水卷材标记为:自粘聚酯胎卷材 Ⅰ PE 3 JC 898—2002

自粘聚合物改性沥青聚酯胎防水卷材的卷重、厚度及面积　　表 2-147

规格(公称厚度)(mm)		1.5				2						3		
上表面材料		PE	S	PE	S	PE	AL	S	PE	AL	S	PE	AL	S
面积(m²/卷)	公称面积	15		10		15			10			10		
	偏差	±0.15		±0.10		±0.15			±0.10			±0.10		
最低卷重(kg/卷)		23.0	24.5	15.5	16.5	31.5	33.0		21.0	22.0		31.0	32.0	
厚度(mm)	平均值	1.5				2.0						3.0		
	最小单值	1.3				1.7						2.7		

自粘聚合物改性沥青聚酯胎防水卷材的外观要求 **表 2-148**

项 目	要 求
成卷卷材规整度	成卷卷材应卷紧、卷齐，端面里进外出不得超过 20mm
胎基料	胎体应浸透，不应有未被浸渍的条纹
卷材表面	卷材表面应平整，不允许有孔洞、缺边和裂口，细砂应均匀，并紧密地粘附于卷材表面。 成卷卷材在 4～45℃任一温度时，产品展开不应有粘结，在距芯 1000mm 长度不应有 10mm 以上的裂纹
卷材接头	每卷卷材的接头不应超过 1 个，较短的一段长度不应少于 1000mm，接头应剪切整齐，并加长 150mm 备作搭接

自粘聚合物改性沥青聚酯胎防水卷材的物理力学性能 **表 2-149**

序号	型号		Ⅰ			Ⅱ	
	厚度(mm)		1.5	2	3	2	3
1	可溶物含量(g/m²) ≥		800	1300	2100	1300	2100
2	不透水性	压力(MPa)≥	0.2	0.3			
		保持时间(min)≥	30				
3	耐热度(℃)	PE. S	70 无滑动、流淌、滴落				
		AL	80 无滑动、流淌、滴落				
4	拉力(N/50mm) ≥		200	350		450	
5	最大拉力时延伸率(%) ≥		30				
6	低温柔性(℃)		−20			−30	
7	剪切性能(N/mm)≥	卷材与卷材	2.0 或粘合面外断裂	4.0 或粘合面外断裂			
		卷材与铝板					
8	剥离性能(N/mm)		1.5 或粘合面外断裂				
9	抗穿孔性		不渗水				
10	撕裂强度(N) ≥		125	200		250	
11	水蒸气透湿率[a](g/m·s·Pa) ≤		5.7×10^{-9}				
12	人工气候加速老化[b]	外观	—	1 级			
				无滑动、流淌、滴落			
		拉力保持率(%)		80			
		柔度(℃)		−10		−20	

注：a. 水蒸气透湿率性能在用于地下工程时要求；
b. 聚乙烯膜面、细砂面卷材不要求人工加速老化性能。

⑦ 道桥用改性沥青防水卷材（JC/T 974—2005）。

技术性能详见表 2-150～表 2-154。

道桥用改性沥青防水卷材的类型、规格及标记方法 **表 2-150**

类 型	规 格	代 号	标 记 方 法
产品按施工方式分为自粘施工(Z)、热熔(R)或热熔胶(J)施工防水卷材	长：7.5、10、15、20m 宽：1m 厚： 自粘施工防水卷材厚度为 2.5mm；热熔施工防水卷材厚度分为 3.5、4.5mm；热熔胶施工防水卷材厚度分为 2.5、3.5mm。	卷材上表面材料： 细砂 S 热熔施工防水卷材表面材料： 聚乙烯膜 PE 细砂 S 热熔胶施工防水卷材表面材料： 细砂 S	按下列顺序标记： 产品按施工方式、改性材料(APP 或 SBS)型号、下表面材料、面积、厚度和本标准号顺序标记。如热熔和热熔胶施工 APP 改性沥青Ⅰ型细砂 10m² 的 3.5mm 厚度道桥防水卷材标记为：道桥防水卷材 R 和 J APP Ⅰ S10m² 3.5mm JC/T 974—2005

道桥用改性沥青防水卷材单位面积质量 **表 2-151**

厚度(mm)	2.5	3.5	4.5
单位面积质量(kg/m²)	2.8	3.8	4.8

道桥用改性沥青防水卷材的外观要求 **表 2-152**

项　　目	要　　求
成卷材规整度	成卷卷材应卷紧、卷齐，端面里进外出不超过 10mm，自粘卷材不超过 20mm
胎基料	胎体应浸透，不应有未被浸渍的条纹，卷材的胎基应靠近卷材的上表面
卷材表面	卷材表面应平整，不允许有孔洞、缺边和裂口。 成卷卷材在 4～60℃任意温度下易于展开，在距卷芯 1000mm 长度外不应有 10mm 以上的裂纹或粘结。 卷材上表面平整的细砂应均匀紧密地粘附于卷材表面
卷材接头	长度 10m 以下(包括 10m)的卷材不应有接头；10m 以上的卷材，每卷卷材的接头不多于一处，接头应剪切整齐，并加长 300mm。一批产品中有接头卷材不应超过 2%

道桥用改性沥青防水卷材通用性能 **表 2-153**

序号	项　　目		指　　标			
			Z	R、J		
				SBS	APP	
					Ⅰ	Ⅱ
1	卷材下表面沥青涂盖层厚度[a](mm)≥	2.5mm	1.0	—		
		3.5mm	—	1.5		
		4.5mm	—	2.0		
2	可溶物含量(g/m²)≥	2.5mm	1700	1700		
		3.5mm	—	2400		
		4.5mm	—	3100		
3	耐热度[b](℃)		110	115	130	160
4	低温柔性[c](℃)		−25	−25	−15	−10
5	拉力(N/50mm)	≥	600	800		
6	最大拉力时延伸率(%)	≥	40			
7	盐处理	拉力保持率(%) ≥	90			
		低温柔性(℃)	−25	−25	−15	−10
		质量增加(%) ≤	1.0			
8	热处理	拉力保持率(%) ≥	90			
		延伸率保持率(%) ≥	90			
		低温柔性(℃)	−20	−20	−10	−5
		尺寸变化率(%) ≤	0.5			
		质量增加(%) ≤	1.0			
9	渗油性/张数	≤	1			
10	自粘沥青剥离强度(N/mm)	≥	1.0			

[a] 不包括热熔胶施工卷材；

[b] 供需双方可以商定更高的温度；

[c] 供需双方可以商定更低的温度。

道桥用改性沥青防水卷材应用性能 **表 2-154**

序号	项目	指标	序号	项目	指标
1	50℃剪切强度[a](MPa) ≥	0.12	3	热碾压后抗渗性	0.1MPa,30min 不透水
2	50℃粘结强度[a](MPa) ≥	0.05	4	接缝变形能力	10000 次循环无破坏

[a] 供需双方根据需要可以采用其他温度。

⑧ 路桥用塑性体（APP）沥青防水卷材（JC/T 536—2004）。

技术性能详见表 2-155～表 2-158。

路桥用塑性体（APP）沥青防水卷材的类型、规格及标记方法 **表 2-155**

类　型	规　格	代　号	标 记 方 法
产品按物理力学性能分为Ⅰ型和Ⅱ型 Ⅰ型—适用于热拌沥青混凝土路桥面； Ⅱ型—适用于沥青玛蹄脂(SMA)混凝土路桥面	面积：每卷面积分为 10、7.5m² 宽：1000mm 厚：3、4、5mm	卷材上表面材料分为砂面和矿物粒(片)面： 砂面代号 M 矿物粒(片)代号 S	按下列顺序标记： 产品按厚度、上表面材料、胎基代号、型号、产品代号(APP)顺序标记。如：3mm 厚砂面聚酯胎Ⅰ型塑性体改性沥青防水卷材型号为：AAP—Ⅰ—PY—S—3

路桥用塑性体（APP）沥青防水卷材卷重、面积及厚度 **表 2-156**

规格(公称厚度)(mm)		3		4				5	
上表面材料		S	M	S	M	S	M	S	M
面积(m²/卷)	公称面积	10		10		7.5		7.5	
	偏差	±0.10		±0.10		±0.10		±0.10	
最低卷重(kg/卷)		35.0	40.0	45.0	50.0	33.0	37.5	44	48
厚度(mm)	平均值	3.0	3.2	4.0	4.2	4.0	4.2	5.2	5.2
	最小单值	2.7	2.9	3.7	3.9	3.7	3.9	4.9	4.9

路桥用塑性体（APP）沥青防水卷材的外观要求 **表 2-157**

项　目	要　求
成卷卷材规整度	成卷卷材应卷紧、卷齐，端面里进外出不超过 10mm
胎基料	胎体应浸透，不应有未被浸透的条纹 胎基要求在卷材上表面下的 1/3～1/2 的位置，以保证底面有一定厚度沥青
卷材表面	卷材表面应平整，不允许有孔洞、缺边和裂口，矿物粒(片)料粒度应均匀一致，并紧密地粘附于卷材表面 成卷卷材在 4～60℃任意温度下易于展开，在距卷芯 1000mm 长度外不应有 10mm 以上的裂纹或粘结
卷材接头	每卷卷材的接头处不应超过一个，较短的一段长度不应少于 1000mm，接头应剪切整齐，并加长 150mm 备作搭接

路桥用塑性体（APP）沥青防水卷材物理力学性能　　表 2-158

序号	型号		I	II
1	可溶物含量(g/m^2)	3mm	≥2100	
		4mm	≥2900	
		5mm	≥3700	
2	不透水性(压力不小于 0.4MPa,保持时间不小于 30min)			不透水
3	耐热度(2h 涂盖层垂直悬挂)(℃)	130±2	150±2	
		无滑动、流淌、滴落		
4	低温柔性(℃)	−25	−25	
5	拉力(N/50mm)	纵向	≥600	≥800
		横向	≥550	≥750
6	最大拉力时延伸率(%)	纵向	≥25	≥35
		横向	≥30	≥40
7	低温柔性(3s 弯曲 180°)(℃)		−10	−20
			无裂纹	
8	撕裂强度(N)	纵向	≥300	≥400
		横向	≥250	≥350
9	人工气候加速老化	外观	无滑动、流淌、滴落	
		纵向拉力保持率(%)	≥80	
		低温柔度(℃)	3	−10
			无裂纹	
10	抗硌破(130℃/2h,500g 重锤,300mm 高度)		冲击后无硌破	
11	渗水系数(500mm 水柱下 16h)(mL/min)		≤1	
12	高温抗剪（60℃,粘合面正应力 0.1MPa,压速 10mm/min)(N/mm)	沥青混凝土面	2	2.5
		混凝土面	2	2.5
13	低温抗裂(−20℃)(MPa)	≥6	≥8	
14	低温延伸率(−20℃)(%)	≥20	≥30	
15	耐腐蚀性	耐碱(20℃)	$Ca(OH)_2$中浸泡 15d 无异常	
		耐盐水(20℃)	3%盐水中浸泡 15d 无异常	

3）合成高分子防水材料

① 聚氯乙烯防水卷材（GB 12952—2003）。

技术性能详见表 2-159～表 2-163。

聚氯乙烯防水卷材的类型、规格及标记方法　　表 2-159

类　型	规　格	代　号	标记方法
产品按有无复合层分类，无复合层的为 N 类、用纤维单面复合的为 L 类、织物内增强的为 W 类。每类产品按理化性能分为 I 型和 II 型	长度:10、15、20m 宽度:1.2m 厚度:1.2、1.5、2.0mm 其他长度、厚度规格可由供需双方商定,厚度规格不得小于 1.2 mm	按有无复合层分类: 无复合层的为 N 用纤维单面复合的为 L 织物内增强的为 W	按下列顺序标记:聚氯乙烯防水卷材名称(代号 PVC 卷材)、外露或非外露使用、类型、厚度、长×宽和标准顺序标记。如:长度 20m,宽度 1.2m、厚度 1.5mm II 型 L 类外露使用聚氯乙烯防水卷材标记为:PVC 卷材外露 L II 1.5 /20×1.2 GB 12952—2003

聚氯乙烯防水卷材的厚度（mm）　　表 2-160

厚　度	允　许　偏　差	最　小　单　值
1.2	±0.10	1.00
1.5	±0.15	1.30
2.0	±0.20	1.70

聚氯乙烯防水卷材的外观要求　　表 2-161

项　目	要　求
卷材表面	卷材表面必须平整，边缘整齐，无裂纹、孔洞、粘结、气泡和疤痕
卷材接头	每卷接头不多于1处，其中较短的一段长度不少于1.5m，接头应剪切整齐，并加长150mm备作搭接

聚氯乙烯防水卷材（N类）的理化性能　　表 2-162

序号	项　目		Ⅰ型	Ⅱ型
1	拉伸强度(MPa)　≥		8.0	12.0
2	断裂伸长率(%)　≥		200	250
3	热处理尺寸变化率(%)　≤		3.0	2.0
4	低温弯折性		−20℃无裂纹	−25℃无裂纹
5	抗穿孔性		不渗水	
6	不透水性		不透水	
7	剪切状态下的粘合性(N/mm)　≥		3.0或卷材破坏	
8	热老化处理	外观	无起泡、裂纹、粘结和孔洞	
		拉伸强度变化率(%)	±25	±20
		断裂伸长率变化率(%)		
		低温弯折性	−15℃无裂纹	−20℃无裂纹
9	耐化学侵蚀	拉伸强度变化率(%)	±25	±20
		断裂伸长率变化率(%)		
		低温弯折性	−15℃无裂纹	−20℃无裂纹
10	人工气候加速老化	拉伸强度变化率(%)	±25	±20
		断裂伸长率变化率(%)		
		低温弯折性	−15℃无裂纹	−20℃无裂纹

注：非外露使用可以不考核人工气候加速老化性能。

聚氯乙烯防水卷材（L类及W类）的理化性能　　表 2-163

序号	项　目		Ⅰ型	Ⅱ型
1	拉力(N/cm)　≥		100	160
2	断裂伸长率(%)　≥		150	200
3	热处理尺寸变化率(%)　≤		1.5	1.0
4	低温弯折性		−20℃无裂纹	−25℃无裂纹
5	抗穿孔性		不渗水	
6	不透水性		不透水	
7	剪切状态下的粘合性(N/mm)≥	L类	3.0或卷材破坏	
		W类	6.0或卷材破坏	
8	热老化处理	外观	无起泡、裂纹、粘结和孔洞	
		拉伸强度变化率(%)	±25	±20
		断裂伸长率变化率(%)		
		低温弯折性	−15℃无裂纹	−20℃无裂纹
9	耐化学侵蚀	拉伸强度变化率(%)	±25	±20
		断裂伸长率变化率(%)		
		低温弯折性	−15℃无裂纹	−20℃无裂纹
10	人工气候加速老化	拉伸强度变化率(%)	±25	±20
		断裂伸长率变化率(%)		
		低温弯折性	−15℃无裂纹	−20℃无裂纹

注：非外露使用可以不考核人工气候加速老化性能。

② 氯化聚乙烯防水卷材（GB 12952—2003）。

技术性能详见表 2-164～表 2-168。

氯化聚乙烯防水卷材的类型、规格及标记方法　　表 2-164

类　　型	规　　格	代　　号	标　记　方　法
产品按有无复合层分类，无复合层的为 N 类、用纤维单面复合的为 L 类、织物内增强的为 W 类。每类产品按理化性能分为Ⅰ型和Ⅱ型	长度：10、15、20m 宽度：1.2m 厚度：1.2、1.5、2.0mm 其他长度、厚度规格可由供需双方商定，厚度规格不得小于 1.2mm	按有无复合层分类： 无复合层的为 N 用纤维单面复合的为 L 织物内增强的为 W	按下列顺序标记：氯化聚乙烯防水卷材名称（代号 CPE 卷材）；外露或非外露使用、类型、厚度、长×宽和标准顺序标记。如：长度 20m，宽度 1.2 m、厚度 1.5mm Ⅱ型 L 类外露使用聚氯乙烯防水卷材标记为：CPE 卷材外露 LⅡ1.5 /20X1.2 GB 12953—2003

氯化聚乙烯防水卷材的厚度（mm）　　表 2-165

厚　　度	允　许　偏　差	最　小　单　值
1.2	±0.10	1.00
1.5	±0.15	1.30
2.0	±0.20	1.70

氯化聚乙烯防水卷材的外观要求　　表 2-166

项　　目	要　　求
卷材表面	卷材表面必须平整，边缘整齐，无裂纹、孔洞、粘结、气泡和疤痕
卷材接头	卷材接头不多于 1 处，其中较短的一段长度不少于 1.5m，接头应剪切整齐，并加长 150mm 备作搭接

氯化聚乙烯防水卷材（N 类）的理化性能　　表 2-167

序号	项　　目		Ⅰ型	Ⅱ型
1	拉伸强度（MPa）　≥		5.0	8.0
2	断裂伸长率（%）　≥		200	300
3	热处理尺寸变化率（%）　≤		3.0	纵向 2.0 横向 1.5
4	低温弯折性		−20℃无裂纹	−25℃无裂纹
5	抗穿孔性		不渗水	
6	不透水性		不透水	
7	剪切状态下的粘合性（N/mm）　≥		3.0 或卷材破坏	
8	热老化处理	外观	无起泡、裂纹、粘结和孔洞	
		拉伸强度变化率（%）	+50 −20	±20
		断裂伸长率变化率（%）		
		低温弯折性	−15℃无裂纹	−20℃无裂纹
9	耐化学侵蚀	拉伸强度变化率（%）	±30	±20
		断裂伸长率变化率（%）		
		低温弯折性	−15℃无裂纹	−20℃无裂纹
10	人工气候加速老化	拉伸强度变化率（%）	+50 −20	±20
		断裂伸长率变化率（%）	+50 −30	±20
		低温弯折性	−15℃无裂纹	−20℃无裂纹

注：非外露使用可以不考核人工气候加速老化性能。

氯化聚乙烯防水卷材（L类及W类）的理化性能 **表 2-168**

序号	项　目			Ⅰ型	Ⅱ型
1	拉力(N/cm)		≥	70	120
2	断裂伸长率(%)		≥	125	250
3	热处理尺寸变化率(%)		≤	1.0	
4	低温弯折性			−20℃无裂纹	−25℃无裂纹
5	抗穿孔性			不渗水	
6	不透水性			不透水	
7	剪切状态下的粘合性(N/mm)≥	L类		3.0或卷材破坏	
		W类		6.0或卷材破坏	
8	热老化处理	外观		无起泡、裂纹、粘结和孔洞	
		拉力(N/mm)	≥	55	100
		断裂伸长率(%)	≥	100	200
		低温弯折性		−15℃无裂纹	−20℃无裂纹
9	耐化学侵蚀	拉力(N/mm)	≥	55	100
		断裂伸长率(%)	≥	100	200
		低温弯折性		−15℃无裂纹	−20℃无裂纹
10	人工气候加速老化	拉力(N/mm)	≥	55	100
		断裂伸长率(%)	≥	100	200
		低温弯折性		−15℃无裂纹	−20℃无裂纹

注：非外露使用可以不考核人工气候加速老化性能。

③ 高分子防水材料第1部分片材（GB 18173.1—2000）。

技术性能详见表2-169～表2-175。

高分子防水材料第1部分片材的分类 **表 2-169**

分　类		代号	主要原材料
均质片	硫化橡胶类	JL1	三元乙丙橡胶
		JL2	橡胶(橡塑)共混
		JL3	氯丁橡胶、氯磺化聚乙烯、氯化聚乙烯等
		JL4	再生胶
	非硫化橡胶类	JF1	三元乙丙橡胶
		JF2	橡塑共混
		JF3	氯化聚乙烯
	树脂类	JS1	聚氯乙烯等
		JS2	乙烯醋酸乙烯、聚乙烯等
		JS3	乙烯醋酸乙烯改性沥青共混等
复合片	硫化橡胶类	FL	乙丙、丁基、氯丁橡胶、氯磺化聚乙烯等
	非硫化橡胶类	FF	氯化聚乙烯，乙丙、丁基、丁橡胶，氯磺化聚乙烯等
	树脂类	FS1	聚氯乙烯等
		FS2	聚乙烯等

高分子防水材料第 1 部分片材的产品标记　　表 2-170

产品标记	标记示例
产品应按下列顺序标记，并可根据需要增加标记内容：类型代号、材质（简称或代号）、规格（长度×宽度×厚度）	长度为 20000mm，宽度为 1000mm，厚度为 1.2mm 的均质硫化型三元乙丙橡胶（EPDM）片材标记为：JL1-EPDM-20000mm×1000mm×1.2mm

高分子防水材料第 1 部分片材的规格尺寸　　表 2-171

项目	厚度(mm)	宽度(m)	长度(m)
橡胶类	1.0，1.2，1.5，1.8，2.0	1.0，1.1，1.2	20 以上
树脂类	0.5 以上	1.0，1.2，1.5，2.0	

注：橡胶类片材在每卷 20m 长度中允许有一处接头，且最小块长度应不小于 3m，并应加长 15cm 备作搭接；树脂类片材在每卷至少 20m 长度内不允许有接头。

高分子防水材料第 1 部分片材的允许偏差　　表 2-172

项目	厚度	宽度	长度
允许偏差(%)	－10～＋15	＞－1	不允许出现负值

高分子防水材料第 1 部分片材的外观要求　　表 2-173

项目	要求
卷材表面	(1)卷材表面应平整，边缘整齐，不能有裂纹、机械损伤、折痕、穿孔及异常粘着部分等影响使用的缺陷。 (2)片材在不影响使用的条件下，表面缺陷应符合下列规定： ①凹痕，深度不得超过片材厚度的 30%；树脂类片材不得超过 5%； ②杂质，每 $1m^2$ 不得超过 $9mm^2$

高分子防水材料第 1 部分片材均质片的物理性能　　表 2-274

项目		指标										适用试验条目
		硫化橡胶类				非硫化橡胶类			树脂类			
		JL1	JL2	JL3	JL4	JF1	JF2	JF3	JS1	JS2	JS3	
断裂拉伸强度(MPa)	常温≥	7.5	6.0	6.0	2.2	4.0	3.0	5.0	10	16	14	5.3.2
	60℃≥	2.3	2.1	1.8	0.7	0.8	0.4	1.0	4	6	5	
扯断伸长率(%)	常温≥	450	400	300	200	450	200	200	200	550	500	
	－20℃≥	200	200	170	100	200	100	100	15	350	300	
撕裂强度(kN/m)≥		25	24	23	15	18	10	10	40	60	60	5.3.3
不透水性[a](MPa，30min 无渗漏)		0.3	0.3	0.2	0.2	0.3	0.2	0.2	0.3	0.3	0.3	5.3.4
低温弯折[b](℃)　≤		－40	－30	－30	－20	－20	－20	－20	－20	－35	－35	5.3.5
加热伸缩量(mm)	延伸　＜	2	2	2	2	2	4	4	2	2	2	5.3.6
	收缩　＜	4	4	4	4	4	6	10	6	6	6	
热空气老化(80℃×168h)	断裂拉伸强度保持率(%)≥	80	80	80	80	90	60	80	80	80	80	5.3.7
	扯断伸长率保持率(%)≥	70	70	70	70	70	70	70	70	70	70	
	100%伸长率外观	无裂缝	无裂缝	无裂缝	无裂缝	无裂缝	无裂缝	无裂缝	无裂缝	无裂缝	无裂缝	5.3.8

续表

项目		指标										适用试验条目
		硫化橡胶类				非硫化橡胶类			树脂类			
		JL1	JL2	JL3	JL4	JF1	JF2	JF3	JS1	JS2	JS3	
耐碱性 [10%Ca(OH)$_2$ 常温×168h]	断裂拉伸强度保持率(%)≥	80	80	80	80	80	70	70	80	80	80	5.3.9
	扯断伸长率保持率(%)≥	80	80	80	80	90	80	70	80	90	90	
臭氧老化[c] (40℃×168h)	伸长率 40%,500×10^{-8}	无裂缝	—	—	—	无裂缝	—	—	—	—	—	5.3.10
	伸长率 20%,500×10^{-8}	—	无裂缝	—	—	—	—	—	—	—	—	
	伸长率 20%,200×10^{-8}	—	—	无裂缝	—	—	—	—	无裂缝	无裂缝	无裂缝	
	伸长率 20%,100×10^{-8}	—	—	—	无裂缝	—	无裂缝	无裂缝	—	—	—	
人工候化	断裂拉伸强度保持率(%)≥	80	80	80	80	80	70	80	80	80	80	5.3.11
	扯断伸长率保持率(%)≥	70	70	70	70	70	70	70	70	70	70	
	100%伸长率外观	无裂缝	无裂缝	无裂缝	无裂缝	无裂缝	无裂缝	无裂缝	无裂缝	无裂缝	无裂缝	
粘合性能	无处理	自基准的偏移及剥离长度在5 mm以下,且无有害偏移及异状点										5.3.12
	热处理											
	碱处理											

注:1. 人工候化和粘合性能项目为推荐项目;

2. 采用说明:

a. 日本标准无此项。

b. 日本标准无此项。

c. 日本标准中规定臭氧浓度为75×10^{-8}。

高分子防水材料第1部分片材复合片的物理性能　　表2-175

项目		种类				适用试验条目
		硫化橡胶类	非硫化橡胶类	树脂类		
		FL	FF	FS1	FS2	
断裂拉伸强度(MPa)	常温≥	80	60	100	60	5.3.2
	60℃≥	30	20	40	30	
扯断伸长率(%)	常温≥	300	250	150	400	
	−20℃≥	150	50	10	10	
撕裂强度(kN/m)≥		40	20	20	20	5.3.3
不透水性[a](MPa,30min无渗漏)		0.3	0.3	0.3	0.3	5.3.4
低温弯折[b](℃)　≤		−35	−20	−30	−20	5.3.5

续表

项目		种类				适用试验条目
		硫化橡胶类 FL	非硫化橡胶类 FF	树脂类		
				FS1	FS2	
加热伸缩量(mm)	延伸 <	2	2	2	2	5.3.6
	收缩 <	4	4	2	4	
热空气老化(80℃×168h)	断裂拉伸强度保持率(%)≥	80	80	80	80	5.3.7
	扯断伸长保持率(%)≥	70	70	70	70	
耐碱性[10%$Ca(OH)_2$常温×168h]	断裂拉伸强度保持率(%)≥	80	60	80	80	5.3.9
	扯断伸长保持率(%)≥	80	60	80	80	
臭氧老化[c](40℃×168h)/200×10^{-8}		无裂缝	无裂缝	无裂缝	无裂缝	5.3.10
人工候化	断裂拉伸强度保持率(%)≥	80	70	80	80	5.3.11
	扯断伸长保持率(%)≥	70	70	70	70	
粘合性能	无处理	自基准的偏移及剥离长度在5mm以下，且无有害偏移及异状点				5.3.12
	热处理					
	碱处理					

注：1. 人工候化和粘合性能项目为推荐项目，带织物加强层的复合片不考核粘合性能；

2. 采用说明：

a. 日本标准无此项；

b. 日本标准无此项；

c. 日本标准中规定臭氧浓度为75×10^{-8}。

④ 三元丁橡胶防水卷材（JC/T 645—1996）。

技术性能详见表2-176～表2-179。

三元丁橡胶防水卷材的类型、规格及标记方法　　表2-176

类型	规格	代号	标记方法
产品按物理力学性能分为一等品(B)和合格品(C)	长度：10、20m 宽度：1000mm 厚度：1.2、1.5、2.0mm 其他长度、厚度规格可由供需双方协商确定	一等品(B)、合格品(C)	按下列顺序标记： 三元丁橡胶防水卷材名称、厚度、等级、标准编号顺序标记。如：厚度为1.2mm、一等品的三元丁橡胶防水卷材标记为：三元丁卷材1.2 B JC/T 645—1996

三元丁橡胶防水卷材产品尺寸允许偏差　　表2-177

项目	允许偏差	项目	允许偏差
厚度(mm)	±0.1	宽度(mm)	不允许出现负值
长度(m)	不允许出现负值		

注：1.2 mm厚规格不允许出现负值偏差。

三元丁橡胶防水卷材的外观要求 **表 2-178**

项　　目	要　　求
成卷卷材规整度	成卷卷材应卷紧卷齐，端面里进外出不得超过 10mm
卷材表面	卷材表面应平整，不允许有孔洞、缺边、裂口和夹杂物。 成卷卷材在环境温度为低温弯折性规定的温度以上时应易展开
卷材接头	每卷卷材的接头不应超过一个，较短的一段不应少于 2500mm，接头处应剪整齐，并加长 150mm。一等品中，有接头的卷材不得超过用量的 3%

三元丁橡胶防水卷材物理性能 **表 2-179**

产　品　等　级			一等品	合格品
不透水性	压力(MPa)	不小于	0.3	
	保持时间(min)	不小于	90，不透水	
纵向拉伸强度(MPa)		不小于	2.2	2.0
纵向断裂伸长率(%)		不小于	200	150
低温弯折性(−30℃)			无裂纹	
耐碱性	纵向拉伸强度的保持率(%)	不小于	80	
	纵向断裂伸长的保持率(%)	不小于	80	
热老化处理	纵向拉伸强度保持率(80℃±20℃，168h)(%)	不小于	80	
	纵向断裂伸长保持率(80℃±20℃，168h)(%)	不小于	70	
热处理尺寸变化率(80℃±2℃，168h)(%)		不大于	−4，+2	
人工加速气候老化 27 周期	外观		无裂纹，无气泡，不粘结	
	纵向拉伸强度的保持率(%)	不小于	80	
	纵向断裂伸长的保持率(%)	不小于	70	
	低温弯折性		−20℃，无裂缝	

⑤ 氯化聚乙烯-橡胶共混防水卷材（JC/T 684—1997)。

技术性能详见表 2-180～表 2-183。

氯化聚乙烯-橡胶共混防水卷材的类型、规格及标记方法 **表 2-180**

类　　型	规　　格	标　记　方　法
产品按物理力学性能分为 S 型、N 型两种类型	长度：20m 宽度：1000、1100、1200 mm 厚度：1.0、1.2、1.5、2.0 mm	按下列顺序标记： 产品名称、类型、厚度、标准号顺序标记。如：厚度为 1.5mmS 型氯化聚乙烯—橡胶共混防水卷材标记为：CPBR S1.5mm JC/T 684—1997

氯化聚乙烯—橡胶共混防水卷材产品尺寸允许偏差 **表 2-181**

厚度允许偏差(%)	宽度与长度允许偏差
+15 −10	不允许出现负值

氯化聚乙烯—橡胶共混防水卷材的外观要求　　表 2-182

项　　目	要　　求
成卷卷材规整度	成卷卷材应卷紧卷齐，端面里进外出不得超过 10mm
卷材表面	卷材表面应平整，每卷折痕不超过 2 处，总长不大于 20mm；不允许有大于 0.5mm 颗粒；胶块每卷不超过 6 处，每处面积不大于 $4mm^2$ 胶每卷不超过 6 处，每处不大于 7 mm^2，深度不超过卷材厚度的 30％
卷材接头	每卷不超过 1 处，短段不得少于 3000mm，并应加长 150mm，备作搭接

氯化聚乙烯—橡胶共混防水卷材物理性能　　表 2-183

序号	项　　目			指　　标	
				S 型	N 型
1	拉伸强度（MPa）		≥	7.0	5.0
2	断裂伸长率（％）		≥	400	250
3	直角形撕裂强度（kN/m）		≥	24.5	20.0
4	不透水性（30min）（MPa）			0.3	0.2
5	热老化保持率（80℃±2℃，168h）	拉伸强度（MPa）	≥	80	
		断裂伸长率（％）	≥	70	
6	脆性温度（℃）		≤	－40	－20
7	臭氧化（500×10^{-8}，168h×40℃），静态			伸缩缝 40％无裂纹	伸缩缝 20％无裂纹
8	粘结剥离强度（卷材与卷材）	（kN/m）	≥	2.0	
		浸水 168h，保持率（％）	≥	70	
9	热处理尺寸变化率（％）		≤	＋1、－2	＋2、－4

⑥ 高分子防水卷材胶粘剂（JC 863—2000）。

技术性能详见表 2-184～表 2-186。

高分子防水卷材胶粘剂的类型、规格及标记方法　　表 2-184

类　　型	品　　种	标　记　方　法
产品按固化机理分为单组分（Ⅰ）和双组分（Ⅱ）两个类型	产品按施工部位分为基底胶（J）、搭接胶（D）和通用胶（T）三个品种。 基底胶指用于卷材与防水基层粘结的胶粘剂。搭接胶指用于卷材与卷材粘结的胶粘剂。通用胶指兼有基底胶和搭接胶功能的胶粘剂	按下列顺序标记： 名称、类型、品种、标准号。名称中应包含配套卷材的名称。如：高分子防水卷材单组分基底胶粘剂标记为：高分子防水卷材用胶粘剂 IJ JC863—2000

高分子防水卷材胶粘剂的外观要求　　表 2-185

名　　称	要　　求
胶粘剂	经搅拌应为均匀液体，无杂质，无分散颗粒或凝胶

高分子防水卷材胶粘剂物理力学性能　　　表 2-186

序号	项目			技术要求		
				基层胶 J	搭接胶 D	通用胶 T
1	黏度(Pa. s)			规定值,±20%		
2	不挥发物含量			规定值[a]±2		
3	适用期[b](min) ≥			180		
4	剪切状态下的粘合性	卷材—卷材	标准试验条件(N/min) ≥	—	2.0	2.0
			热处理后保持率(80℃,168h)(%) ≥	—	70	70
			碱处理后保持率[10%$Ca(OH)_2$,168h](%) ≥	—	70	70
		卷材—基层	标准试验条件(N/min) ≥	1.8	—	1.8
			热处理后保持率(80℃,168 h)(%) ≥	70	—	70
			碱处理后保持率[10%$Ca(OH)_2$,168h](%) ≥	70	—	70
5	剥离强度[c]		标准试验条件(N/min) ≥	—	1.5	1.5
			浸水后保持率(168 h)(%) ≥	—	70	70

[a] 规定值是指企业标准、产品说明书或供需双方商定的指标量值；

[b] 仅适用于双组分产品，指标也可由供需双方协商确定；

[c] 剥离强度为强制性指标。

(2) 防水涂料

1) 沥青和改性沥青防水涂料

① 水乳型沥青防水涂料（JC/T 408—2005）。

技术性能详见表 2-187～表 2-189。

水乳型沥青防水涂料的类型、外观、标准试验条件、标记方法　　　表 2-187

类　型	外　观	标准试验条件	标　记　方　法
产品按性能分为 H 型和 L 型	样品搅拌后均匀无色差、无凝胶、无结块,无明显沥青丝	标准试验条件为:温度 23℃±2℃,相对湿度(60±15)%	按产品类型和标准号顺序标记。 如:H 型水乳型沥青防水涂料标记为:水乳型沥青防水涂料 H JC/T 408—2005

水乳型沥青防水涂料的物理性能　　　表 2-188

项　目		L	H
固体含量(%) ≥		45	
耐热度(℃)		80±2	110±2
		无流淌、滑动、滴落	
不透水性		0.10MPa/30min 无渗水	
粘结强度(MPa) ≥		0.30	
表干时间(h) ≤		8	
实干时间(h) ≤		24	
低组柔度[a](℃)	标准条件	−15	0
	碱处理	−10	5
	热处理		
	紫外线处理		
断裂伸长率(%)≥	标准条件	600	
	碱处理		
	热处理		
	紫外线处理		

[a] 供需双方可以商定温度更低的低温柔度指标。

水乳型沥青防水涂料的试件形状及数量　　表 2-189

项目		试件形状	数量(个)
耐热度		100mm×50mm	3
不透水性		150mm×150mm	3
粘结强度		8 字形砂浆试件	5
低温柔度	标准条件	10mm×25mm	3
	碱处理		3
	热处理		3
	紫外线处理		3
断裂伸长率	标准条件	符合 GB/T 528 规定的哑铃Ⅰ型	6
	碱处理		6
	热处理		6
	紫外线处理		6

② 皂液乳化沥青（JC/T 797—1984）（1996）。

技术性能详见表 2-190～表 2-191。

皂液乳化沥青的外观、检验规则　　表 2-190

外观	检验规则
常温时，为褐色或黑褐色液体，应无肉眼可见的沥青颗粒、硬的结块	(1)以生产厂每班的产量为一批，不足 1t 者可作一批计； (2)每批产品中任意选取 4 桶，在每桶中任意自不同部位（表面膜除外）取样 500mL，混合后达 2000mL 试样，供作各项物理性能和外观试验用； (3)所取样品在试验之前应密闭存放，并保持在试验室温度范围内； (4)试验用的各种仪器及度量工具在使用前应予校正； (5)试验结果符合各项性能指标时，该批产品即为合格；若有一项不符合指标时，应在该批产品中加倍重量取样进行单项复验，复验合格亦为合格品，复验不合格则该批产品为不合格； (6)在供需双方对产品质量发生争议时，可由双方同意并委托有关科研或试验单位按本标准规定的试验方法进行仲裁试验

皂液乳化沥青的物理性能　　表 2-191

项目		指标
固体含量：重量(%)	不小于	50.0
黏度：沥青标准黏度计，25℃，孔径 5mm，(s)	不小于	6
分水率：经 3500r/min，15min 后分离出水相体积占试样体积百分数(%)	不大于	25
粒度：沥青微滴粒平均直径(μm)	不大于	15
耐热性：80℃±2℃，5h，45°坡度(铝板基层)		无气泡，不滑动，不流淌
粘结力：(20℃)，(N/cm²)	不低于	29.43

③ 溶剂型橡胶沥青防水涂料（JC/T 852—1999）。

技术性能详见表 2-192、表 2-193。

溶剂型橡胶沥青防水涂料的类型、外观、标准试验条件、标记方法　　表 2-192

分类	外观	标准试验条件	标记方法
按产品的抗裂性、低温低柔性分为一等品(B)和合格品(C)	黑色、黏稠状、细腻、均匀胶状液体	标准试验条件为温度(23±2)℃	按下列顺序标记：产品名称、等级、标准号。 如：溶剂型橡胶沥青防水涂料 C JC/T 852—1999

溶剂型橡胶沥青防水涂料的物理力学性能　　表 2-193

项　　目		技术指标 一等品	技术指标 合格品
固体含量(%)　≥		48	
抗裂性	基层裂缝(mm)	0.3	0.2
	涂膜状态	无裂纹	
低温柔度(φ10mm,2h)(℃)		−15	−10
		无裂纹	
粘结性(MPa)　≥		0.2	
耐热性(80℃,5h)		无流淌、鼓泡、滑动	
不透水性(0.2MPa,30min)		不渗水	

④ 道桥用防水涂料（JC/T 975—2005）。

技术性能详见表 2-194～表 2-196。

道路用防水涂料的类型、外观、标准试验条件、标记方法　　表 2-194

分　类	外　观	标准试验条件	标记方法
产品按材料性质分为道桥用聚合物改性沥青防水涂料(PB),道桥用聚氨酯防水涂料(PU)、道桥用聚合物水泥防水涂料(JS); 道桥用聚合物改性沥青防水涂料按使用方式分为水性冷施工(L 型)、热熔施工(R 型)两种; 道桥用聚合物改性沥青防水涂料按性能分为Ⅰ、Ⅱ两类	L 型道桥用聚合物改性沥青防水涂料应为棕褐色或黑色液体,经搅拌后无凝胶、结块,呈均匀状态; R 型道桥用聚合物改性沥青防水涂料应为黑色块状物,无杂质; 道桥用聚氨酯防水涂料应为均匀黏稠体,经搅拌后无凝胶、结块,呈均匀状态	标准试验条件为温度 23℃±2℃;相对湿度(45±10)%	产品按名称、使用方法、类别和标准号顺序标记。 如:Ⅰ类道桥用水性聚合物改性沥青防水涂料标记为:道桥用防水涂料 PB LI JC/T 975—2005

道桥用防水涂料的通用性能　　表 2-195

序号	项　　目		PB Ⅰ	PB Ⅱ	PU	JB
1	固体含量[a](%)　≥		45	50	98	65
2	表干时间[a](h)　≤		4			
3	实干时间[a](h)　≤		8			
4	耐热度(℃)		140	160		160
			无流淌、滑动、滴落			
5	不透水性(0.3MPa,30min)		不透水			
6	低温柔度(℃)		−15	−25	−40	−10
			无裂纹			
7	拉伸强度(MPa)　≥		0.50	1.00	2.45	1.20
8	断裂延伸率(%)　≥		800		450	200
9	热处理	拉伸强度保持率(%)　≥	80			
		断裂延伸率(%)　≥	800		400	140
		低温柔性(℃)　≤	−10	−20	−35	−5
			无裂纹			
		质量增加(%)	2.0			
10	热老化	拉伸强度保持率(%)　≥	80			
		断裂延伸率(%)　≥	600		400	150
		低温柔性(℃)	−10	−20	−35	−5
			无裂纹			
		加热伸缩率(%)　≤	1.0			
		质量损失(%)　≤	1.0			
11	涂料与水泥混凝土粘结强度(MPa)　≥		0.40	0.60	1.00	0.70

[a] 不适用于 R 型道桥用聚合物改性沥青防水涂料。

道桥用防水涂料的应用性能　　　　表 2-196

序号	项　　目		PB		PU	JB
			Ⅰ	Ⅱ		
1	50℃剪切强度[a](MPa)	≥	0.15	0.20	0.20	
2	50℃粘结强度[a](MPa)	≥	0.050			
3	热碾压后抗渗性		0.1MPa,30min 不透水			
4	接缝变形能力		10000 循环无破坏			

[a] 供需双方根据需要可以采用其他温度。

⑤ 路桥用水性沥青基防水涂料（JC/T 535-2004）。

技术性能详见表 2-197、表 2-198。

路桥用水性沥青基防水涂料的类型、外观、代号、标记方法　　　　表 2-197

分　类	外　观	代　　号	标记方法
(1)产品按其采用的化学乳化剂不同分为: a)氯丁胶乳沥青防水涂料; b)用其他化学剂配制的乳化沥青防水涂料。 (2)产品按其质量分为Ⅰ型和Ⅱ型两种: a)Ⅰ型:适用于热拌沥青混凝土路桥面; b)Ⅱ型:适用于沥青玛蹄脂(SMA)沸凝土路桥面	路桥用水性沥青基防水涂料搅拌后应为黑色或蓝褐色均质液体,搅拌棒上不粘附任何明显颗粒	氯丁胶乳沥青防水涂料:AE-1; 用其他化学剂配制的乳化沥青防水涂料:AE-2	产品按标准代号、无处理时的延伸性、品种代号和产品名称顺序标记。 如:氯丁胶乳沥青防水涂料,其无处理时延伸性不小于 5mm,标记为:水性沥青基防水涂料 AE-1-5 JT/T 535—2004

路桥用水性沥青基防水涂料的性能指标　　　　表 2-198

项　　目		类　　型	
		Ⅰ	Ⅱ
外观		路桥用水性沥青基防水涂料搅拌后应为黑色或蓝褐色均质液体,搅拌棒上不粘附任何明显颗粒	
固体含量(%)		≥45	
延伸率(mm)	无处理	≥5.5	≥6.0
	处理后	≥3.5	≥4.5
柔韧性(℃)		−15±2	−20±2
		无裂纹、断裂	
耐热性(℃)		140±2	160±2
		无流淌和滑动	
粘结性(MPa)		≥0.4	
不透水性		0.3MPa,30min 不渗水	
抗冻性,−20℃		20 次不开裂	
耐腐蚀性	耐碱(20℃)	$Ca(OH)_2$中浸泡 15d 无异常	
	耐盐水(20℃)	3%盐水中浸泡 15d 无异常	
干燥性,25℃	表干	≤4h	
	实干	≤12h	
高温抗剪(60℃)(MPa)		0.16	
抗硌破及渗水		暴露轮碾试验(0.7MPa,100 次)后,0.3MPa 水压下不渗水	
人工气候加速老化	外观	无滑动、流淌、滴落	
	纵向拉力保持率(%)	≥80	
	低温柔度(℃)	−3	−10
		无裂纹	

注:试件参考涂布量与施工用量相同:1.5～2.5kg/m^2。

2）高分子防水涂料

① 聚氨酯防水涂料（GB/T 19250—2003）。

技术性能详见表 2-199～表 2-201。

聚氨酯防水涂料的类型、外观、标准试验条件、标记方法　　表 2-199

分　类	外　观	标准试验条件	标 记 方 法
产品按组分分为单组分(s)、多组分(M)两种； 产品按拉伸性能分为Ⅰ、Ⅱ两类	本标准包括的产品不应对人体、生物与环境造成有害的影响，所涉及与使用有关的安全与环保要求，应符合我国相关国家标准和规范的规定；产品为均匀黏稠体，无凝胶、结块	标准试验条件为温度 23℃±2℃；相对湿度(60±15)％	按产品名称、组分、类型和标准号顺序标记。如：Ⅰ类型单组分聚氨酯防水涂料标记为：PU 防水涂料 SI GB/T 19250—2003

聚氨酯防水涂料单组分物理性能　　表 2-200

序　号	项　　目			Ⅰ	Ⅱ
1	拉伸强度(MPa)		≥	1.9	2.45
2	断裂伸长率(％)		≥	550	450
3	撕裂强度(N/mm)		≥	12	14
4	低温弯折性(℃)		≤	－40	
5	不透水性(0.3MPa，30min)			不透水	
6	固体含量(％)		≥	80	
7	表干时间(h)		≤	12	
8	实干时间[a](h)		≤	24	
9	加热伸缩率(％)		≤	1.0	
			≥	－4.0	
10	潮湿基面粘结强度[a](％)		≥	0.50	
11	定伸时老化	加热老化		无裂纹及变形	
		人工气候老化[b]		无裂纹及变形	
12	热处理	拉伸强度保持率(％)		80～150	
		断裂伸长率(％)	≥	500	400
		低温弯折性(℃)	≤	－35	
13	碱处理	拉伸强度保持率(％)		60～150	
		断裂伸长率(％)	≥	500	400
		低温弯折性(℃)	≤	－35	
14	酸处理	拉伸强度保持率(％)		80～150	
		断裂伸长率(％)	≥	500	400
		低温弯折性(℃)	≤	－35	
15	人工气候老化[b]	拉伸强度保持率(％)		80～150	
		断裂伸长率(％)	≥	500	400
		低温弯折性(℃)	≤	－35	

[a] 仅用于地下工程潮湿基面时要求。

[b] 仅用于外露使用的产品。

聚氨酯防水涂料多组分物理性能 **表 2-201**

序 号	项 目			Ⅰ	Ⅱ
1	拉伸强度(MPa)		≥	1.9	2.45
2	断裂伸长率(%)		≥	450	450
3	撕裂强度(N/mm)		≥	12	14
4	低温弯折性(℃)		≤	−35	
5	不透水性(0.3MPa,30min)			不透水	
6	固体含量(%)		≥	92	
7	表干时间(h)		≤	8	
8	实干时间[a](h)		≤	24	
9	加热伸缩率(%)		≤	1.0	
			≥	−4.0	
10	潮湿基面粘结强度[a](%)		≥	0.50	
11	定伸时老化	加热老化		无裂纹及变形	
		人工气候老化[b]		无裂纹及变形	
12	热处理	拉伸强度保持率(%)		80～150	
		断裂伸长率(%)	≥	400	
		低温弯折性(℃)	≤	−30	
13	碱处理	拉伸强度保持率(%)		60～150	
		断裂伸长率(%)	≥	400	
		低温弯折性(℃)	≤	−30	
14	酸处理	拉伸强度保持率(%)		80～150	
		断裂伸长率(%)	≥	400	
		低温弯折性(℃)	≤	−30	
15	人工气候老化[b]	拉伸强度保持率(%)		80～150	
		断裂伸长率(%)	≥	400	
		低温弯折性(℃)	≤	−30	

[a] 仅用于地下工程潮湿基面时要求；

[b] 仅用于外露使用的产品。

② 聚氯乙烯弹性防水涂料（JC/T 674—1997)。

技术性能详见表 2-202、表 2-203。

聚氯乙烯弹性防水涂料的类型、外观、标准试验条件、标记方法 **表 2-202**

分 类	外 观	标准试验条件	标 记 方 法
产品按施工方式分为热塑型(J 型)和热熔型(G 型)两种类型； 产品按耐热和低温性能分为 801 和 802 两个型号； “80”代表耐热温度为 80℃，“1”、“2”代表低温柔性温度，分别为“−10℃”、“−20℃”	J 型防水涂料应为黑色均匀黏稠状物，无结块、无杂质； G 型防水涂料应为黑色块状物，无焦渣等杂物，无流淌现象	标准试验条件为温度 20℃±2℃；相对湿度 45%～60%	按产品名称、类型、型号和标准号顺序标记。 如：PVC 防水涂料 1801 JC/T 674—1997

聚氯乙烯弹性防水涂料的物理力学性能 **表 2-203**

序号	项目		技术指标	
			801	802
1	密度(g/cm^3)		规定值[a]±0.1	
2	耐热性(80℃,5h)		无流淌、起泡和滑动	
3	低温柔性(℃,ϕ20mm)		−10	−20
			无裂纹	
4	断裂延伸率(%),不小于	无处理	350	
		加热处理	280	
		紫外线处理	280	
		碱处理	280	
5	恢复率(%),不小于		70	
6	不透水性(0.1 MPa)不小于		不渗水	
7	粘结强度(MPa)不小于		0.20	

[a] 规定值是指企业标准或产品说明所规定的密度值。

③ 聚合物乳液建筑防水涂料(JC/T 864—2000)。

技术性能详见表 2-204、表 2-205。

聚合物乳液建筑防水涂料的类型、外观、标准试验条件、标记方法 **表 2-204**

分类	外观	标准试验条件	标记方法
产品按物理性能分为Ⅰ类和Ⅱ类。 代号:PEW	产品搅拌后无结块、呈均匀状态	标准试验条件为温度 23℃±2℃;相对湿度 45%~70%	按产品代号、类型、标准号顺序标记。 如:Ⅰ类聚合物乳液建筑防水涂料标记为:PEW Ⅰ JC/T 864—2000

聚合物乳液建筑防水涂料的物理力学性能 **表 2-205**

序号	项目			技术指标	
				Ⅰ类	Ⅱ类
1	拉伸强度(MPa)		≥	300	300
2	断裂延伸率(%)		≥	无流淌、起泡和滑动	
3	低温柔性(℃,绕 ϕ10mm 棒)			−10	−20
				无裂纹	
4	不透水性(0.3MPa,0.5h)			不透水	
5	固体含量(%)			65	
6	干燥时间(h)	表干时间	≤	4	
		实干时间	≤	8	
7	老化处理后的拉伸强度保持率(%)	加热处理	≥	80	
		紫外线处理	≥	80	
		碱处理	≥	60	
		酸处理	≥	40	
8	老化处理后的断裂延伸率(%)	加热处理	≥	200	
		紫外线处理	≥	200	
		碱处理	≥	200	
		酸处理	≥	200	
9	加热伸缩率(%)	伸长	≤	1.0	
		缩短	≤	1.0	

④ 聚合物水泥防水涂料（JC/T 894—2001）。

技术性能详见表 2-206、表 2-207。

聚合物水泥防水涂料的类型、外观、标准试验条件、标记方法　　表 2-206

分　类	外　观	标准试验条件	标 记 方 法
产品分为Ⅰ型和Ⅱ型两种。 Ⅰ型：以聚合物为主的防水涂料； Ⅱ型：以水泥为主的防水涂料	产品的两组分经分别搅拌后，其液体组分应为无杂质、无凝胶的均匀乳液；固体组分应为无杂质、无结块的粉末	标准试验条件为温度 23℃±2℃；相对湿度 45%～70%	按产品代号、类型、标准号顺序标记。 如：Ⅰ类聚合物水泥防水涂料标记为：JS Ⅰ JC/T 894—2001

聚合物水泥防水涂料的物理力学性能　　表 2-207

序号	项　目			技术指标	
				Ⅰ型	Ⅱ型
1	固体含量(%)		≥	65	
2	干燥时间(h)	表干时间	≤	4	
		实干时间	≤	8	
3	拉伸强度	无处理(MPa)	≥	1.2	1.8
		加热处理后保持率(%)	≥	80	80
		碱处理后保持率(%)	≥	70	80
		紫外线处理后保持率(%)	≥	80	80[a]
4	断裂伸长率	无处理(%)	≥	200	80
		加热处理(%)	≥	150	65
		碱处理(%)	≥	140	65
		紫外线处理(%)	≥	150	65[a]
5	低温柔性(绕 ϕ10mm 棒)			10℃无裂纹	—
6	不透水性(0.3MPa，30min)			不透水	不透水[a]
7	潮湿基面粘结强度(MPa)		≥	0.5	1.0
8	抗渗性(背水面)[b](MPa)			—	0.6

[a] 如产品用于地下工程，该项目可不测试；

[b] 如产品用于地下防水工程，该项目可不测试。

（3）防水密封材料

1）不定性密封材料

① 建筑用硅酮结构密封胶（GB 16776—2005）。

技术性能详见表 2-208、表 2-209。

建筑用硅酮结构密封胶的类型、外观、类别代号、标记方法　　表 2-208

分　类	外　观	标准试验条件	标 记 方 法
产品分单组分和双组分型，用组成产品的组分数字标记	产品应为细腻、均匀膏状物，无结块、凝胶、结皮及不易迅速分散的析出物； 双组分结构胶的两组分颜色应有明显区别	按产品适用基材分以下类别，用代号表示： 金属　M 水泥砂浆、混凝土　C 玻璃　G 其他　Q	按产品基础聚合物、型别、适用基材类别、标准号标记： 如适用于金属、玻璃、混凝土的双组分结构胶，标记为：SR-2　MCG　GB 16776—1997

建筑用硅酮结构密封胶的物理力学性能 **表 2-209**

序号	项目			技术指标
1	下垂度	垂直放置/mm		≤3
		水平放置		不变形
2	挤出性[a](s)			≤10
3	适用期[b](min)			≥20
4	表干时间(h)			≤3
5	硬度(Shore A)			20～60
6	拉伸粘结性	拉伸粘结强度(MPa)	23℃	≥0.60
			90℃	≥0.45
			−30℃	≥0.45
			浸水后	≥0.45
			水-紫外线光照后	≥0.45
		粘结破坏面积(%)		≤5
		23℃时最大拉伸强度时伸长率(%)		≥100
7	热老化	热失重(%)		≤10
		龟裂		无
		粉化		无

[a] 仅适用于单组分产品。
[b] 仅适用于双组分产品。

② 硅酮建筑密封胶（GB/T 14683—2003）。

技术性能详见表 2-210～表 2-213。

硅酮建筑密封胶的类型、外观、标准试验条件、标记方法 **表 2-210**

分类	外观	标准试验条件	标记方法
产品按固化机理分为两种类型： A 型-脱酸(酸性)； B 型-脱醇(中性) 产品按用途分为两种类型： G 类-镶装玻璃用； F 类-建筑接缝用	产品应为细腻、均匀膏状物，不应有气泡、结皮和凝胶； 产品的颜色与供需双方商定的样品相比，不得有明显差异	标准试验条件为：温度 23℃±2℃，相对湿度(23±5)%	按产品名称、类型、类别、级别、次级别和标准号顺序标记。 如：镶装玻璃用 25 级高模量酸性硅酮建筑密封胶的标记为：硅酮建筑密封胶 AG 25HM GB/T 14683—2003

硅酮建筑密封胶的级别及性能 **表 2-211**

级别	试验拉压幅度(%)	位移能力(%)
25	±25	±25
20	±20	±20

硅酮建筑密封胶的理化性能 **表 2-212**

序号	项目		技术指标			
			25HM	20HM	25LM	20LM
1	密度(g/cm³)		规定值±0.1			
2	下垂度(mm)	垂直	≤3			
		水平	无变形			
3	表干时间(h)		≤3[a]			
4	挤出性(mL/min)		≥80			
5	弹性恢复率(%)		≥80			
6	拉伸模量(MPa)	23℃ −20℃	>0.4 或>0.6		≤0.4 和≤0.6	
7	定伸粘结性		无破坏			
8	紫外线辐射后粘结性[b]		无破坏			
9	冷拉-热压后粘结性		无破坏			
10	浸水后定伸粘结性		无破坏			
11	质量损失率(%)		≤10			

[a] 允许采用供需双方商定的其他指标值；
[b] 此项仅适用于 G 类产品。

硅酮建筑密封胶的粘结试件数量和处理条件　　表 2-213

序号	项目		试件数量(个)		处理条件
			试验组	备用组	
1	弹性恢复率		3	—	GB/T 13477.17—2002 8.1　A法
2	拉伸模量	23℃	3	—	GB/T 13477.8—2002 8.2　A法
		−20℃	3	—	
3	定伸粘结性		3	3	GB/T 13477.10—2002 8.2　A法
4	紫外线辐照后粘结性		3	3	GB/T 13477.8—2002 8.2　A法
5	冷拉-热压后粘结性		3	3	GB/T 13477.13—2002 8.1　A法
6	浸水后定伸粘结性		3	3	GB/T 13477.11—2002 8.1　A法

③ 建筑防水沥青嵌缝油膏（JC/T 2007—1996）。

技术性能详见表 2-214、表 2-215。

建筑防水沥青嵌缝油膏的类型、外观、标准试验条件　　表 2-214

分类	外观	标准试验条件
产品按耐热性和低温柔性分为702和801两个标号	产品应为黑色均匀膏状，无结块和未浸透的填料	标准试验条件为：温度 25℃±2℃，相对湿度(50±5)%

建筑防水沥青嵌缝油膏的理化性能　　表 2-215

序号	项目			技术指标	
				702	801
1	密度(g/cm³)			规定值±0.1	
2	施工度(mm)		≥	22.0	20.0
3	耐热性	温度(℃)		70	80
		下垂值(mm)	≤	4.0	
4	低温柔性	温度(℃)		−20	−10
		粘结状况		无裂缝和剥离现象	
5	拉伸粘结性(%)		≥	125	
6	浸水后拉伸粘结性(%)		≥	125	
7	渗水性	渗出幅度(mm)	≤	5	
		渗出张数	≤	4	
8	挥发性(%)		≤	2.8	

注：规定值由厂方提供或供需双方商定。

④ 聚氨酯建筑密封胶（JC/T 482—2003）。

技术性能详见表 2-216、表 2-217。

聚氨酯建筑密封胶的类型、外观、标准试验条件、标记方法　　表 2-216

分类	外观	标准试验条件	标记方法
品种： 聚氨酯建筑密封胶产品按包装形式分为单组分(Ⅰ型)和多组分(Ⅱ型)两个品种； 类型： 产品按流动性分为非下垂型(N)和自流平型(L)两个类型；级别： 产品按位移能力分为25、20两个级别； 次级别： 产品按拉伸模量分为高模量(HM)和低模量(LM)两个次级别	产品应为细腻、均匀膏状物或黏稠液，不应有气泡；产品的颜色与供需双方商定的样品相比，不得有明显差异。多组分产品各组分的颜色间应有明显差异	标准试验条件为：温度 23℃±2℃，相对湿度(50±2)%	产品按名称、品种、类型、级别、次级别、标准号顺序标记。 如：25级低模量单组分非下垂型聚氨酯建筑密封胶的标记为：聚氨酯建筑密封胶 IN25LM JC/T 482—2003

聚氨酯建筑密封胶的理化性能 **表 2-217**

序号	项目		技术指标		
			20HM	25LM	20LM
1	密度(g/cm^3)		规定值±0.1		
2	流变性	下垂度(N型)(mm)	≤3		
		流平性(L型)	光滑平整		
3	表干时间(h)		≤24		
4	挤出性[a](mL/min)		≥80		
5	适用期[b](h)		≥1		
6	弹性恢复率(%)		≥70		
7	拉伸模量(MPa)	23℃	>0.4或>0.6	≤0.4或≤0.6	
		−20℃			
8	定伸粘结性(%)		无破坏		
9	浸水后定伸粘结性		无破坏		
10	冷拉-热压后粘结性		无破坏		
11	质量损失率(%)		≤7		

[a] 此项仅适用于单组分产品；

[b] 此项仅适用于多组分产品，允许采用供据双方商定的其他指标值。

⑤ 聚硫建筑密封膏（JC/T 483—1992）(1996)。

技术性能详见表 2-218、表 2-219。

聚硫建筑密封膏的类型、外观、标准试验条件 **表 2-218**

分类	外观	标准试验条件	标记方法
产品类别按伸长率和模量分为A类和B类： A类：指高模量低伸长率的聚硫密封膏； B类：指高伸长率低模量的聚硫密封膏。 产品型别按流变性分为N型和L型： N型：指用于水平接缝能自动流平形成光滑平整表面的自流平型	外观应为均匀膏状物、无结皮结块、无不易分散的析出物，两组分应有明显色差。 密封膏颜色与供需双方商定的颜色不得有明显差异	标准试验条件为：温度23℃±2℃，相对湿度45%～55%	产品按名称、拉伸-压缩循环性能级别、类型、型别、本标准号顺序标记： 如：PS 8020 BN JC/T 483—1992

聚硫建筑密封膏的理化性能 **表 2-219**

序号	项目			A类		B类		
				一等品	合格品	优等品	一等品	合格品
1	密度(g/cm^3)			规定值±0.1				
2	适用期(h)			20～6				
3	表干时间(h)		不大于	24				
4	渗出性指数		不大于	4				
5	流变性	下垂度(N型)(mm)	不大于	3				
		流平性(L型)		光滑平整				
6	低温柔性(℃)			−30		−40	−30	
7	拉伸粘结性	最大拉伸强度(MPa)	不小于	1.2	0.8	0.2		
		最大伸长率(%)	不小于	100		400	300	200
8	恢复率(%)		不小于	90		80		
9	拉伸-压缩循环性能(%)	级别		8020	7010	9030	8020	7010
		粘结破坏面积(%)	不大于	25				
10	加热失重(%)		不大于	10		6	10	

⑥ 丙烯酸酯建筑密封膏 [JC/T 484—1992 (1996)]。

技术性能详见表 2-220、表 2-221。

丙烯酸酯建筑密封膏的外观、标准试验条件　　表 2-220

外　观	标准试验条件	标记方法
外观应为无结块、无离析的均匀细腻的膏状体	标准试验条件为：温度 23℃±2℃，相对湿度 45%～55%	产品按名称、拉伸-压缩循环性能级别、本标准号顺序标记。 如：AC 7010 B N JC484。

丙烯酸酯建筑密封膏的理化性能　　表 2-221

序号	项　目			技术指标		
				优等品	一等品	合格品
1	密度(g/cm^3)			规定值±0.1		
2	挤出性(mL/min)		不小于	100		
3	表干时间(h)		不大于	24		
4	渗出性指教		不大于	3		
5	下垂度(mm)		不大于	3		
6	初期耐水性			未见浑浊液		
7	低温贮存稳定性			未见凝固、离析现象		
8	收缩率(%)		不大于	30		
9	低温柔性(℃)			−40	−30	−20
10	拉伸粘结性	最大拉伸强度(MPa)				
		最大伸长率(%)	不小于	400	250	150
11	恢复率(%)		不小于	75	70	65
12	拉伸-压缩循环性能	级别		7020	7010	7005
		粘结破坏面积(%)	不大于	25		

⑦ 建筑窗用弹性密封剂 [JC/T 485—1992 (1996)]。

技术性能详见表 2-222～表 2-225。

建筑窗用弹性密封剂的分类　　表 2-222

系列代号	密封剂基础聚合物	系列代号	密封剂基础聚合物
SR	硅酮聚合物	AC	丙烯酸酯聚合物
MS	改性硅酮聚合物	BU	丁基橡胶
PS	聚硫橡胶	CR	氯丁橡胶
PU	聚氨基甲酸酯	SB	丁苯橡胶

建筑窗用弹性密封剂的级别、型别、外观、标准试验条件、标记方法　　表 2-223

级　别	型　别	外　观	标准试验条件	标记方法
按产品允许承受接缝位移能力，分为1级(±30%)，2级(±20%)，3级(±5%～±10%)三个级别	按产品适用季节分型： S型-夏季施工型； W型-冬期施工型； A型-全年施工型	密封剂不应有结块、凝胶、结皮及不易迅速均匀分散的析出物；颜色应与供需双方商定样品相符，双组分密封剂两个组分的颜色应有明显差别	标准试验条件为：温度 23℃±2℃，相对湿度 45%～55%	产品按系列、级别、类别、型别、品种、本标准号顺序标记。如：SR-1-MCG-A-K JC/T 485

建筑窗用弹性密封剂的品种 表 2-224

品种代号	固化形式	品种代号	固化形式
K	湿气固化，单组分	Y	溶剂挥发固化，单组分
E	水乳液干燥固化，单组分	Z	化学反应固化，多组分

建筑窗用弹性密封剂的物理力学性能 表 2-225

序号	项目			技术指标		
				1级	2级	3级
1	密度(g/cm³)		不大于	规定值±0.1		
2	挤出性(mL/min)		不小于	50		
3	适用期(h)		不大于	3		
4	表干时间(h)		不大于	24	48	72
5	下垂度(mm)		不大于	2	2	2
6	拉伸粘结性能(MPa)		不大于	0.40	0.50	0.60
7	低温贮存稳定性[a]			无凝胶、离析现象		
8	初期耐水性[a]			不产生浑浊		
9	污染性[a]			不产生污染		
10	热空气-水循环后定伸性能(%)			200	160	125
11	水-紫外线辐射后定伸性能(%)			200	160	125
12	低温柔性(℃)			−30	−20	−10
13	热空气-水循环后弹性恢复率(%)		不小于	60	30	5
14	拉伸-压缩循环性能	级别		9030	8020 7020	7010 7005
		粘结破坏面积(%)	不大于	25		

[a] 仅适用于E品种密封剂。

⑧ 聚氯乙烯建筑防水接缝材料（JC/T 798—1997）。

技术性能详见表 2-226、表 2-227。

聚氯乙烯建筑防水接缝用密封胶的分类、型号、外观、标准试验条件、标记方法

表 2-226

级别	型号	外观	标准试验条件	标记方法
产品按施工工艺分为两种类型： J型：是指用热塑法施工的产品，俗称聚氯乙烯胶泥； G型：是指用热熔法施工的产品，俗称塑料油膏	产品按耐热性80℃和低温柔性−10℃为801和耐热性80℃和低温柔性−20℃为802两个型号	J型PVC接缝材料为均匀黏稠状物，无结块，无杂质； G型PVC接缝材料为黑色块状物，无焦渣等杂物、无流淌现象	标准试验条件为：温度20℃±2℃，相对湿度45%~55%	产品按名称、类型、型号、标准号顺序标记。 如：PVC J802 JC/T 798—1997

聚氯乙烯建筑防水接缝用密封胶的物理力学性能　　　表 2-227

序号	项目			技术指标	
				801	802
1	密度(g/cm^3)			规定值±0.1[a]	
2	下垂度(mm,80℃)		不大于	4	
3	低温柔性	温度(℃)		−10	−20
		柔性		无裂缝	
4	拉伸粘结性	最大抗拉强度(MPa)		0.02～0.15	
		最大延伸率(%)	不小于	300	
5	浸水拉伸性	最大抗拉强度(MPa)		0.02～0.15	
		最大延伸率(%)	不小于	250	
6	恢复率[b](%)			80	
7	弹性恢复率(%)			3	

[a] 规定值是指企业标准或产品说明书所规定的密度值；

[b] 挥发率仅限于G型PVC接缝材料。

⑨ 混凝土建筑接缝用密封胶（JC/T 881—2001）。

技术性能详见表2-228、表2-229。

混凝土建筑接缝用密封胶的分类、外观、标准试验条件、标记方法　　　表 2-228

分类	外观	标准试验条件	标记方法
品种： 产品分为单组分(Ⅰ)和多组分(Ⅱ)两个品种： 类型： 产品按流动性分为非下垂型(N)和自流平型(S)两个类型； 级别： 产品按位移能力分为25、20、12.5、7.5四个级别 次级别： 25级和20级密封胶按拉伸模量分为低模量(LM)和高模量(HM)两个次级别； 12.5级密封胶按弹性恢复率又分为弹性两个次级别,恢复率不小于40%的密封胶为弹性密封胶(E),恢复率小于40%的密封胶为塑性密封胶(P)； 25级、20级和12.5E级密封胶称为弹性密封,12.5P级和7.5P级密封胶称为塑性密封胶	密封胶应为细腻、均匀膏状物或黏稠液体,不应有气泡、结皮或凝胶； 密封胶的颜色与供需双方商定的样品相比,不得有明显差异。多组分密封胶各组分的颜色应有明显差异； 密封胶适用期和表干时间指标由供需双方商定	标准试验条件为:温度23℃±2℃,相对湿度(50±5)%	产品按名称、品种、类型、级别、次级别、标准号顺序标记。 如:混凝土建筑接缝用密封胶 Ⅰ N 25 LM JC/T881-2001

混凝土建筑接缝用密封胶的物理力学性能　　　表 2-229

序号	项目			25LM	25HM	20LM	20HM	12.5E	12.5P	7.5P
1	流动性	下垂度(N型)(mm)	垂直	≤3						
			水平	≤3						
		流平性(S型)		光滑平整						
2	挤出性(mL/min)			≥80						
3	弹性恢复率(%)			≥80		≥60		≥40	<40	<40
4	拉伸黏结性	拉伸模量(MPa)	23℃～	≤0.4和	≤0.4或	≤0.4和	≤0.4或	—		
			20℃	≤0.6	≤0.6	≤0.6	≤0.6	—		
		断裂伸长率(%)		—					≥100	≥20
5	定伸粘结性			无破坏					—	
6	浸水后定伸粘结性			无破坏					—	
7	热压·冷拉后的粘结性			无破坏					—	
8	拉伸-压缩后的粘结性			—					无破坏	
9	浸水后断裂伸长率(%)			—					≥100	≥20

⑩ 幕墙玻璃接缝用密封胶（JC/T 882—2001）。

技术性能详见表 2-230～表 2-232。

幕墙玻璃接缝用密封胶的品种、外观、标准试验条件、标记方法　　表 2-230

分类	外观	标准试验条件	标记方法
密封胶分为单组分（Ⅰ）和多组分（Ⅱ）两个品种	产品应为细腻、均匀膏状物，不应有气泡、结皮和凝胶；产品的颜色与供需双方商定的样品相比，不得有明显差异。多组分密封胶各组分的颜色应有明显差异	标准试验条件为：温度 23℃±2℃，相对湿度(50±5)％	按产品名称、品种、级别、次级别和标准号顺序标记。如：幕墙玻璃接缝用密封胶的标记为：幕墙玻璃接缝密封胶 Ⅰ 25LM JC/T 882—2001

幕墙玻璃接缝用密封胶的级别、拉压幅度、位移能力　　表 2-231

级别	试验拉压幅度	位移能力
25	±25	25
20	±20	20

幕墙玻璃接缝用密封胶的物理力学性能　　表 2-232

序号	项目		技术指标			
			25LM	25HM	20LM	20HM
1	下垂度(mm)	垂直	≤3			
		水平	无变形			
2	挤出性(mL/min)		≥80			
3	表干时间(h)		≤3			
4	弹性恢复率(％)		≥80			
5	拉伸模量(MPa)	标准条件	≤0.4 和	>0.4 或	≤0.4 和	>0.4 或
		－20℃	≤0.6	>0.6	≤0.6	>0.6
6	定伸粘结性		无破坏			
7	热压-冷拉后粘结性		无破坏			
8	浸水光照后的定伸粘结性		无破坏			
9	质量损失率(％)		≤10			

⑪ 石材用建筑密封胶（JC/T 883—2001）。

技术性能详见表 2-233～表 2-235。

材用建筑密封胶的品种、外观、标准试验条件、标记方法　　表 2-233

分类	外观	标准试验条件	标记方法
密封胶按聚合物区分，如： 硅酮类—代号 SR； 聚氨酯类—代号 PU； 聚硫类—代号 PS； 硅酮改性类—代号 MS 等。 密封胶按组分分为单组分（Ⅰ）和多组分（Ⅱ）	产品应为细腻、均匀膏状物，不应有气泡、结皮和凝胶；产品的颜色与供需双方商定的样品相比，不得有明显差异。多组分密封胶各组分的颜色应有明显差异。密封胶适用期指标由供需双方商定（仅适用于多组分）	标准试验条件为：温度 23℃±2℃，相对湿度(50±5)％	按产品名称、品种、级别、次级别和标准号顺序标记。如：石材用建筑密封胶的标记为：石材用建筑密封 ISR 25 HM JC/T 883—2001

石材用建筑密封胶的级别　　表 2-234

级　别	试验拉压幅度	位移能力
25	±25	25
20	±20	20
12.5	±12.5	12.5

石材用建筑密封胶的物理力学性能　　表 2-235

序号	项　目		技术指标				
			25LM	25HM	20LM	20HM	12.5E
1	下垂度(mm)	垂直	3				
		水平	无变形				
2	表干时间(h) ≤		3				
3	挤出性(mL/min) ≥		80				
4	弹性恢复率(%) ≥		80		80		40
5	拉伸模量(MPa)	标准条件	≤0.4 和	>0.4 或	≤0.4 和	>0.4 或	—
		−20℃	≤0.6	>0.6	≤0.6	>0.6	
6	定伸粘结性		无破坏				
7	浸水后的定伸粘结性		无破坏				
8	热压-冷拉后粘结性		无破坏				
9	污染性	污染深度(mm) ≤	1.0				
		污染宽度(mm) ≤					
10	紫外线处理		表面无粉化、龟裂，−25℃无裂纹				

⑫ 彩色涂层钢板用建筑密封胶（JC/T 884—2001）。

技术性能详见表 2-236～表 2-238。

彩色涂层钢板用建筑密封胶的品种、外观、标准试验条件、标记方法　　表 2-236

分　类	外　观	标准试验条件	标记方法
密封胶按聚合物区分，如： 硅酮类—代号 SR； 聚氨酯类—代号 PU， 聚硫类—代号 PS； 硅酮改性类—代号 MS 等。 密封胶按组分分为单组分(Ⅰ)和多组分(Ⅱ)	产品应为细腻、均匀膏状物，不应有气泡、结皮和凝胶； 产品的颜色与供需双方商定的样品相比，不得有明显差异。多组分密封胶各组分的颜色应有明显差异。 密封胶适用期指标由供需双方商定(仅适用于多组分)	标准试验条件为：温度 23℃±2℃，相对湿度(50±5)%	按产品名称、品种、级别、次级别和标准号顺序标记。 如：彩色涂层钢板用建筑密封胶的标记为：彩色涂层钢板用建筑密封 ISR 25 HM JC/T 884—2001

彩色涂层钢板用建筑密封胶的级别　　表 2-237

级　别	试验拉压幅度	位移能力
25	±25	25
20	±20	20
12.5	±12.5	12.5

彩色涂层钢板用建筑密封胶的物理力学性能　　　表 2-238

序号	项目		技术指标				
			25LM	25HM	20LM	20HM	12.5E
1	下垂度(mm)	垂直	3				
		水平	无变形				
2	表干时间(h)	≤	3				
3	挤出性(mL/min)	≥	80				
4	弹性恢复率(%)	≥	80		60		40
5	拉伸模量(MPa)	23℃ −20℃	≤0.4 和 ≤0.6	>0.4 或 >0.6	≤0.4 和 ≤0.6	>0.4 或 >0.6	—
6	定伸粘结性		无破坏				
7	浸水后的定伸粘结性		无破坏				
8	热压-冷拉后粘结性		无破坏				
9	剥离粘结性	剥离强度(N/mm) ≥	1.0				
		结面破坏面积 ≤	25				
10	紫外线处理		表面无粉化、龟裂，−25℃无裂纹				

⑬ 建筑用防霉密封胶（JC/T 885—2001）。

技术性能详见表 2-239、表 2-240。

建筑用防霉密封胶的分类、外观、标准试验条件、标记方法　　　表 2-239

分　　类	外　　观	标准试验条件	标 记 方 法
产品类别及代号： 产品按密封胶基础聚合物分类，如： 硅酮密封胶代号 SR； 等级： 产品按位移能力、模量分 3 个等级：位移能力±20%低模量级，代号 20LM；位移能力±20%高模量级，代号 20HM；位移能力±12.5%弹性级，代号 12.5E； 耐霉等级：0 级；1 级	密封胶不应有未分散颗粒、结块、结皮和液体物析出	标准试验条件为：温度 23℃±2℃，相对湿度 45%～55%	按产品名称、类别、等级和标准号顺序标记。如：建筑用防霉密封胶的标记为：SR20 HM 0 JC/T 885—2001

建筑用防霉密封胶的物理性能　　　表 2-240

序号	项目		技术指标		
			20LM	20HM	12.5E
1	密度(g/cm³)		规定值±0.1		
2	表干时间(h)	≤	3		
3	挤出性(s)	≤	10		
4	下垂度(mm)	≤	3		
5	弹性恢复率(%)	≥	80		
6	拉伸模量(MPa)	23℃ −20℃	≤0.4 和 ≤0.6	>0.4 或 >0.6	—
7	热压-冷拉后粘结性		±20%，无破坏	±20%，无破坏	±12.5%，无破坏
8	定伸粘结性		无破坏		
9	浸水后的定伸粘结性		无破坏		

2）定型密封材料

① 高分子防水材料（第 2 部分 止水带）（GB 18173.2—2000）。

技术性能详见表 2-241～表 2-243。

高分子防水材料止水带的类型、外观、标记方法　　　　表 2-241

分　类	外　观	标 记 方 法
产品按用途分为以下三类： 适用于变形缝用止水带，用 B 表示； 适用于施工缝用止水带，用 S 表示； 适用于有特殊耐老化要求的接缝用止水带，用 J 表示； 注：具有钢边的止水带，用 G 表示	止水带表面不允许有开裂、缺胶、海绵状等影响使用的缺陷，中心孔偏心不允许超过管状断面厚度的 1/3； 止水带表面允许有深度不大于 2mm、面积不大于 16mm 的凹浪、气泡、杂质、明疤等缺陷，不超过 4 处；但设计工作面仅允许有深度不大于 1mm、面积不大于 10mm² 的缺陷，不超过 3 处	产品的永久性标记应按下列顺序标记：类型、规格（长度×宽度×厚度）。 标记示例：长度为 12000mm，宽度为 380mm，公称厚度为 8mm 的 B 类具有钢边的止水带标记为：BG-12000mm×380mm×8mm

高分子防水材料止水带的尺寸公差　　　　表 2-242

项　目	公称厚度 δ(mm)			宽度 L(%)
	4～6	>6～10	>10～20	
极限偏差	+1 0	+1.3 0	+2 0	±3

高分子防水材料止水带的物理性能　　　　表 2-243

序号	项　　目			技术指标[1]		
				B	S	J
1	硬度(邵尔 A)(度)			60±5	60±5	60±5
2	拉伸强度(MPa)		≥	15	12	10
3	扯断伸长率(%)		≥	380	380	300
4	压缩永久变形	70℃ ×24h,(%)	≤	35	35	35
		23℃ × 168h,(%)	≤	20	20	20
5	撕裂强度[2](kN/m)		≥	30	25	25
6	脆性温度(℃)		≥	−45	−40	−40
7	热空气老化[3] 70℃×168h	硬度变化(邵尔 A)(度)	≤	+8	+8	—
		拉伸强度(MPa)	≥	12	10	
		扯断伸长率(%)	≥	300	300	
	热空气老化[3] 100℃×168h	硬度变化(邵尔 A)(度)	≤	—	—	+8
		拉伸强度(MPa)	≥			9
		扯断伸长率(%)	≥			250
8	臭氧老化(50pphm:20%,48h)			2 级	2 级	0 级
9	橡胶与金属粘合			断面在弹性体内		

注：1. 橡胶与金属粘合项仅适用于具有钢边的止水带；

2. 若有其他特殊需要时，可由供需双方协议适当增加检验项目，如根据用户需求酌情考触霉菌试验，但其防霉性能应等于或高于 2 级。

采标说明：1] 德国标准不分类；2] 此项指标高于德国标准；3] J 类产品试验温度高于德国标准。

② 高分子防水材料（第 3 部分 遇水膨胀橡胶）（GB 18173.3—2002）。

技术性能详见表 2-244～表 2-247。

高分子防水材料遇水膨胀橡胶的定义、分类、外观、产品标记　　表 2-244

定　义	分　类	外　观	标　记　方　法
体积膨胀倍率是浸泡后的试样质量与浸泡前的试样质量的比率	产品按工艺可分为制品型(PZ)和腻子型(PN)； 产品按其在静态蒸馏水中的体积膨胀倍率(%)可分别分为制品型：≥150%，＜250%；≥250%，＜400%；≥400%，＜600%；≥600%等几类。腻子型：≥150%、≥220%、≥300%等几类	制品型外观质量：膨胀橡胶表面不允许有开裂、缺胶等影响使用的缺陷；每米膨胀橡胶表面不允许有深度大于 2mm、面积大于 16mm² 的凹痕、气泡、杂质、节疤等缺陷超过 4 处；有特殊要求者，由供需双方商定	产品按下列顺序标记：类型、体积膨胀率、规格(宽度×厚度)；复合型膨胀橡胶止水带因其主体为"止水带"，故其标记方法应在遵守 GB/T 18173.2《高分子防水材料止水带》的前提下，同时按上述遇水膨胀橡胶的标记方法标记。 如：宽度为 30mm、厚度为 20mm 的制品型膨胀橡胶，体积膨胀倍率≥400%，标记为：PZ-400 型 30mm×20mm； 长轴 30mm、短轴 20mm 的椭圆形膨胀橡胶，体积膨胀倍率＞250%，标记为：PZ-250 型 R15mm×R10mm， 复合型膨胀橡胶宽度为 200mm、厚度为 6mm 施工缝(S)用止水带，复合两条体积膨胀倍率为≥400%的制品型膨胀橡胶，标记为：S-200mm × 6mm/PZ-400 × 2 型

高分子防水材料遇水膨胀橡胶的制品尺寸公差 (mm)　　表 2-245

项目	厚度 h			直径 d			椭圆(以短径 h 为主)			宽度 w		
	≤10	＞10～30	＞30	≤30	＞30～60	＞60	＜20	20～30	＞30	≤50	＞50～100	＞100
极限偏差	±1.0	±15 −1.0	+2 −1	±1	1.5±	±2	±1	±1.5	±2	+2 −1	+3 −1	+4 −1

高分子防水材料制品型遇水膨胀橡胶的物理性能　　表 2-246

序号	项　目		指标			
			PZ-150	PZ-250	PZ-400	PZ-400
1	硬度(邵尔 A)(度)		42±7		45±7	48±7
2	拉伸强度(MPa)　≥		3.5		3	
3	扯断伸长率(%)　≥		450		350	
4	体积膨胀倍率(%)　≥		150	250	400	600
5	反复浸水试验	拉伸强度(MPa)　≥	3		2	
		扯断伸长率(%)　≥	350		250	
		体积膨胀倍率(%)　≥	150	250	300	500
6	低温弯折(−20℃×2h)　≥		无裂纹			

注：1. 硬度为推荐项目；
2. 成品切片测试应达到标准的 80%；
3. 接头部位的拉伸强度指标不得低于腻子型标准性能的 50%。

高分子防水材料腻子型遇水膨胀橡胶的物理性能　　表 2-247

序号	项　目	指标		
		PN-150	PN-220	PN-300
1	体积膨胀倍率[a](%)	150	220	300
2	高温流滴性(80℃×5h)	无流淌	无流淌	无流淌
3	低温试验(−20℃×2h)	无脆裂	无脆裂	无脆裂

[a] 检验结果应注明试验方法。

③ 丁基橡胶防水密封胶粘带 (JC/T 942—2004)。

技术性能详见表 2-248～表 2-250。

丁基橡胶防水密封胶粘带的分类、外观、产品标记　　表 2-248

分类	外观	标记方法
产品按粘结面分为： 单面胶粘带，代号 1； 双面胶粘带，代号 2。 单面胶粘带产品按覆面材料分为： 单面无纺布覆面材料，代号 1w； 单面铝箔覆面材料，代号 1L； 单面其他覆面材料，代号 1Q。 产品按用途分为： 高分子防水卷材用，代号 R； 金属板屋面用，代号 M， 注：双面胶粘带不宜外露使用。 产品规格通常为： 厚度：1.0、1.5，2.0mm；　宽度：15、20、30、40、50、60、80、100mm。 其他规格可由供需双方商定	丁基胶粘带卷紧卷齐，在 5～35℃环境温度下易于展开，开卷时无破损、粘连或脱落现象； 丁基胶粘带表面应平整，无团块、杂物、空洞、外伤及色差； 丁基胶粘带的颜色与供需双方商定的样品颜色相比无明显差异	产品按下列顺序标记：名称、粘结材料、用途、规格（厚度-宽度-长度）、标准号。 如：厚度 1.0mm、宽度 30mm、长度 20m 金属板屋面用双面丁基橡胶防水密封胶粘带的标记为：丁基橡胶防水密封胶粘带 2M1.0-30-20 JC/T 942—2004

丁基橡胶防水密封胶粘带的尺寸偏差（mm）　　表 2-249

厚度(mm)		宽度(mm)		长度(m)	
规格	允许偏差	规格	允许偏差	规格	允许偏差
1.0 1.5 2.0	±10%	15 20 30 40 50 60 80 100	±5%	10 15 20	不允许有负偏差

丁基橡胶防水密封胶粘带的理化性能　　表 2-250

序号	试验项目				技术指标
1	持粘性(min)			≥	20
2	耐热性(80℃,2h)				无流淌、龟裂、变形
3	低温柔性(-40℃)				无裂纹
4	剪切状态下的粘合性[a](N/mm)		防水卷材	≥	2.0
5	剥离强度[b](N/mm)		防水卷材	≥	0.4
			水泥砂浆板	≥	0.6
			彩钢板	≥	
6	剥离强度保持率[b](%)	热处理,80℃,168h	防水卷材	≥	80
			水泥砂浆板	≥	
			彩钢板	≥	
		处理,饱和氯化钙溶液、168h	防水卷材	≥	80
			水泥砂浆板	≥	
			彩钢板	≥	
		浸水处理,168h	防水卷材	≥	80
			水泥砂浆板	≥	
			彩钢板	≥	

[a]（第 4 项）仅测试双面胶粘带；

[b]（第 5 和第 6 项中）测试 R 类试样时采用防水卷材和水泥砂浆板基材，测试 M 类试样时采用彩钢板基材。

④ 膨润土橡胶遇水膨胀止水条（JG/T 141—2001）。

技术性能详见表 2-251～表 2-254。

膨润土橡胶遇水膨胀止水条的分类、代号、外观、标记方法　　表 2-251

分　类	代　号	外　观	标　记　方　法
膨润土橡胶遇水膨胀止水条根据产品特性可分为普通型及缓膨型	名称代号： 膨润土 B 止水 W 特性代号： 普通型 C 缓膨型 S	产品为柔软有一定弹性匀质的条状物，色泽均匀，无明显凹凸等缺陷	产品按下列名称标记：名称代号 BW、特性代号 S、主参数代号 4、24、48…… 如：普通型膨润土橡胶遇水膨胀止水条，吸水膨胀倍率达 200%～250%时所需时间为 4h。标记为 BW-C4； 缓膨型膨润土橡胶遇水膨胀止水条，吸水膨胀倍率达 200%～250%时所需时间为 120h。标记为 BW-S120

膨润土橡胶遇水膨胀止水条的主参数代号　　表 2-252

主　参　数　代　号	4	24	48	72	96	120	144
吸水膨胀倍率达 200%～250%时所需时间(h)	4	24	48	72	96	120	144

膨润土橡胶遇水膨胀止水条的规格尺寸　　表 2-253

长　度(mm)	宽　度(mm)	厚　度(mm)
10000	20	10
10000	30	10
5000	30	20

膨润土橡胶遇水膨胀止水条的技术指标　　表 2-254

试　验　项　目		技术指标	
		普通型 C	缓膨型 S
抗水压力(MPa)	≥	1.5	2.5
规定时间吸水膨胀倍率(%)	4h	200～250	—
	24h	—	200～250
	48h		
	72h		
	96h		
	120h		
	144h		
最大吸水膨胀倍率(%)	≥	400	300
密度(g/cm³)		1.6±0.1	1.4±0.1
耐热性	80℃，2h	无流淌	
低温柔性	－20℃，2h 绕 φ20mm 圆棒	无裂纹	
耐水性	浸泡 24h	不呈泥浆状	—
	浸泡 240h	—	整体膨胀无碎块

第六节　项目材料监控相关法规

项目材料监控相关法律法规详见表 2-255。

项目材料监控相关法律法规性文件　　表 2-255

法律、法规	相 关 条 款
《中华人民共和国建筑法》(1997 年 11 月 1 日通过)	第二十五条　按照合同约定，建筑材料、建筑构配件和设备由工程承包单位采购的，发包单位不得指定承包单位购入用于工程的建筑材料、建筑构配件和设备或者指定生产厂、供应商。
	第三十四条　工程监理单位与被监理工程的承包单位以及建筑材料、建筑构配件和设备供应单位不得有隶属关系或者其他利害关系。
	第五十六条　设计文件选用的建筑材料、建筑构配件和设备，应当注明其规格、型号、性能等技术指标，其质量要求必须符合国家规定的标准。
	第五十七条　建筑设计单位对设计文件选用的建筑材料、建筑构配件和设备，不得指定生产厂、供应商。
	第五十九条　建筑施工企业必须按照工程设计要求、施工技术标准和合同的约定，对建筑材料、建筑构配件和设备进行检验，不合格的不得使用
《中华人民共和国产品质量法》(1993 年 2 月 22 日通过，2000 年 7 月 8 日修正)	第二十七条　产品或者其包装上的标识必须真实，并符合下列要求： (一)有产品质量检验合格证明； (二)有中文标明的产品名称、生产厂厂名和厂址； (三)根据使用的产品的特点和使用要求，需要标明产品规格、等级、所含主要成分的名称和含量的，用中文相应予以标明；需要事先让消费者知晓的，应当在外包装上标明，或者预先向消费者提供有关资料； (四)限期使用的产品，应当在显著位置清晰地标明生产日期和安全使用期或者长效日期； (五)使用不当，容易造成产品本身损坏或者可能危及人身、财产安全的产品，应当有警示标志或者中文警示说明
	第二十九条至第三十二条　生产者不得生产国家明令淘汰的产品。 生产者不得伪造产地，不得伪造或者用他人的厂名、厂址。 生产者不得伪造或者冒用认证标志等质量标志。 生产者生产产品，不得混杂、掺假，不得以假充真、以次充好，不得以不合格产品冒充合格产品
	第三十三条至第三十九条　销售者应当建立并执行进货检查验收制度，验明产品合格证明和其他标识。 销售者应当采取措施，保持销售产品的质量。 销售者不得销售国家明令淘汰并停止销售的产品和失效、变质的产品。 销售者销售的产品的标识应当符合本法第二十七条的规定。 销售者不得伪造产地，不得伪造或者冒用他人的厂名、厂址。 销售者不得伪造或者冒用认证标志等质量标志。 销售者销售产品，不得混杂、掺假，不得以假充真、以次充好，不得以不合格产品冒充合格产品
《建设工程质量管理条例》(2000 年 9 月 20 日通过)	第八条　建设单位应当依法对工程建设项目的勘察、设计、施工、监理以及与工程建设有关的重要设备、材料等的采购进行招标。
	第十四条　按照合同约定，由建设单位采购建筑材料、建筑构配件和设备的，建设单位应当保证建筑材料、建筑构配件和设备符合设计文件和合同要求。 建设单位不得明示或者暗示施工单位使用不合格的建筑材料、建筑构配件和设备。
	第二十二条　设计单位在设计文件中选用的建筑材料、建筑构配件和设备，应当注明规格、型号、性能等技术指标，其质量要求必须符合国家规定的标准。 除有特殊要求的建筑材料、专用设备、工艺生产线等外，设计单位不得指定生产厂、供应商
	第二十九条　施工单位必须按照工程设计要求、施工技术标准和合同约定，对建筑材料、建筑构配件、设备和商品混凝土进行检验，检验应当有书面记录和专人签字．未经检验和检验产品不合格的，不得使用。
	第三十一条　施工人员对涉及结构安全的试块、试件以及有关材料，应当在建设单位或者在工程监理单位监督下现场取样，并送具有相应资质等级的质量检测单位进行检测。
	第三十五条　工程监理单位与被监理工程的施工承包单位以及建筑材料、建筑构配件和设备供应单位有隶属关系或者其他利害关系的，不得承担该项建设工程的监理业务
	第三十七条　未经监理工程师签字，建筑材料、建筑构配件、设备不得在工程上使用或者安装，施工单位不得进行下一道工序的施工，未经总监理工程师签字，建设单位不得拨付工程款，不得进行竣工验收。
	第五十一条　供水、供电、供气、公安消防等部门或者单位不得明示或者暗示建设单位、施工单位购买其指定的生产供应单位的建筑材料、建筑构配件和设备

续表

法律、法规	相关条款
《建设工程勘察设计管理条例》(2000年9月20日通过)	第二十七条　设计文件中选用的材料、构配件、设备，应当注明其规格、型号、性能等技术指标，其质量要求必须符合国家规定的标准，除有特殊要求的建筑材料、专用设备和工艺生产线等外，设计单位不得指定生产厂、供应商。
	第二十九条　建设工程勘察、设计文件中规定采用的新技术、新材料，可能影响建设工程质量和安全，又没有国家技术标准的，应当由国家认可的检测机构进行试验、论证，出具检测报告，并经国务院有关部门或者省、自治区、直辖市人民政府有关部门组织的建设工程技术专家委员会审定后，方可使用
《实施工程建设强制性标准监督规定》(2000年8月25日发布)	第五条　工程建设中拟采用的新技术、新工艺、新材料，不符合现行强制性规定的，应当由拟采用单位提请建设单位组织专题技术论证，报批准的建设行政主管部门或者国务院有关主管部门审定。 工程建设中采用国际标准或者国外标准，现行强制性标准未作规定的，建设单位应当向国务院建设行政主管部门或者国务院有关行政主管部门备案。
	第十条　强制性标准监督检查的内容包括：(三)工程项目采用的材料、设备是否符合标准的规定

第三章　项目材料现场管理

第一节　工程项目材料管理综述

1. 工程项目材料管理概述

（1）工程项目材料管理的意义

1）搞好材料质量管理是保证项目圆满完成的先决条件；

2）搞好材料质量管理是提高工程质量的重要保证；

3）搞好材料质量管理可以保证进度目标的实现；

4）搞好材料质量管理可以大大降低成本，增加盈利水平。

（2）项目材料管理的任务

1）保证材料适时、适地、按质、按量、成套、齐备地供应；

2）节省材料采购和保管费用；

3）合理使用材料，减少材料损耗，降低材料成本。

（3）项目材料管理的主要过程

1）材料需用计划的编制。材料需用计划应当包括需要材料的品种与规格、数量与质量、供应进度和数量、材料资金的需要量和来源；

2）材料订货或采购。在市场经济中，该过程必须在市场中进行，按采购理论科学地进行操作；

3）材料现场管理。包括：验收与试验、现场平面布置、库存管理、使用中的管理等；

4）材料核算。包括：上述过程的核算、项目材料资金的结算、材料成本的核算等。

2. 材料管理要点

（1）材料管理重点

由于材料费用占项目成本的比例最大（一般为70%左右），加强材料管理对降低项目成本最有效。首先应加强对A类材料的管理，因为它的品种少、价值量大，故既可以抓住重点，又很有效。在材料管理的诸多环节中，采购环节最有潜力，因此，企业管理层应承担节约材料费用的主要责任，优质、经济地供应A类材料。项目经理部负责零星材料和特殊材料（B类材料和C类材料）的供应。项目经理部应编制采购计划，报企业物资部门批准，按计划采购。

（2）材料采购的基本原则和原理

采购管理是项目管理中的一个管理过程，采购管理过程的质量直接影响项目成本、工期、质量目标的实现。

1）材料采购的基本原则是：①保证采购的经济性和效率性；②保证质量符合设计文

件和计划要求；③及时到位；④保证采购过程的公平竞争性；⑤保证采购程序的透明性和规范化。

2）项目采购管理的程序包括：①做好准备；②制定项目采购计划；③制定项目采购工作计划；④选择项目采购方式并询价；⑤选择产品供应商；⑥签订合同并管理；⑦采购收尾工作。

项目采购的原理、回答了下列问题，即采购什么？何时采购？如何采购？采购多少？向谁采购？以何种价格采购？

（3）项目经理部应加强材料使用中的管理

项目经理部主要应加强材料使用中的管理：

1）建立材料使用台账、限额领料制度和使用监督制度；

2）编制材料需用量计划；

3）按要求进行仓库选址；

4）做好进场材料的数量验收、质量认证、记录和标识；

5）确保计量设备可靠和使用准确；

6）确保进场的材料质量合格方可使用；

7）按规定要求搞好储存管理；

8）监督作业人员节约使用材料；

9）加强材料使用中的管理和核算；

10）重视周转材料的使用和管理；

11）搞好剩余材料和包装材料的回收等。

3. ABC 分类法

（1）分类方法

这是根据库存材料的占用资金大小和品种数量之间的关系，把材料分为 A、B、C 三类（表 3-1），找出重点管理材料的一种方法。

材料 ABC 分类表 **表 3-1**

材 料 分 类	品种数占全部品种数(%)	资金额占资金总额(%)
A类	5～10	70～75
B类	20～25	20～25
C类	60～70	5～10
合计	100	100

A 类材料占用资金比重大，是重点管理的材料。要按品种计算经济库存量和安全库存量，并对库存量随时进行严格盘点，以便采取相应措施。对 B 类材料，可按大类控制其库存；对 C 类材料，可采用简化的方法管理，如定期检查库存，组织在一起订货运输等。

（2）定量订购法

是指当材料库存量内最高库存（经济库存量＋安全库存量）消耗到最低库存（安全库存量）之前的某一预定的库存量水平即订购点时，就按一定比量（即经济订购批量又称经济库存量）订购补充控制库存的一种方法。如图 3-1 所示。

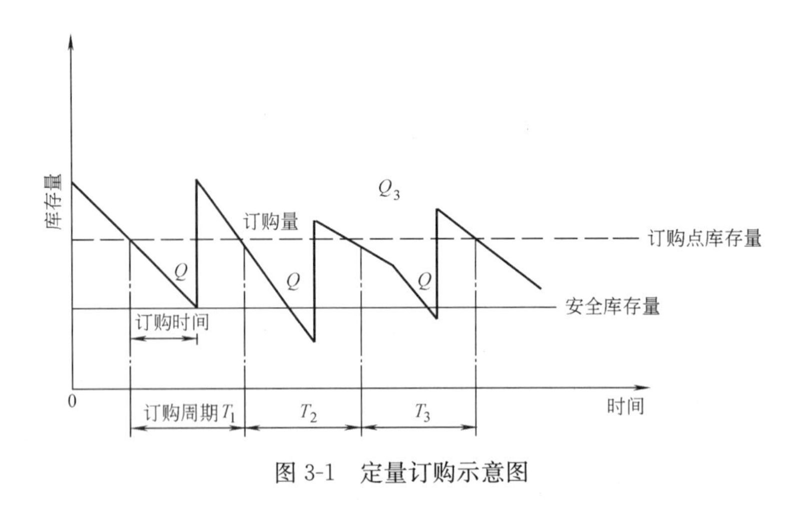

图 3-1　定量订购示意图

订购点的计算公式如下：

$$订购点=平均日需要量\times最大订购时间+安全库存量$$

式中：订购时间是指从开始订购到验收入库为止的时间。有的材料还包括加工准备时间。安全库存量是为了防止缺货的风险而建立的库存，通常按下式确定：

$$安全库存量=平均日需要量\times平均误期天数$$

式中：平均误期天数一般根据历史统计资料加权计算后，再结合计划期到货误期的可能性确定。

经济订购批量（即经济库存量）是指某种材料订购费用和仓库保管费用之和为最低时的订购批量，其计算公式如下：

$$经济订购批量=\sqrt{\frac{2\times年需要量\times每次订购费用}{材料单价\times仓库保管费率}}$$

式中：订购费用是指每次订购材料运抵仓库之前的一切费用。主要包括采购人员工资、旅差费、采购手续费、检验费等。仓库保管费率是指仓库保管费用占平均库存费的百分率。仓库保管费包括材料在库或在场所需的一切费用。主要指该批材料占用流动资金的利息、占用仓库的费用（折旧、修理费等）、库存期间的损耗以及防护费和保险费等。

（3）定期订购法

是事先确定好订购周期，如每季、每月或每旬订购一次，到达订货日期就组织订货，这种方法订购周期相等，但每次订购数量不一定相等，如图 3-2 所示。

订购周期的确定，一般先用材料的年需要量除以经济库存量求得订购次数，然后以 365d 除以订购次数可得。每次订购数量是根据在下次到货前所需材料的数量减去订货时的实际库存量而定。其计算公式如下：

$$订购数量=(订购天数+供应间隔天数)\times平均日需要量+安全库存量-实际库存量$$

式中：供应间隔天数是指相邻两次到货之间的间隔天数。

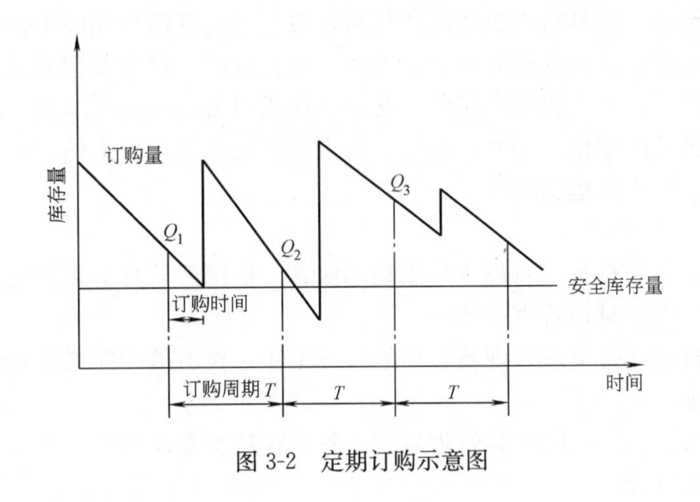

图 3-2　定期订购示意图

第二节　项目材料管理制度

为加强材料管理工作，切实做到科学、合理的使用材料，坚持“确保质量、满足需要、降低成本”的原则，使材料管理工作做到职责清晰、奖罚分明。故各指定分包和专业设备供应商进场的材料必须符合以下要求：

1. 项目材料管理职责划分

项目的材料管理主要由总承包部各专业工程师牵头监督管理。各专业分部物资管理部门主要负责材料设备的询价、定货、采购、报验。

2. 材料报验

各指定分包单位必须设置专职或兼职的材料主管人员，负责材料的报验工作，材料在进场以前必须填写报验单，报送样品，进场数量、规格及有关证书（生产厂家资质证书、质量保证书、合格证、检测试验报告），进行报验，未经报验合格的材料及构配件不得进场并使用，如违章使用，根据情节轻重给予适当的罚款，并责令撤出退场。

3. 申请报验

材料、构配件和设备进场后，24h 内必须向总包申请报验。

材料、构配件和设备报验前不得分散到施工现场。报验时，带材料、构配件和设备报验单，由指定分包单位的工长、材料员及总包专职工程师按报单内容到料场验收合格再报监理工程师。没有报验或报验没合格的材料、构配件和设备不得使用，也不得分散到料场以外的地点，并按总包方要求做退场或其他处理。

4. 材料堆放管理

（1）总承包部对整个现场的材料堆放场地进行统一规划，指定各分包的材料堆放区域。

（2）各指定分包必须在指定区域分门别类堆放整齐。

（3）易爆物品（油漆、稀释剂、氧气、乙炔气等）一律不准在建筑物内储存，必须在总包方指定的位置搭设符合要求的库房或随用随进。

（4）所堆放的材料必须有明显标识，标识牌的制作必须事先征得总包方的同意。

（5）材料、设备、机具每次进场须持材料、设备、机具清单在门卫处登记。门卫为每个指定分包和专业设备供应商建立材料、设备、机具台账，核实登记后放行。

（6）剩余材料、设备、机具出场时，必须到物资设备部开具出门证。出门证应注明运出材料、设备和机具的规格、型号、数量。凡未在进场台账上登记的材料、设备机具，一律视为未进场，一律不得运出场外。

5. 现场材料管理规则

（1）施工所需各类材料，自进入施工现场保管、使用后，直至工程竣工余料清退出现场前，均属于施工现场材料管理的范畴。

（2）必须由材料库管员进行现场材料的管理工作，材料员的配置应满足生产及管理工作正常运行的要求。

（3）现场要有切实可行的料具管理规划、各种管理制度及办法。在施工平面图中应标明各种料具存放的位置。

（4）项目部材料员必须按施工用料计划严格进行验收，并做好验收记录，有关资料必须齐全。

（5）必须设有两级明细账，现场的库存材料应账物相符，并定期进行材料盘点。

（6）项目部材料员负责外欠材料账款的统计、运输单据统计与核实。

（7）施工用料发放规定：

1）施工现场必须建立限额发料制度和履行出入库手续；

2）在施工用料中，主要材料和大宗材料必须建立台账；

3）凡超限额用料，必须查清原因，及时签补限额材料计划单；

4）及时登记工地材料使用单，及时进行材料核算。

第三节　项目材料进场验收

1. 项目材料验收的意义

项目材料验收是指对工程项目所需材料的特性进行诸如测量、检查、试验、度量，并将结果与规定要求相比较，以确定每项特性合格情况所进行的活动。通常材料受各种因素的影响，随时会发生变化，这种变化只有通过检验才能发现。因此，材料验收是材料管理中重要的一环。

建筑企业物资部门进行材料验收的意义：

（1）通过严把验收关，把不合格材料拒之于门外，保证入库材料均是合格品。

（2）通过材料验收及时发现问题，分清责任，及时处理，减少经济损失。

（3）通过材料验收和自检，摸清材料状况，有针对性地采取维护措施．有利于材料保管。

（4）通过材料检验，严把质量关，不合格不能进行加工和使用，以确保工程质量。

（5）通过材料检验，增强职工的质量意识和质量责任感，提高质量管理的自觉性。

（6）材料的验收是划清企业内部和外部的经济界限，防止进料中的差错或因供应单位、运输单位的责任事故造成企业不应有的损失。

2. 项目材料验收的方法

(1) 双控把关

为了确保进场材料合格，对预制构件、钢木门窗、各种制品及机电设备等大型产品，在组织送料前，由两级材料管理部门业务人员会同技术质量人员先行看货验收；进库时由保管员和材料业务人员再次组织验收方可入库。对于水泥、钢材、防水材料及各类外加剂实行检验双控，既要有出厂合格证，还要有试验室的合格试验单，方可接收入库。

(2) 联合验收把关

对直接送到现场的材料及构配件，收料人员可会同现场的技术、质量人员联合验收；进库物资由保管员和材料业务人员一起组织验收。

(3) 收料员验收把关

收料员对地材建材及有包装的材料产品，应认真进行外观检验；查看规格、品种、型号是否与来料相符，宏观质量是否符合标准，包装、商标是否齐全完好。

(4) 提料验收把关

公司或分公司项目部两级材料管理的业务人员到外单位及材料公司各仓库提送料，要认真检查验收提料的质量，索取产品合格证和材质证明书。送到现场（或仓库）后，应与现场仓库）的收料员（保管员）进行交接验收。

(5) 验收结果的处理：

1) 验收质量合格，技术资料齐全，可及时登入进料台账，发料使用；

2) 验收质量不合格，不能接收时，可以拒收，并及时通知上级供应部门或供货单位，与供货单位协商作代保管处理时应有书面协议，并应单独存放，在来料凭证上写明质量情况和暂行处理意见；

3) 已进场（进库）的材料，发现质量问题或技术资料不全时，收料员应及时填报“材料质量验收报告单”报上一级主管部门，以便及时处理，暂不发料，不使用，原封妥善保管。

3. 项目常用材料验收内容

(1) 通用水泥

通用水泥的验收应遵守国家标准相关规定，具体内容包括：

1) 水泥进场必须检查验收才能使用。水泥进场时，必须有出厂合格证或质量保证证明，并应对品种、强度等级、包装（或散装仓号）、出厂日期等进行检查验收。

2) 水泥可分袋装或散装，袋装水泥每袋净含量 50kg，且不得少于标志重量的 98%；随机抽取 20 袋总重量不得少于 1000kg。其他包装形式由供需双方协商确定，但有关袋装重量的要求，必须符合上述原则规定。

3) 水泥袋上应清楚标明：产品名称，代号，净含量，强度等级，生产许可证编号，生产者名称和地址，出厂编号，执行标准，包装年月日。掺火山灰质混合材料的矿渣水泥还应标上“掺火山灰”的字样。包装袋两侧应印有水泥名称和强度等级。矿渣水泥的印刷采用绿色；火山灰和粉煤灰水泥采用黑色。

4) 散装运输时应提交与袋装标志相同内容的卡片。

5) 检验内容和检验批确定：

水泥应按批进行质量检验。检验批可按如下规定确定：

① 同一水泥厂生产的同品种、同强度等级、同一出厂编号的水泥为一批。但散装水

泥一批的总量不得超过 500t，袋装水泥一批的总量不得超过 200t；

② 当采用同一旋窑厂生产的质量长期稳定的、生产间隔时间不超过 10d 的散装水泥，可以 500t 作为一批检验批；

③ 取样时应随机从不少于 3 个车罐中各采取等量水泥，经混拌均匀后，再从中称取不少于 12kg 水泥作为检验样。

水泥进场时应对其品种、级别、包装或散装仓号、出厂日期进行检查，并对其强度、安定性及其他必要的性能指标进行复验，其质量指标必须符合现行国家标准《硅酸盐水泥、普通硅酸盐水泥》(GB 175) 等的规定。

当在使用中对水泥质量有怀疑或水泥出厂超过三个月（快硬硅酸盐水泥超过一个月）时，应进行复验，并按复验结果使用。

钢筋混凝土结构、预应力混凝土结构中，严禁使用含氯化物的水泥。

6) 复验项目。水泥的复验项目主要有：

细度或比表面积、凝结时间、安定性、标准稠度用水量、抗折强度和抗压强度。

7) 不合格品（废品）处理：

① 不合格品水泥。

凡细度、终凝时间、不溶物和烧失量中有一项不符合《硅酸盐水泥、普通硅酸盐水泥》(GB 175)、《矿渣硅酸盐水泥、火山灰质硅酸盐水泥及粉煤灰硅酸盐水泥》(GB 1344—1999) 及《复合硅酸盐水泥》(GB 12958—1999) 规定或混合材料掺加量超过最大限量和强度低于相应强度等级的指标时为不合格品。水泥包装标志中水泥品种、强度等级、生产单位名称和出厂编号不全的也属于不合格品。不合格品水泥应降级或按复验结果使用。

② 废品水泥。

当氧化镁、三氧化硫、初凝时间、安定性中任一项不符合 GB 175、GB 1344、GB 12958 规定时，该批水泥为废品。废品水泥严禁用于建设工程。

(2) 砂、石

砂、石的验收应遵守《建筑用砂》(GB/T 14684—2001) 和《建筑用碎石和卵石》(GB/T 14685—2001) 以及《普通混凝土用砂、石质量及检验方法标准》(JGJ 54—2006) 的有关规定。

1) 资料验收

生产单位应保证出厂产品符合质量要求，产品应有质量保证书，其内容包括生产厂名称及产地、质量保证书的编号、签发日期、签发人员、技术指标和检验结果，如为海砂应注明氯盐含量。

2) 实物验收

砂、石应按批进行质量检验，检验批可按如下规定确定：

① 对集中生产的，以 400m^3 或 600t 为一批，对分散生产的，以 200m^3 或 300t 为一批，不足上述规定数量者也以一批论；

② 对产量、质量比较稳定，进料量又较大时，可以 1000t 检验一次；

③ 检验项目：

石：每验收批至少应进行颗粒级配、含泥量、泥块含量、针片状颗粒含量检验。对重要工程或特殊工程应根据工程要求，可增加检测项目。如对其他指标的合格性有怀疑时，应予以检验。

砂：每验收批至少应进行颗粒级配、含泥量、泥块含量检验。如为海砂，还应检验其氯离子含量。对重要工程或特殊工程应根据工程要求，可增加检测项目。如对其他指标的合格性有怀疑时，应予以检验。

3）不合格品处理

砂、碎（卵）石的检验结果有不符合规范规定的指标时，砂的检验结果有不符合JGJ 52规定的指标时，可根据混凝土工程的质量要求，结合具体情况，提出相应的措施，经过试验证明能确保工程质量，且经济上又较合理时，方可允许用该碎石或砂拌制混凝土。

（3）掺合料

1）检验批确定

掺合料应按批进行质量检验，检验批可按如下规定确定：

① 粉煤灰。

以连续供应的200t相同等级的粉煤灰为一批，不足200t的按一批计。

② 高钙灰。

以连续供应的100t相同等级的高钙灰为一批，不足100t的按一批计。

③ 矿渣微粉。

年产量10万～30万t，以400t为一批。年产量4万～10万t，以200t为一批。

2）检验项目

不同掺合料质量检验的项目有所不同，常用掺合料的检验项目有：

① 粉煤灰。

粉煤灰的检验项目主要有细度、烧失量。同一供应单位每月测定一次需水量比，每季测定一次三氧化硫含量。

② 高钙灰。

高钙粉煤灰的检验项目主要有细度、游离氧化钙、体积安定性。同一供应单位每月测定一次需水量比和烧失量，每季测定一次三氧化硫含量。

③ 矿渣微粉。

矿渣微粉的检验项目主要有活性指数、流动度比。

3）不合格品（废品）处理

① 粉煤灰质量检验中，如有一项指标不符合要求，可重新从同一批粉煤灰中加倍取样，进行复验。复验后仍达不到要求时，应作降级或不合格品处理；

② 高钙灰质量检验中，如有一项指标不符合要求，可重新从同一批高钙灰中加倍取样，进行复验。复验后仍达不到要求时，应作降级或不合格品处理。体积安定性及游离氧化钙含量不合格的高钙粉煤灰严禁用于混凝土中；

③ 矿渣微粉质量检验中，若其中任何一项不符合要求，应重新加倍取样，对不合格的项目进行复验。评定时以复验结果为准。

（4）外加剂

外加剂的验收应遵守《混凝土外加剂》（GB 8076—1997）等有关规定，具体包括：

1）选用外加剂应有供货单位提供的技术文件

① 产品说明书，并应标明产品主要成分；

② 产品质量保证书，并应注明技术要求和出厂检验数据与检验结论；

③ 掺外加剂混凝土性能检验报告。

2）外加剂进场检验

外加剂运到工地（或混凝土搅拌站）应立即取代表性样品进行检验，进货与工地试配时一致，方可入库、使用。若发现不一致时，应停止使用。

（5）混凝土

混凝土的验收应遵守《混凝土结构工程施工质量验收规范》（GB 50204—2002）和《预拌混凝土》（GB 14902—2003）等有关规定。

1）一般规则

① 预拌混凝土的检验分为出厂检验和交货检验。出厂检验的取样试验工作应由供方承担，交货检验的取样试验工作应由需方承担，当需方不具备试验条件时，供需双方可协商确定承担单位，其中包括委托供需双方认可的有试验资质的试验单位，并在合同中予以明确；

② 当判断混凝土质量是否符合要求时，强度、坍落度及含气量应以交货检验结果为依据；氯离子总含量以供方提供的资料为依据；其他检验项目应按合同规定执行；

③ 交货检验的试验结果应在试验结束后15d内通知供方；

④ 进行预拌混凝土取样及试验的人员必须具有相应资格。

2）检验项目

① 常规应检验混凝土强度和坍落度；

② 如有特殊要求除检验混凝土强度和坍落度外，还应按合同规定检验其他项目；

③ 掺有引气型外加剂的混凝土应检验其含气量。

3）取样与组批

① 用于出厂检验的混凝土试样应在搅拌地点采取，用于交货检验的混凝土试样应在交货地点采取；

② 交货检验的混凝土试样的采取及坍落度试验，应在混凝土运到交货地点时开始算起20min内完成，试样的制作应在40min内完成；

③ 交货检验的混凝土的试样应随机从同一运输车中采取，混凝土试样应在卸料过程中卸料量的1/4至3/4之间采取；

④ 每个试样量应满足混凝土质量检验项目所需用量的1.5倍，且不宜少于0.02m^3；

⑤ 混凝土强度检验的试样，其取样频率应按下列规定进行：

A. 用于出厂检验的试样，每100盘相同配合比的混凝土取样不得少于1次；每一个工作班相同配合比的混凝土不足100盘时，取样不得少于1次；

B. 用于交货检验的试样应按如下规定进行：

（a）每拌制100盘且不超过100m^3的同配合比的混凝土取样不得少于1次；

（b）每工作班拌制的同一配合比的混凝土不足100盘时，取样不得少于1次；

（c）当连续浇筑超过1000m^3时，同一配合比的混凝土每200m^3取样不得少于1次；

（d）每一楼层、同一配合比的混凝土，取样不得少于1次；

（e）每次取样应至少留置1组标准养护试件，同条件养护试件的留置组数应根据实际需要确定。

⑥ 混凝土拌合物坍落度检验试样的取样频率应与混凝土强度检验的取样频率一致；

⑦ 对有抗渗要求的混凝土进行抗渗检验的试样，用于出厂和交货检验的取样频率均应为同一工程、同一配合比的混凝土不得少于1次。留置组数可根据实际需要确定；

⑧ 对有抗冻要求的混凝土进行抗冻检验的试样，用于出厂和交货检验的取样频率均应为同一工程、同一配合比的混凝土不得少于1次。留置组数可根据实际需要确定。

4）合格判断

① 强度的试样结果应满足《混凝土强度检验评定标准》（GB 107）的规定；

② 坍落度应满足有关要求；

③ 含气量应满足与合同规定值之差不应超过±1.5%。

（6）砂浆

砂浆的验收应遵守《上海市工程建设规范干粉砂浆生产与应用技术规程》（DG/T 108—502—2000）等规范有关规定，包括：

1）预拌砂浆

① 供需双方应在合同规定的交货地点交接预拌砂浆，并应在交货地点对预拌砂浆质量进行检验。交货检验的取样试验工作，由供需双方协商确定承担单位，其中包括委托供需双方认可的有检验资质的检验单位，并应在合同中予以明确；

② 当判定预拌砂浆质量是否符合要求时，强度、稠度以交货检验结果为依据，分层度、凝结时间以出厂检验结果为依据，其他检验项目应按合同规定执行；

③ 取样与组批：

A. 用于交货检验的砂浆试样应在交货地点采取，用于出厂检验的砂浆试样应在搅拌地点采取；

B. 交货检验的砂浆试样应在砂浆运送到交货地点后按《建筑砂浆基本性能试验方法》（JGJ 70）的规定在20min内完成，稠度测试和强度试块的制作应在30min内完成；

C. 试样应随机从运输车中采取，且在卸料过程中卸料量约1/4至3/4之间采取；

D. 试样量应满足砂浆质量检验项目所需用量的1.5倍，且不宜少于0.1m^3；

E. 砂浆强度检验的试样，其取样频率和组批条件应按以下规定进行：

（a）用于出厂检验的试样，每50m^3相同配合比的砌筑砂浆，取样不得少于一次，每一工作班相同配合比的砂浆不满50m^3时，取样也不得少于一次，抹灰和地面砂浆每一工作班取样不得少于一次。

（b）预拌砂浆必须提供质量证明书。用于交货检验的试样，砌筑砂浆应按《砌体工程施工质量验收规范》（GB 50203—1998）的规定执行，抹灰砂浆应按《建筑装饰装修工程质量验收规范》（GB 50210—2001）的规定执行。

2）干粉砂浆

干粉砂浆必须提供质量证明书。普通干粉砂浆包装袋上应标明产品名称、代号、强度等级、生产厂名和地址、净含量、加水量范围、保质期、包装年月日和编号及执行标准号；特种干粉砂浆包装袋上应标明产品名称、生产厂名和地址、净含量、加水量范围、保质期、包装年月日和编号及执行标准号。若采用小包装应附产品使用说明书。

散装干粉砂浆采用罐装车将干粉砂浆运输至施工现场，并提交与袋装标志相同内容的卡片。

交货检验以抽取实物试样的检验结果为验收依据时，买卖双方应在发货前或交货地共同取样和签封。每一编号的取样应随机进行，普通干粉试样量至少为80kg，特种干粉试样量至少10kg，试样量缩分为两等份，一份由卖方保存40d，一份由买方按规定的项目和方法进行检验。

普通干粉砂浆检验项目为强度、分层度、凝结时间。特种干粉砂浆应根据不同品种进行相应项目的检验。有抗渗要求的砂浆，还应根据设计要求检验砂浆的抗渗指标。

3）合格判定

① 预拌砂浆：

A. 强度、凝结时间的试验结果符合规定为合格；

B. 稠度、分层度的试验结果符合规定为合格，若不符合要求，则应立即用余下试样进行复验，若复验结果符合规定，仍为合格；若复验结果仍不符合规定，为不合格；

C. 对稠度不符合规定要求的砂浆，需方有权拒收和退货；

D. 对凝结时间或稠度检验不合格的砂浆，供方应立即通知需方。

② 干粉砂浆：

普通干粉砂浆试验结果应以符合有关规定为合格。

（7）墙体材料的验收

墙体材料的验收是工程质量管理的重要环节。墙体材料必须按批进行验收，并达到以下验收的五项基本要求

1）送货单与实物必须一致

检查送货单上的生产企业名称、产品品种、规格、数量是否与实物相一致，是否有异类墙体材料混送现象。

2）对墙体材料质量保证书内容进行审核

质量保证书必须字迹清楚，其中应注明：质量保证书编号、生产单位名称、地址、联系电话、用户单位名称、产品名称、执行标准及编号、规格、等级、数量、批号、生产日期、出厂日期、产品出厂检验指标（包括检验项目、标准指标值、实测值）。

墙体材料质量保证书应加盖生产单位公章或质检部门检验专用章。若墙体材料是通过中间供应商购入者，仍应要求提供生产单位出具的质量保证书原件。实在不能提供的，则质量保证书复印件上应注明购买时间、供应数量、买售人名称、质量保证书原件存放单位，在墙体材料质量保证书复印件上必须加盖中间供应商的红色印章，并有送交人的签名。

3）对产品的标志（标识）等实物特征进行验收

如上海市要求各混凝土小砌块生产企业在所生产的砌块上刷上标识，砌块上不同的标识颜色对应不同的产品强度等级（表3-2），不同的编号反映不同企业生产的混凝土小砌块产品，并规定砌块上标识的涂刷量应占产品总数的30%以上。

另外，还可对一些反映企业特征的产品标志（标识）进行鉴别和确认。

不同颜色标记所对应的砌块强度值 **表3-2**

颜色标记	蓝色	白色	绿色	黄色	红色
代表强度(MPa)	20.0级	15.0级	10.0级	7.5级	5.0级

4）核验产品型式试验报告

建筑板材产品应有生产单位出具的有效期内的产品型式试验报告，报告复印件上应注明买受人名称、型式试验报告原件存放单位，在型式试验报告复印件上必须加盖生产单位或中间供应商的红色印章，并有送交人的签名。

5）建立材料台账

内容可参考建筑钢材的验收。

（8）建筑钢材验收

建筑钢材验收应遵守《钢筋混凝土用热轧带肋钢筋》（GB 1499—1998）等有关规定。

建筑钢材从钢厂到施工现场经过了商品流通的多道环节，建筑钢材的检验验收是质量管理中必不可少的环节。建筑钢材必须按批进行验收，并达到下述四项基本要求。工程中常用的带肋钢筋验收如下。

1）订货和发货资料应与实物一致

检查发货单和质量证明书内容是否与建筑钢材标牌标志上的内容相符。对于钢筋混凝土用热轧带肋钢筋、冷轧带肋钢筋和预应力混凝土用钢材（钢丝、钢棒和钢绞线）必须检查其是否有“全国工业产品生产许可证”，该证由国家质量监督检验检疫总局颁发，证书上带有国徽，一般有效期不超过5年。对符合生产许可证申报条件的企业，由各省或直辖市的工业产品生产许可证办公室先发放“行政许可申请受理决定书”，并自受理企业申请之日起60日内，作出是否准予许可的决定。为了打假治劣，保证重点建筑钢材的质量，国家将热轧带肋钢筋、冷轧带肋钢筋和预应力混凝土用钢材（钢丝、钢棒和钢绞线）划为重要工业产品，实行了生产许可证管理制度。其他类型的建筑钢材国家目前未发放“全国工业产品生产许可证”。

① 热轧带肋钢筋生产许可证编号

例：XK05-205-×××××

XK——代表许可

05——冶金行业编号

205 热轧带肋钢筋产品编号

×××××为某一特定企业生产许可证编号

② 冷轧带肋钢筋生产许可证编号

例：XK05-322-×××××

XK——代表许可

05——冶金行业编号

322——冷轧带肋钢筋产品编号

×××××为某一特定企业生产许可证编号

③ 预应力混凝土用钢材（钢丝、钢棒和钢绞线）生产许可证编号

例：XK05-114-×××××

XK——代表许可

05——冶金行业编号

114——预应力混凝土用钢材（钢丝、钢棒和钢绞线）产品编号

×××××为某一特定企业生产许可证编号

为防止施工现场带肋钢筋等产品“全国工业产品生产许可证”和产品质量证明书的造假现象，施工单位、监理单位可通过国家质量监督检验检疫总局网站（www.aqsiq.gov.cn）进行带肋钢筋等产品生产许可证获证企业的查询。

2）检查包装

除大中型型钢外，不论是钢筋还是型钢，都必须成捆交货，每捆必须用钢带、盘条或铁丝均匀捆扎结实，端面要求平齐，不得有异类钢材混装现象。

每一捆扎件上一般都拴有两个标牌，上面注明生产企业名称或厂标、牌号、规格、炉罐号、生产日期、带肋钢筋生产许可证标志和编号等内容。按照《钢筋混凝土用热轧带肋钢筋》国家标准规定，带肋钢筋生产企业都应在自己生产的热轧带肋钢筋表面轧上明显的牌号标志，并依次轧上厂名（或商标）和直径（mm）数字。钢筋牌号以阿拉伯数字表示，HRB335、HRB400、HRB500对应的阿拉伯数字分别为2、3、4。厂名以汉语拼音字头表示。直径（mm）数以阿拉伯数字表示。

例如：2××16表示牌号为335由“某钢铁有限公司”生产的直径为16mm的热轧带肋钢筋。2××16中，××为钢厂厂名中特征汉字的汉语拼音字头。

直径不大于ϕ10mm的钢筋，可不轧制标志，可采用挂标牌方法。

施工和监理单位应加强施工现场热轧带肋钢筋生产许可证、产品质量证明书、产品表面标志和产品标牌一致性的检查。对所购热轧带肋钢筋委托复检时，必须截取带有产品表面标志的试件送检（例如：2SD16），并在委托检验单上如实填写生产企业名称、产品表面标志等内容，建材检验机构应对产品表面标志及送检单位出示的生产许可证复印件和质量证明书进行复核。不合格热轧带肋钢筋加倍复检所抽检的产品，其表面标志必须与企业先前送检的产品一致。

3）对建筑钢材质量证明书内容进行审核

质量证明书必须字迹清楚，证明书中应注明：供方名称或厂标，需方名称，发货日期，合同号，标准号及水平等级，牌号，炉罐（批）号、交货状态、加工用途、重量、支数或件数，品种名称、规格尺寸（型号）和级别，标准中所规定的各项试验结果（包括参考性指标），技术监督部门印记等。

钢筋混凝土用热轧带肋钢筋的产品质量证明书上应印有生产许可证编号和该企业产品表面标志；冷轧带肋钢筋的产品质量证明书上应印有生产许可证编号。质量证明书应加盖生产单位公章或质检部门检验专用章。若建筑钢材是通过中间供应商购买的，则质量证明书复印件上应注明购买时间、供应数量、买受人名称、质量证明书原件存放单位，在建筑钢材质量证明书复印件上必须加盖中间供应商的红色印章，并有送交人的签名。

4）建立材料台账

建筑钢材进场后，施工单位应及时建立“建设工程材料采购验收检验使用综合台账”。监理单位可设立“建设工程材料监理监督台账”。内容包括：材料名称、规格品种、生产单位、供应单位、进货日期、送货单编号、实收数量、生产许可证编号、质量证明书编号、产品标识（标志）、外观质量情况、材料检验日期、检验报告编号、材料检测结果、工程材料报审表签认日期、使用部位、审核人员签名等。

实物质量的验收：

建筑钢材的实物质量主要是看所送检的钢材是否满足规范及相关标准要求；现场所检测的建筑钢材尺寸偏差是否符合产品标准规定；外观缺陷是否在标准规定的范围内；对于建筑钢材的腐蚀现象各方也应引起足够的重视。

（9）常用建筑防水卷材的验收

常用建筑防水卷材的验收应遵守国家和行业现行标准的规定。

建筑防水卷材在进入建设工程被使用前，必须进行检验验收。验收主要分为资料验收和实物质量验收两部分。

1）资料验收

①“全国工业产品生产许可证”检查

国家对建筑防水卷材产品实行生产许可证管理，由国家质量监督检验检疫总局对经审查符合国家有关规定的防水卷材生产企业统一颁发“全国工业产品生产许可证”（简称生产许可证）。证书的有效期一般不超过5年。对符合生产许可证申报条件的企业，由各省或直辖市工业产品生产许可证办公室先发“行政许可申请受理决定”，并自受理企业申请之日起60日内作出是否准予许可的决定。

例：防水卷材生产许可证编号

XK23-203-×××××

XK——代表许可证

23——建材行业编号

203——建筑防水卷材产品编号

×××××为某一特定企业生产许可证编号

为防止生产许可证的造假现象，施工单位、监理单位可通过国家质量监督检验检疫总局网站（www. aqsiq. gov. cn）进行建筑防水卷材生产许可证获证企业查询。

② 防水卷材质量证明书检查

防水卷材在进入施工现场时，应对质量证明书进行验收。质量证明书必须字迹清楚，应注明供方名称或厂标、产品标准、生产日期和批号、产品名称、规格及等级、产品标准中所规定的各项出厂检验结果等。质量证明书应加盖生产单位公章或质检部门检验专用章。

③ 建立材料台账

防水卷材进场后，施工单位应及时建立“建设工程材料采购验收检验使用综合台账”，监理单位可设立“建设工程材料监理监督台账”。台账内容包括材料名称、规格品种、生产单位、供应单位、进货日期、送货单编号、实收数量、生产许可证编号、质量证明书编号、外观质量、材料检验日期、复验报告编号和结果、工程材料报审表签认日期、使用部位、审核人员签名等。

④ 产品包装和标志核对

卷材可用纸包装或塑胶带成卷包装。纸包装时，应以全柱面包装，柱面两端未包装长度总计不应超过100mm。标志包括生产厂名、产品标记、生产日期或批号、生产许可证编号、贮存与运输注意事项。

同时，核对包装标志与质量证明书上所示内容是否一致。

2）实物质量验收

实物质量验收分为外观质量验收、厚度选用、物理性能复验、胶粘剂验收四个部分。

第四节　施工现场的料具管理

施工现场材料管理是建筑企业内部的关键环节和核心内容之一。占工程造价60%～70%的原材料、构配件均要通过施工现场消耗。因此，应做好施工前的准备工作，切实组织好材料进场的验收、保管和发放工作，实行定额用料制度。为了实现料具管理程序化、规范化、标准化，制定如下管理程序及内容。

1. 施工前的准备工作

(1) 平面规划布置要合理、规范。搞好现场材料平面布置规划，在划分材料堆放位置时，要考虑到施工进入高峰时的堆放容量，料场、料库等临时设施、道路、排水沟、高压线路等都要统筹安排布置。料场、料库、道路的选择不能影响施工流水作业，并以靠近使用点为原则，减少二次倒运与搬迁。

(2) 道路、场地要平整、坚实、畅通，有回旋余地；有可靠的排水措施，料场要平整、夯实、不积水。

(3) 临时料库、料棚要有防雨、防潮、防火、防冻、防爆、防晒、防损坏等措施。

2. 施工过程中的组织与管理

(1) 建立健全现场料具管理责任制。现场料具要严格按平面布置图码放，划区分片包干负责，要有责任区、责任人，并有明显标牌。

(2) 加强现场平面布置的管理。应根据不同施工阶段、材料资源变化、设计变更等情况，及时调整堆料现场位置，保持道路畅通，减少二次搬运。

(3) 随时掌握施工进度及用料信息，搞好平衡调剂，正确组织材料进场。材料计划要严密可靠，保证施工需要。

(4) 严格按平面布置堆放料具，做到成堆成线；经常清理杂物和垃圾，保持场地、道路、工具及容器清洁。

(5) 认真执行材料的验收、保管、发料、退料、回收等管理制度，建立健全原始纪录和各种台账，对来料原始凭证妥善保存，按月盘点核算。

(6) 严格执行限额领料制度，组织班组合理使用材料，及时检查、考核、验收、结算、对用料节超要奖罚严明。

3. 料具清退及转场

(1) 根据工程主要部位（结构、装修）进度情况，组织好料具的清退与转场。一般在结构或装修工程量完成接近80%左右时，要检查现场存料，估计未完工程用料量，调整材料计划，削减多余，补充不足，以防止剩料过多，为工完场清创造条件。

(2) 临时设施及暂设工具用料的处理。对于不重复使用的临时设施应考虑提前拆除，为充分利用这部分材料，直接转场到新的工地，以避免二次搬运；对周转料具要及时整修，随时转移到新的施工点或清退入库（租赁站）。

(3) 施工垃圾及包装容器的处理。对现场的施工垃圾设立分检站，要回收、利用及清运，做到及时集中分捡，包装容器应及时回收并组织清退。

第五节 施工现场料具存放要求

为使施工现场料具存放规范化、标准化，促进场容场貌的科学管理和现场文明施工，制定料具存放管理办法。

1. 大堆材料的存放要求

(1) 烧结普通砖码放应成丁（每丁为200块）、成行，高度不超过1.5m；加气混凝土块、空心砖等轻质砌块应成垛、成行，堆码高度不超过1.8m；耐火砖不得淋雨受潮；各种水泥方砖及平面瓦不得平放。

(2) 砂、石、灰、陶粒等存放成堆，场地平整，不得混杂；色石渣要下垫上苫，分档存放。

2. 水泥等存放要求

(1) 库内存放。水泥库要具备有效的防雨、防水、防潮措施；库门上锁，专人管理；分品种、型号堆码整齐，离墙不少于10cm；垛底架空垫高，保持通风防潮，垛高不超过10袋；做到抄底使用，先进先出。

(2) 露天存放。临时露天存放物资必须具备可靠的苫、垫措施，下垫高度不低于30cm，做到防水、防雨、防潮、防风。

(3) 散灰存放。应存放在固定容器（散灰罐）内，没有固定容器时应设封闭的专库存放，并具备可靠的防雨、防水、防潮等措施。

(4) 袋装粉煤灰、石灰粉应存放在料棚内，或码放整齐并搭盖，以防雨淋。

3. 构配件的存放要求

(1) 门窗及木制品

1) 堆放应选择能防雨、防晒的干燥场地或库房内，设立靠门架与地面的倾角不小于70°，离地面架空20cm以上，防止受潮、变形、损坏。

2) 按规格、型号竖立排放，码放整齐，不得塞插挤压，铝合金、五金及配件应放入库内妥善保管。

3) 露天存放时应下垫上苫，发现钢材表面有油漆剥落时应及时刷油（补漆）；金属制品不准破坏保护膜，保证包装完好无损。

(2) 混凝土构件

混凝土构件要分类码放，堆放整齐；场地平整坚实，有排水措施。

1) 圆孔板。底垫木要求通长，厚度不小于10cm，须放在距板端20～30cm处（长向板为30～40cm处），每块间隔垫木要上下对齐并在同一垂直线上，垫木厚度不小于3cm，四个角要垫平垫实，不得有脱空现象，每垛堆放不得超过10块。

2) 大楼板。底层垫木要通长，断面不小于10cm×10cm，每层垫木厚度不小于5cm，长度为40cm（大楼板宽小于3170mm）或50cm（大楼板宽为3770mm），并放置在平行于板的长边，四角上下对齐对正，垫平垫实；码放以6层为宜，最多不超过9层。

3) 外墙板。应竖立存放，倾斜角不小于70°，搭设靠立架存放。

4) 槽形屋面板。底垫木不小于10cm×10cm，每层垫木应上下对齐，在同一垂直线上，并且应在边肋上；重叠堆码不得超过10层（以8层为宜）。

5）雨罩。混凝土强度达到设计要求的70%后方可起吊和堆放；起吊时，应使四个吊环同时受力，吊绳与平面的夹角应不小于45°。重叠堆放时，中间须加垫木，厚度应不小于7cm，底垫木通长不小于10cm×10cm，每层垫木位置应上下对齐并在同一垂直线上；每垛块数不得超过10块。

6）楼梯。混凝土强度达到设计要求的70%后方能起吊、运输和堆放；起吊时，吊索夹角为30°，与水平面夹角不小于45°；在起吊运输和堆放过程中，构件均应处于正向位置（空心板在运输和堆放时也可处于侧向位置）；堆放时，垫木应高于吊钩，并在吊钩附近，应上下对齐，并在同一垂直线上；构件码放的块数不超过6块。

7）阳台板（休息平台板）。混凝土强度不小于设计要求的70%后方可起吊与堆放；起吊时，每个吊钩同时受力，吊绳与平面夹角应不小于45°；重叠码放时应加垫木，厚度不小于9cm，置放在距板端不大于30cm处，上下对齐，并在同一垂直线上；每垛块数不得超过9块（以6块为宜）。

8）挑檐板。混凝土强度达到设计要求100%后方可起吊和堆放；起吊时，务必使每个吊钩同时受力，吊绳与平面的夹角应不小于45°；堆放应竖立码放，并在一端有支撑，每块间应用7cm厚方木隔垫。

9）梁。长梁一般不要重叠堆放，跨度较小的长梁重叠堆放时，垫木不能低于吊钩，应放在靠近支座并在同一垂直线上，层数不超过3层。过梁重叠码放时，底垫木不小于10cm×10cm，中间垫木厚度不小于3cm，放置于两端15～20cm处，并在同一条垂直线上，高度不得超过6层。

10）预制桩。混凝土强度达到设计要求的100%后方可起吊和搬运；吊运时，应用吊环，无吊环用两点吊时，吊索点应在距两端头0.207L处（L为桩长），吊索与桩间加衬垫；重叠码放底垫木不小于10cm×10cm，中间垫木不小于5cm，支点应在吊点处，上下垫木在同一垂直线上，层数不超过4层。

11）预制柱。一般不宜重叠码放，如重叠堆放不得超过2层。

12）屋架、T形梁、薄腹梁。不应重叠码放；堆放时必须正放，两侧加撑木，并不得少于3处，使其稳定。

4.钢材及金属材料的存放要求

（1）须按规格、品种、型号、长度分别挂牌堆放，底垫木不小于20cm。

（2）有色金属、薄钢板、小口径薄壁管应存放在仓库或料棚内，不得露天存放。

（3）码放要整齐，做到一头齐、一条线。盘条要靠码整齐；成品、半成品及剩余料应分类码放，不得混堆。

5.木材的存放要求

（1）应在干燥、平坦、坚实的场地上堆放，垛基不低于40cm，垛高不超过3m，以便防腐防潮。

（2）应按树种及材种等级、规格分别一头齐码放，板方材堆垛应有斜坡；方垛应密排留坡封顶，含水量较大的木材应留空隙；有含水率要求的应放在料库或料棚内。

（3）选择堆放点时，应尽可能远离危险品仓库及有明火（锅炉、烟囱、厨房等）的地方，并有严禁烟火的标志和消防设备，防止火灾。

（4）拆除的木模板、支撑料应随时整理码放，模板与支撑料分别码放。

6. 玻璃的存放要求

(1) 按品种、规格、等级定量顺序码放在干燥通风的库房内。如临时露天存放时，必须下垫上苫；禁止与潮湿及挥发性物品（酸、碱、盐、石灰、油脂和酒精等）放在一起。

(2) 码放时，应箱盖向上，不准歪斜或平放，不应承受重压或碰撞；垛高：2～3mm厚的不超过3层，4～6mm厚的不超过2层；底垫木不小于10cm，散箱玻璃应单独存放。

(3) 经常检查玻璃保管情况，遇有潮湿、霉斑、破碎的玻璃应及时处理。

(4) 装车运输时应使包装箱直立，箱头向前，箱间靠拢，切忌摇晃和碰撞；装卸搬运时应直立并轻拿轻放。

7. 五金制品的存放要求

(1) 按品种、规格、型号、产地、质料，整洁、顺序、定量码放在干燥通风的库房内。

(2) 存放时，应保持包装完整，不得与酸碱等化工材料混库，防止锈蚀。

(3) 发放应掌握先入先出的原则，遇有锈蚀应及时处理，螺钉与螺帽要涂油。

8. 水暖器材的存放要求

(1) 按品种、规格、型号顺序整齐码放，高度不超过1.5m；散热器应有底垫木，高度不超过1m。

(2) 对于小口径及带丝扣配件，要保持包装完整，防止磕碰潮湿。

9. 橡塑制品的存放要求

(1) 按品种、规格、型号、出厂日期整齐、定量、码放在仓库内，以防雨、防晒、防潮湿。

(2) 严禁与酸、碱、油类及化学药品接触，防止侵蚀老化。

(3) 存放时，应保持包装完整，发放应掌握先入先出的原则，以防变形及老化。

10. 陶瓷制品的存放要求

(1) 应按品种、规格、等级、厂家分别存放在仓库或料棚内，如临时露天存放，应放置在平坦、坚实、不积水的场地，垛顶应用苫盖。

(2) 码放时，应根据产品形状，采取顺序、平码、骑缝压叠，高度不得超过4层，各种瓷砖应按包装正放（立放），高度不得超过5层。

(3) 装卸运输时，要用草绳牢固捆扎，不得松散，棱角及空隙要用草填实，防止摩擦碰撞，装卸要轻拿轻放，要有专人监护。

11. 油漆涂料及化工材料的存放要求

(1) 按品种、规格，存放在干燥、通风、阴凉的仓库内，与火源、电源隔离，温度应保持在5～30℃之间。

(2) 保持包装完整及密封，码放位置要平稳牢固，防止倾斜与碰撞；应先进先发，严格控制保存期；油漆应每月倒置一次，以防沉淀。

(3) 应有严格的防火、防水、防毒措施，对于剧毒品、危险品（电石、氧气等），须设专库存放，并有明显标志。

12. 防水材料的存放要求

(1) 沥青料底垫应坚实平整，并与自然地面隔离，严禁与其他大堆料混杂。

(2) 普通油毡应存放在库房或料棚内，并且应立放，堆码高度不超过2层，斜堆放。

玻璃布油毡平放时，堆码高度不超过3层。

(3) 其他防水材料可按油漆化工材料保管存放要求执行。

13. 其他轻质装修材料的存放要求

(1) 应分类码放整齐，底垫木不低于10cm，分层码放时高度不超过1.8m。忌横压与倾倒。

(2) 应具备防水、防风措施，应进行围挡、上苫；石膏制品应存放在库房或料棚内，竖立码放。

14. 周转料具的存放要求

应随拆、随整修、随保养并码放整齐。组合钢模板应扣放（或顶层扣放），大模板应对面立放，倾斜度不小于70°；钢脚手架管按长短分类，一头齐码放；钢支撑、钢脚手板颠倒码放成方，高度不超过1.8m；各种扣件、配件应集中堆放，并设有围挡。

第六节　材料仓库管理制度

1. 仓库管理规则

(1) 项目部应在施工现场设置仓库管理人员，负责仓库作业活动和仓库管理工作。

(2) 设备材料正式入库前，应根据采购合同要求组织专门的开箱检验组进行开箱检验。开箱检验应有规定的相关责任方代表在场，填写检验记录，并经有关参检人员签字。进口设备材料的开箱检验必须严格执行国家有关法律、法规及其采购合同的约定。

(3) 经开箱检验合格的设备材料，在资料、证明文件、检验记录齐全，具备规定的入库条件时，应提出入库申请，经仓库管理人员验收后，办理入库手续。

(4) 仓库管理工作应包括物资保管、技术档案、单据、账目管理和仓库安全管理等。仓库管理应建立“物资动态明细台账”，所有物资应注明货位、档案编号、标识码以便查找。仓库管理员要及时登账，经常核对，保证账物相符。

(5) 采购组应制定并执行物资发放制度，根据批准的领料申请单发放设备材料，办理物资出库交接手续，准确、及时地发放合格的物资。

2. 仓库收发料制度

(1) 车站、码头、民航提货：提货时应根据运单及有关资料详细核对品名、规格、数量，注意外观检查（包装、封印完好情况，有无污染、受潮、水渍、油渍等异状），若有短缺损坏情况，应当场要求运输部门检查。凡属承运方面的责任，应作出商务记录；属于其他方面责任需要承运部门证明的，应做好普通记录，并请有关部门签字。当记录内容与实际情况相符后，方可提货。

(2) 核对证件：入库物资在进行验收前，首先要将供货单位提供的质量证明或合格证、装箱单、磅码单、发货明细表等进行核对，看是否与合同相符。

(3) 数量验收：数量检验要在物资入库时一次进行，应当采取与供货单位一致的计量方法进行验收，以实际检验的数量为实收数。

(4) 质量检验：一般只作外观形状和外观质量检验的物资，可由保管员或验收员自行检查，验后作好记录。凡需要进行物理、化学试验以检查物资理化特性的，应由专门检验部门加以化验和技术测定，并做出详细鉴定记录。

(5) 对验收中发现的问题，如证件不齐全，数量、规格不符，质量不合格，包装不符合要求等，应及时报有关业务部门，按有关法律、法规及时进行处理，保管员不得自作主张。

(6) 物资经过验收合格后应及时办理入库手续，进行登记入账、建档工作，以便准确地反映库存物资动态。在保管账上要列出金额，保管员能随时掌握储存金额状况。

(7) 核对出库凭证：保管员接到出库凭证后，应核对名称、规格、单价等是否准确，印鉴、单据是否齐全，有无涂改现象，检查无误后方可发料。

(8) 备料复核：保管员按出库凭证所列的货物逐项进行备料，备完后要进行复核，以防差错。为使物资出库时间不因复核而延长，复核工作应在出库过程中交替进行，在未交给提货人之前，应该复核清楚。

(9) 点交：物资经过复核确认如果是用户自提，即将物资和证件全部向提货人当面点交，办清交接手续。如是代运，则需办理内部交接手续，向负责代运人点交清楚，由接手人签章。物资点交手续办完后，该项物资的保管阶段基本完成，保管员即应做好清理善后工作。

3. 库存物资维护保养制度

物资的维护保养工作是物资技术管理的主要环节，保管人员经常对所管物资进行检查，了解和掌握物资保管过程中的变化情况，以便及时采取措施，进行防护，从而保证物资的安全和完好。物资入库后的保管阶段，保管人员应做好以下工作：

(1) 物资入库后，按要求堆码整齐、牢固。对易损物资应轻拿轻放，不得损坏。要对堆放料场的物资采取合理的堆码苫垫，保证物资不变形、不紊乱、不锈蚀，保证物资的完好。

(2) 根据各种物资的不同性能和季节气候的变化，要加强对物资的防护，做到勤检查、勤保养，做好"十二防工作"，即防锈、防盗、防火、防霉烂变质、防爆、防冻、防漏、防鼠、防虫、防潮、防雷、防丢。

(3) 物资在库期间，如发现有锈蚀、损坏、变质的现象，保管员要及时向领导建议，提出维护保养计划；对精密仪器和较复杂的设备、电器、通讯器材等，如需保养的，应请有关技术人员鉴定后方可进行，不得随意拆卸解体。

(4) 搞好仓库卫生，勤清扫，经常保持货垛、货架、包装物、苫垫材料及地面的清洁，防止灰尘及污染物飞扬，侵蚀物资。

(5) 做好季节性的预防措施。保管员要根据气候变化做好防护工作，如汛期到来前，要做好疏通排水沟、加强露天物资的遮盖物和防潮防霉等工作；梅雨季节，注意通风散潮，使库内湿度保持在一定范围内；高温季节，对怕热物资要采取降温措施；寒冷季节，怕冷物资要做好防冻保温工作。

4. 安全保卫防火制度

(1) 保管员每日上、下班前，要检查库房、库区、场区周围是否有不安全的因素存在，门窗、锁是否完好，如有异常应采取必要措施并及时向保卫部门反映。

(2) 在规定禁止吸烟的地段和库区内，应严禁明火及吸烟，仓库禁止携入火种。保管员对入库人员有进行宣传教育、监督、检查的义务。

(3) 对危险品物资要专放，对易燃易爆物品要采取隔离措施，单独存放。消除不安全因素，防止事故的发生。

（4）保管员应保持本库区内的消防设备、器具的完整、清洁，不允许他人随意挪用；对他人在库区内进行不安全作业的行为，有权监督和制止。

（5）保管员对自己所管物资，对外有保密的责任。领料人员和其他人员不得随意进出库房，如确需领料人员进库搬运的物资，要在库内点交清楚，不得在搬运中点交，以防出现差错和丢失。

（6）保管员在探亲、出差或长时间外出时，不得把仓库钥匙带出；工作时间不得将钥匙乱扔乱放；人离库时应立即锁门，不得擅离职守。

（7）保管员发完料后，应在发料凭证上签字，同时也要请领料人员签认，并给领料人员办理出门手续。

（8）仓库是存放公家物资的场所，任何人不得随意将私人物品存入库内。

第七节　现场周转材料的租赁及管理

为了提高周转材料的利用率和企业的综合经济效益，减少资金占用，延长材料使用寿命，促进施工现场材料管理达标，特实行周转料具内部租赁制，规定办法如下：

1. 管理机构

公司材料主管部门负责宏观控制、调剂及供应部分周转料具。各分公司或项目部实行一级租赁分级管理的体制。仓库设置租赁站，并编制专职租赁业务人员、核算人员及维修人员，负责周转材料的采购、租赁、发放、保管、维修、核算等工作。各分公司材管理部门应设专人负责租赁业务和现场管理的全面工作。各施工单位（租用单位）要设专职或兼职材料人员，负责使用计划的编制和上报，签订租赁合同，办理提退料及结算手续，建立周转材料租赁台账，做好现场租用周转材料的维修、保管及管理等工作。

2. 租赁业务的管理

（1）计划申请与签订合同

1）租用单位对新开工程应按施工组织设计（或施工方案）编制单位工程一次性备料计划，上报公司材料主管部门，负责组织备料。

2）租用单位应根据施工进度，提前一个月申报月份使用租赁计划，主要内容包括：使用时间、数量、配套规格等，由公司下达给租赁站。

3）公司材料主管部门根据申请计划，组织租用单位与租赁站签订租赁合同。

（2）提退料、验收与结算

1）提料：由租用单位专职租赁业务人员按租赁合同的数量、规格、型号，组织提料到现场，材料人员验收。

2）退料：租用单位材料人员应携带合同，租赁站业务人员按合同的品名、规格、数量、质量情况组织验收。

3）结算办法：连续租用应按月办理结算手续；退料后的结算应根据验收结果进行，租赁费、赔偿费和维修费一并结算收取。

（3）验收标准

1）钢模板：要求板面平整，无大的翘曲，各种边筋齐全完好，正面和背面的水泥硬块及杂物要清理干净，禁止在板面上打孔凿洞。

2）钢支柱：要上下管垂直，配件齐全，表面无杂物。

3）钢跳板：板面要平整，边筋要垂直，正反面无杂物。

4）钢管脚手架：无弯曲，无切割或焊接，管面清洁，无杂物。

5）其他料具：无损坏变形，配件齐全，使用功能正常。

（4）赔偿与罚款

可根据租赁协议明确双方赔偿与罚款的责任。

第八节　项目限额领料的规定

为了完善项目法施工管理办法，对项目使用材料进行有效控制，促进材料的合理使用，达到降低物耗、降低工程成本的目的，制定本规定。

1. 凡实行项目法施工的工程，必须实行限额领料，把材料成本降低率和三材节约率作为项目的重要考核内容，实行奖罚兑现。

2. 限额领料以下列几个方面作为依据：

（1）定额站制定的预算定额或本单位制定的材料消耗定额。

（2）技术部门提供的砂浆、混凝土配合比、技术节约措施及各种翻样、配料表等技术资料。

（3）预算部门编制的施工图预算，工长签发的施工任务书。

3. 凡项目上使用的主要材料，都必须限额，如钢材、木材、水泥、油毡、玻璃、砖、面砖以及装修材料和贵重材料等。

4. 限额领料的形式可以多种多样，要根据本单位的具体情况而定，但一定要用料有核算，奖罚有依据，节超有分析，做到基础资料齐全，达到降低材料消耗，促进文明施工的目的。一般可采用以下形式：

（1）分项作为限额单位，对施工班组实行限额领料。

（2）以分部工程作为核算单位，对施工班组实行节超奖罚兑现。

（3）以单位工程作为考核单位，考核项目材料成本降低率和三材节约率的完成情况，实行奖罚兑现。

5. 限额领料程序：

（1）技术部门提供施工组织设计和技术节约措施。

（2）由预算部门提供单位工程预算和分部分项工程的材料预算表及工料分析表。

（3）每个单位工程配备一名材料定额员（小的单位工程可以几个单位工程设一名定额员）。由材料定额员根据工长签发的施工任务书套用有关定额，签发限额领料单，交工地材料部门和施工班组料具员，进行发料和领料。

（4）工地材料部门在接到限额领料单时，要审核无误后，再进行发料。

1）审核有无工长和材料定额员的签章；

2）审核工程量有无重复或超过预算；

3）审核套用的材料定额有无差错；

4）审核计算有无差错。

（5）因各种原因造成的超限额用料，必须由工长提追加单，说明材料超耗的原因。并经主管批准，补签的限额领料单上，注明“超耗”字样，作为超耗数量的凭证。

（6）限额领料单随施工任务书按月同时结算。工程未完已领未用的材料要办理假退料手续；分部分项工程完工后，在结算的同时，工地材料部门应与施工班组料具员办理余料退库手续。

（7）上述手续完成后，立即进行材料节超计算，审核无误后，进行奖罚兑现。节超奖罚金额在材料成本中核算。

6. 项目实行限额领料要实行有效管理，管理要求：

（1）项目经理是项目上实行限额领料的总负责人，负责督促检查限额领料在项目上的实施，对实施情况和成果负有直接责任，实行奖罚兑现。

（2）配备必要的计量器具，对进场、进库、出库材料严格计量把关，并做好相应的验收记录和发料记录。

（3）进场、进库材料必须办理二次出库手续，杜绝以拨代耗，按月对现场材料、半成品、成品进行盘点。

（4）加强项目内业务基础资料管理，建立单位工程耗料台账。

（5）为了加强成本核算，验收工程月报的生产报量必须与材料消耗同步。

（6）上级材料部门定期对项目执行限额领料情况组织检查总结，及时解决限额领料执行中存在的问题。

7. 对项目实行限额领料情况进行检查与考核：

（1）需要限额的材料都实行了限额领料。

（2）项目建立健全材料账、表、单、记录等内业基础资料，手续齐全，核算及时，数据交圈对口。

（3）项目实行限额领料，节超必须奖罚兑现。

（4）现场材料管理达到文明施工管理标准。

第九节　限额领料办法

为加强施工班组材料使用的管理，达到降低消耗的目的，在施工现场材料管理上实行限额领料，规定办法如下：

1. 限额领料的范围

凡项目部所属施工工地，都必须实行限额领料。

2. 限额领料的依据

各生产班组（含外包队）在施工生产中所使用的材料。

（1）当地建设行政主管部门和企业制定的施工材料定额。

（2）预算部门编制的施工预算（分项分部工程的材料分析）和洽商记录。

（3）生产、计划部门（工长、计划员）提供的施工任务书和实际竣工验收的工程量。

（4）技术部门（技术员、试验室）提供的砂浆、混凝土配合比、技术节约措施及各种翻样、配料表等技术资料。

3. 限额领料与定额考核方法

（1）采用限额领料方式的材料范围：

水泥、油毡、沥青、砌块、建筑五金、装饰材料、水暖配件、电线电缆、油漆、灯具、散热器、卫生洁具、玻璃等。

（2）采取定额考核方式的材料范围：

钢筋、木材、砂石、石灰、构配件。

4. 限额领料的程序及做法

（1）限额领料单的签发与下达

1）签发：材料定额员根据生产计划部门编制的施工任务书领料与发料，班组领料人员凭限额领料单领料，做好分次领用记录。发料员在限额领料单规定的限额内发料。

2）在领发过程中，双方办理领发料（出库）手续，填写领料单（可一领一填，也可平时做好记录，汇总填写），注明用料的单位工程和班组，材料的名称、规格、数量及领用的日期，双方需签字认证。

3）材料领出后，班组负责保管和使用，材料员必须按保管和使用要求对班组进行监督。

4）各种原因造成的超耗，必须由工长提出超耗原因，工长核实后，由定额员计算数量，补签限额领料单。对非正常因素造成的超耗，在补签的限额领料单上注明。

（2）验收与结算

1）班组任务完成后，由工长组织有关部门对工程量、工程质量及用料情况进行验收，并签署检查意见，验收合格后，班组办理退料手续（或假退料）。

2）定额员根据验收合格的任务书和结清领料手续的限额领料单，按照实际完成量计算实际应用材料量，与班组实际耗用量对比，计算节、超数量，并对结果进行限额领料单的结算，当月完成的，完一项结一项，跨月完成的，完成多少预结多少，全部完成后总结算。

第十节　单位工程主要材料核算

施工单位工程材料核算，是一切核算工作的主要环节，为了提高单位工程施工的经济效益，搞好单位工程材料的业务核算工作，制定如下办法。

1. 单位工程主要材料包干使用计划的编制

（1）编制的依据：设计预算（或概算）的材料分析（即预算用量）。

（2）主要材料：包括钢材、木材、水泥、玻璃、沥青、油毡、机砖、石灰、砂子、石子及其他骨料。

（3）包干计划的内容：包干使用计划是单位工程施工所需材料数量的最高额度，即为计划收入的总数量。包括预算用量、暂设工具用料、包干使用系数（即不可预见系数）三个部分。

（4）预算用量：包括现场用量、加工用量。

（5）暂设工具用料：现场临时设施、自制工具、用具及周转料具的补充、维修和更新。

（6）包干使用系数：包括一般设计变更、预算漏项或计算错误，预算定额的含钢量与实际抽筋在3%以内的量差，原材料的正负公差及品种规格一般代用，构配件的运输、吊装损耗等。

2. 包干计划的应用与管理

(1) 招投标及材料谈判：包干计划中的三材数量指标作为招投标或议标的依据，供与建设单位洽谈材料供应协议，核定单位工程供料总指标的资料。

(2) 指标资源管理：公司与分公司材料主管部门两级为包干指标的总管，分别建立单位工程计划供应台账，实行指标供应本卡的往来关系，并组织配套供应，逐月核销，竣工结算，考核节超等供应核算工作。

(3) 指标分管责任制：公司材料主管部门全面负责包干计划中三材指标的分配、下达、控制与考核。对内外加工用料、暂设工具用料、包干使用系数均实行统一管理，根据施工组织设计和实际使用情况，统筹掌握，分配调剂。

各土建、水电、设备安装、加工等施工生产单位的材料部门，分别负责现场施工、水电、设备安装、加工制作所用材料的管理、使用与核算。指标分管责任制的原则：谁使用，谁管理，谁核算。

3. 一次性用料计划的编制

单位工程一次性用料计划是控制单位工程主要材料的消耗总数量，即施工预算材料分析。

(1) 施工预算的编制：施工单位应于开工前组织预算员、定额员、技术员、计划员等有关人员编制好施工预算。

(2) 用料计划的编制：材料定额员应根据预算工程量、材料消耗定额编制材料分析(或由预算员提供)；根据技术翻样资料，提报构配件（成品、半成品）加工订货计划。

(3) 两算对比：材料定额员根据公司材料主管部门下达包干计划中的预算用量（设计预算材料分析）与用料计划施工预算材料分析进行两者对比，并建立两算对比台账。在对比过程中如发现用料计划大于包干计划时，应查找原因，做好记录并及时反馈给上级材料管理部门。

4. 耗料的控制与核算

(1) 方式：采取限额领料和定额考核两种方式。

(2) 方法：建立单位工程供应台账、消耗台账、班组耗料台账、构配件（成品、半成品）考核台账；按施工任务书（单）编制、下达限额领料单；定额员检查材料使用消耗情况，并做好记录（在施工程材料检查记录）；按月编制并上报主要材料消耗报表等。

(3) 实施要求

1) 填写计划供应数量：根据施工预算材料分析（用料计划）和加工订货计划，建立单位工程主要材料供应台账和成品、半成品考核台账；将其计划供应的各品种数量填写在计划或预算数量栏内。

2) 结算统计限额领料单：每个月底将执行结算后的限额领料单，分类（水泥、机砖、油毡、沥青及建筑五金等)、分班组列入班组耗料台账。

3) 核算定额考核的材料：按当月完成的实物工程量（结算后的任务书)、钢筋加工配料单、混凝土及砂浆配合比通知单及实施情况，计算定额考核的材料（结构钢筋、砂、石、石灰及其他骨料）数量，并分类、按分部分项工程列入班组耗料台账（同时办理发料手续）。如发现混凝土和砂浆配合比通知单的配比与定额不相符时，应做好记录，并计算出材料消耗的差量。

4）编制消耗报表：按月份将班组耗料台账分类统计主要材料消耗情况，编制单位工程月份主要材料消耗报表一式三份：一份自存并将其消耗数量列入单位工程消耗台账，两份上报上级材料管理部门，并分别登记各自的消耗台账。

5）考核成品半成品：对成品半成品按部位（或分层）统计使用安装的数量，按月统计进场存放数量及安装存放损坏或丢失的数量（补充追加的数量），及时登入考核台账，竣工后按栋号统计核算。

6）核算摊销周转料具：对钢木模板、支撑用料，按工程部位分季度核算摊销（可按月份统计倒用次数），竣工后按栋号结算。

7）检查材料的存放使用：材料定额员应经常检查在施工程材料的使用消耗情况，存放保管情况，并做好记录和签证手续，以备分析节超原因。

8）统计整理变更与洽商：做好施工过程中的设计变更和工程技术洽商记录的统计整理工作，并相应地调整计划（或预算）数量。

9）编制竣工结算：各施工单位应在竣工后验收前，及时收集、整理、汇总各方面的资料；分类分项统计核算材料耗用的实际数量，编制竣工结算表，并与用料计划（施工预算材料分析）对比节超，分析原因，并写出报告。结算表一式四份：两份自存（一份做竣工资料，一份存档），两份上报给上级材料部门。

5. 核算要求

（1）此项核算工作要全面完整，真实可靠，数据交圈对口，做到不串项（项目工程）、串号（栋号）。

（2）要严格控制考核全过程，每个环节要有记录；统计考核要有原始依据，材料使用去向清楚，严禁非工程用料列入栋号，更不能事后算总账。

第十一节　项目材料管理岗位责任制

为了使材料供应管理下作职责明确，合理分工，责任到人，以增强全体物资管理人员的责任感和纪律性，提高业务能力和工作效率，不断改进工作方法，尽快达到管理标准，故应建立健全各级岗位责任制。

1. 项目材料管理基本职责

（1）参与施工组织设计（方案）的编制工作，及时提供供料方法、资源情况、运输条件及现场管理要求，使之合理规划现场存料场地、仓库及其他临时设施和运输道路的位置。

（2）根据项目负责人及上级主管有关部门的管理要求，结合现场实际情况，制定现场料具管理规划及管理制度。

（3）根据有关部门提供的原始资料，负责汇总编制主要材料一次性用料计划、申请计划、构配件加工订货计划、市场采购计划、周转料具租用计划及材料节约计划等，并及时上报上一级材料主管部门。

（4）负责组织经上级业务部门批准的部分市场（就近）的材料、工具的供应工作。坚持比质、比价、比运距的原则。

(5) 负责现场料具的收、发、保管工作。认真负责，坚守岗位，严格把好收料关，坚持三验制度，做到手续完备，账目清楚。

(6) 开展 TQC 工作，搞好材料质量管理和计量管理工作。

(7) 负责现场料具管理工作。做到料具存放按标准；使用合理，维修保养得当；废旧物资、包装容器回收及时，实现文明管理。

(8) 搞好材料定额管理工作。建立健全各种单位工程台账及限额领料手续；掌握材料使用去向，加强对材料使用的监督与控制。定额用料要落实到班组，按月份统计消耗及库存情况，按时上报上级业务部门；抓好材料节约工作，实施材料节约奖励办法。

(9) 负责工程竣工后的各项收尾工作。在规定的时间内，组织好料具的回收、调剂、退转场；负责债权债务的清理及有关资料的汇总、交接、存档等工作。

(10) 各岗业务人员，要坚持工作质量考核评比，材料纪律检查监督工作的开展；坚持为栋号施工服务，为班组服务；遵纪守法，模范遵守职业道德规范及廉政方面的有关规定。

2. 项目经理部各岗位人员的基本职责

(1) 计划员（业务主管）

1) 了解掌握工程协议的有关规定、工程概况、施工地点、供料方法、运输条件及资源情况，并参与施工组织设计（方案）的编制工作；

2) 负责各类材料计划的编制、上报、下达等工作；

3) 领导和组织供应工作。督促、检查材料计划的执行与落实情况；

4) 深入实际，随时掌握施工进度，了解材料的使用、消耗情况；

5) 组织计划供应、定额用料、综合统计等各管理环节的经营活动分析工作。要求分析科学、数据可靠、措施得力、效果显著；

6) 负责组织、监督、检查材料管理各项规章制度的执行与落实等工作；

7) 制定物资工作计划与规划，组织制定与完善各项规章制度及物资管理等基础建设工作；

8) 组织剩余材料、废旧物资、包装容器的回收、利用、清退与转场工作。

(2) 定额员（材料技术管理）

1) 协助计划员汇总编制单位工程主要材料一次性用料计划、钢材明细计划、构配件加工订货计划；

2) 负责建立健全定额用料制度中规定的各种台账，即单位工程二级核算对比台账，主要材料供应台账、消耗台账，构配件计划供应消耗考核台账，班组主要材料消耗台账。要求数据真实，交圈对口，准确完整；

3) 负责限额领料单的签发、下达、验收、结算等工作；

4) 负责检查、监督材料的使用、消耗情况。要求做到查项、查量、查措施、查操作，查脚下清；

5) 负责编制汇总月份材料消耗统计报表及单位工程主要材料结算表，并负责材料节约奖的统计、申请、签证工作；

6) 向计划员提供材料节超情况，并综合分析原因，提出改进措施；监督材料技术节约措施的落实及效果考核工作；

7）在施工预算不具备的情况下，认真做好定额用料的统计工作，负责工程技术洽商、变更的增减账处理及技术翻样资料的收集整理工作，为竣工结算积累原始资料。

（3）统计员（综合统计）

1）负责建立健全各类统计台账；

2）编制各种统计报表。组织收集汇总各业务的统计数据，要做到统计数字真实可靠，交圈对口，报表清晰无误；

3）向计划员提供材料收、发、使用去向，节超、调拨、调剂、利用代用、回收、维修、库存盘点等情况，并进行综合分析，提供反馈信息；

4）负责制定及完善材料统计管理制度，协同计划员搞好本部门的业务工作总结，参与制定材料工作计划及规划等工作；

5）负责本部门内业资料的收集、整理、汇总及存档等管理工作；负责业务用品及办公用品的管理工作。

（4）核算员（业务记账与核算）

1）负责原始凭证、账目、报表的编制及管理工作。根据材料目录按二级科目分类，建立三级明细账。记账要及时准确，确保账目数据的连续性；

2）搞好业务核算工作。设立核算台账，坚决执行预算价（入账与发料均按预算价计取），核算以点验单为依据，差价部分采用补做点验单的办法，调整账面平衡，做到账、卡、物、资金四相符；

3）会同会计人员搞好财务稽核工作，并同保管员每月进行一次核查对账。账物不相符时，应在查明原因后做账面调整；

4）按规定每月做好周转料具的摊销工作。编制摊销核算表交财务作账；

5）做好对原始凭证的装订、存档等管理工作。对随货同行的提货单或运输小票，附在点验单后面，妥善保存以便备查；

6）负责指导保管员做好账务管理及盘点工作，定期向计划员提供材料库存及资金动态情况。

（5）收料员（现场收料）

1）坚守岗位，随叫随到，收料认真负责，准确及时；

2）严格执行收料“三验制”，即验数量、验质量、验规格品种；

3）建立进（出）料登记台账及计量检测记录，认真办理进（出）料各种手续，确认无误后及时登记；

4）严格按照施工平面布置图，合理规范的存放各类材料及构配件；

5）每天应向计划员及其他业务人员提供进料情况。

（6）采购员

1）严格执行经济合同法及有关购销、加工承揽等法律法规，模范遵守物资政策及材料工作纪律，严格执行材料管理的各项规章制度，在加工订货及市场采购工作中，做到廉洁奉公，自觉抵制不正之风；

2）要坚持“三比一算”的原则，正确选择进货（订货）渠道。坚持“先看货后订货”的原则，认真签订并履行购销合同；及时催货，组织提货送料，做到及时准确、完好无损；

3）严格执行加工订货计划和采购计划，遇有变更或代用时，应及时与计划员（或技术质量人员）签认，不得擅自更改；

4）负责订货进料的质量证明书及产品合格证的索取、下发及管理工作；负责购销合同的传递及管理工作；

5）负责办理材料的入库、下发、记账、结算等有关业务手续；

6）定期（月或季）编报材料采购报表，分析采购价格及管理费用的开支，完成采购成本降低指标；

7）了解掌握市场情况，及时向计划人员及业务领导提供市场信息；

8）认真学习材料的基本知识，掌握材料的性能、用途及质量标准，以有效的工作质量保证材料的供应质量。

（7）保管员

1）验收。材料设备入库按凭证点验，在规定时间内验收完毕，登账归位。发现问题按规定及时处理；

2）发放。要按规定手续，用正式单据当面点交清楚。外运物资要及时备料、包装，点交运输人员签收。坚持仓库物资先进先发原则；

3）保管。按照仓库规划合理储存，标签明显，账、卡、物、资金相符，规格不串，材质不混。露天物资堆放要上盖下垫，待验收物资应单独存放。坚持定期盘点，维护保养物资要按时提出计划，并组织实施。库存物资要达到“十不”（不锈、不潮、不冻、不霉、不变、不坏、不混、不爆、不漏、不丢），合理的盈亏要按规定及时上报；

4）资料。账卡、单据（包括质量证明书和原始资料）要日清月结，装订成册，妥善保管。上级需要的报表资料做到及时报送，准确无误；

5）库容。要做到整洁美观，物资摆放有序，横平竖直，整齐干净，达到料场无垃圾、无杂草，库内无杂物，货架无尘土。

（8）计量员

1）认真贯彻执行国家及企业的计量法规、法令和有关规定，参与制定本系统各项计量管理制度及工作规划，并负责监督执行；

2）审核本系统（本部门）计量器具的配备计划及购置，负责检查建账、周检、流转、降级、封存、报废等业务手续；

3）负责原材料及能源计量检测制度的落实，建立进（发）料台账，做好计量检测原始记录，保证量值传递准确可靠；

4）检查计量器具的使用及维护、保养制度的落实，保证计量数据准确一致；

5）负责各类计量管理资料的收集、汇总及整理归档工作。

（9）监督员

1）熟悉国家或各地有关材料物资工作的政策、法令、法律及法规，熟悉总公司材料处制定下发的各项规章、制度、措施、办法中所规定的规范和标准；掌握各种材料的管理程序及管理知识；

2）负责监督和纠正施工材料供、管、运、用过程中的违章现象和行为；

3）有权对违反管理规定、造成经济损失或管理混乱的责任者，进行规定数额的经济处罚；

4）对阻挠或干扰材料监督工作正常进行的各类人员，应视情节轻重，有权提请上级行政监察、纪检和有关监督、监控部门及领导，追究其党纪、政纪责任或给予经济处罚；

5）不断加强自身建设，提高业务素质及政策水平，坚持实事求是、秉公执法、不徇私情、不谋私利。

3. 管理机构

公司材料处负责宏观控制、调剂及供应部分周转料具。各分公司实行一级租赁分级管理的体制。仓库设置租赁站，并编制专职租赁业务人员、核算人员及维修人员，负责周转材料的采购、租赁、发放、保管、维修、核算等工作。各分公司材料科应设有专人负责租赁业务和现场管理的全面工作。各施工单位（租用单位）要设专职或兼职材料人员，负责使用计划的编制和上报，签订租赁合同，办理提退料及结算手续，建立周转材料租赁台账，做好现场租用周转材料的维修、保管及管理等工作。

4. 租赁业务的管理

（1）计划申请与签订合同

1）租用单位对新开工程应按施工组织设计（或施工方案）编制单位工程一次性备料计划，上报公司材料科负责组织备料；

2）租用单位应根据施工进度，提前一个月申报月份使用租赁计划（主要内容包括：使用时间、数量、配套规格等），由材料科下达给租赁站；

3）公司材料科根据申请计划，组织租用单位与租赁站签订租赁合同。

（2）提退料、验收与结算

1）提料：由租用单位专职租赁业务人员按租赁合同的数量、规格、型号，组织提料到现场，材料人员验收。

2）退料：租用单位材料人员应携带合同，租赁站业务人员按合同的品名、规格、数量、质量情况组织验收。

3）结算办法：连续租用应按月办理结算手续；退料后的结算应根据验收结果进行，租赁费、赔偿费和维修费一并结算收取。

（3）验收标准

1）钢模板：要求板面平整，无大的翘曲，各种筋、边齐全完好，正面和背面的水泥硬块及杂物要清理干净，禁止在板面上打孔凿洞。

2）钢支柱：要上下管垂直，配件齐全，表面无杂物。

3）钢跳板：板面要平整，边筋要垂直，正反面无杂物。

4）钢管脚手架：无弯曲，无切割或焊接，管面清洁，无杂物。

5）其他料具：无损坏变形，配件齐全，使用功能正常。

（4）赔偿与罚款

可根据租赁协议明确双方赔偿与罚款的责任。

第十二节　材料综合节约措施

材料综合节约要做到“三坚持”，即：坚持实事求是的原则，加强物资计划管理，提高计划的准确性，不得粗估冒算，防止因计划不周造成积压、浪费现象的发生；坚持勤俭节约，反对浪费的原则，挖掘企业内部潜力，开展清仓利库工作；坚持计划的严肃性与方法的灵活性相结合的原则，计划一经订立或批准，无意外变化，就必须严格执行。

1. 加强现场管理

（1）加强计量工作和计量器具的管理，对进入现场的各种材料要加强验收、保管，减少材料的缺方亏损，最大限度地减少材料的人为和自然耗损。

（2）加强材料的平面布置及合理码放，防止因堆放不合理造成的损坏和浪费。

（3）搅拌站要严格实行配比的准确过磅计量，杜绝因配比不准造成水泥、石料浪费和质量事故。

（4）施工现场设立垃圾分拣站，并及时分拣、回收、利用。

（5）搞好限额领料工作，要按照公司“限额领料法”和“限额领料考评标准”的要求认真落实，避免只干不算或先干后算的情况发生。

（6）用经济手段管理好材料，签订材料承包经济合同，严格执行材料节奖、超罚制度。

2. 主要材料节约措施

（1）钢材节约

1）增强钢材综合利用效果，钢筋加工向集中加工方向发展，对集中加工后的剩余短料应尽量利用，如制造钢钎、穿墙螺栓、预埋件、U形卡等制品。推广应用钢筋冷加工及焊接新工艺，节约钢筋；

2）施工单位要加强完善钢筋翻样配料工作，提高钢筋加工配料单的准确性；减少漏项，消灭重项、错项；

3）加强对钢模板、钢跳板、钢脚手架管等周转材料的管理，使用后要及时维修保养，不许乱截、垫道、车压、土埋；

4）搞好修旧利废工作，对各种铁制工具应及时保养维修，延长使用期限，节约钢材和资金。

（2）木材节约

1）严禁优材劣用、长材短用、大材小用，合理使用木材。拆模后应及时将木模板、木支撑等清点、整修、堆码整齐，防止车轧土埋，尽量减少模板和支撑物的损坏。不准用木制周转料铺路搭桥，严禁用木材烧火；

2）加速木制周转料的周转，木模板一般倒用5次，木支撑一般倒用12～15次，枕木使用年限为3～5年，各单位要注意木制周转料的调剂工作，根据木材质量、长短等情况，规定不同的价格，以利于木材周转使用；

3）应尽量采取以钢代木、以塑代木等各种形式节约木材，施工中尽量以钢门窗、钢木门窗、钢塑门窗代替木门窗，以钢模板代替木模板，以钢脚手架代替木脚手架。

（3）水泥节约

1）水泥在运输过程中应轻装轻卸，散灰车运输要往返过磅，卸散灰时要敲打灰罐，卸净散灰。因特殊情况需在风雨天运输水泥时，必须做好水泥苫垫工作；

2）水泥库要加设门锁，专人管理，水泥库内地面应做到防水防潮，水泥不得靠墙码放，离墙不小于10cm，库内地面一般应高于室外地坪30～50cm。在使用时，做到先进先出，散灰要及时清理使用；

3）灌注混凝土时，派专人对下灰工具、模板、支撑进行检查，防止漏灰、漏浆、跑模。各工序要及时联系，防止超拌，造成浪费；

4）施工操作中撒漏的混凝土、砂浆应及时清扫利用，做到活完、料净、脚下清；

5）搞好水泥纸袋的回收、清退工作，纸袋回收率应达到95％以上，完好率达60％以上，严禁开膛、破肚。

3. 降低材料成本管理措施

降低施工材料管理成本，应着重把握六个要点：

（1）推行单线图、排版图的材料计划编制方法

计划管理是工程项目现场材料成本管理的首要环节。所谓单线图就是以工程项目的工艺流程或系统图为基础，根据平面、剖面的布置及空间走向所勾画的单线示意图。以管道专业为例，就要在单线图上标出根据平、剖面施工图的直管线长度、材质、规格、管配件型号、数量等。排版图就是根据建筑物（房间）的几何尺寸及所需材料的规格勾画的有构件走向、拼缝位置的排版示意图。以镶贴瓷砖为例，就是要在排版图上标出瓷砖排列方向、拼缝位置、数量等。由于单线图、排版图直观、易懂，能准确地计算出所需的材料、构件等，已被安装施工的各专业广泛采用。不单主材，所有辅助材料的估料也必须有计算依据、计算过程书。采取这种方法所作的施工估料才能把好现场材料成本管理的第一关。

（2）运用材料A、B、C分类法进行计划审核

材料A、B、C分类法是企业材料分类管理的一种方法。运用到建筑安装施工企业，作为对工程项目现场施工估料的审核，就是对施工所使用的各种材料，按其需用量大小，占用资金多少，重要程度分成A、B、C三类，审核计划时采取不同的办法。

根据安装工程材料的特点，对需用量大、占用资金多、专用材料或备料难度大的A类材料，必须严格按照设计施工图，逐项进行认真仔细的审核，做到规格、型号、数量完全准确。对资金占用少、需用量小、比较次要的C类材料，可采用较为简便的系数调整办法加以控制。对处于中间状态的通用主材、资金占用属中等的辅材等B类材料，估料审核时一般按常规的计算公式和预算定额含量确定。

（3）在做好技术质量交底的同时做好用料交底

施工技术管理人员除了熟悉施工图纸，吃透设计思想并按规程规范向施工作业班组进行技术质量交底外，还必须将自己的施工估料意图灌输给班组，以单线图、排版图的形式做好用料交底，防止班组下料时长料短用、整料零用、优料“劣”用，做到物尽其用，杜绝浪费，减少边角料，把材料消耗降到最低限度。

（4）周密安排月、旬用料计划，执行限额领料

根据施工程序及工程形象进度，周密安排分阶段的用料计划，这不仅是保证工期与作业的连续性，而且是用好用活流动资金、降低库存、强化材料成本管理的有效措施，在资金周转困难的情况下尤为重要。

项目经理部必须准确地把握工程进展的情况，不断提高协调能力和预测能力，及时发现和处理现场施工的进度问题。同时，要严格执行限额领料，在编制施工计划时，附上完成该项施工任务的限额领料单，作为发料部门的控制依据，防止错发、滥发等无计划用料，从源头上做到材料的“有的放矢”。

(5) 及时、完整地办理签证及变更手续

工程设计变更和增加签证在项目施工中会经常发生。工程变更时，往往会造成材料积压，这是由于备料在前、变更在后所致。项目经理部在接收工程变更通知书执行前，应有因变更造成材料积压的处理意见，原则上要由业主给予签证或承担损失，否则，如果处理不当就会造成材料积压，无端地增加材料成本。

另外，随着法制法规的健全，业主现场代表必须具有法定委托权，可通过协调会的会议记录或文件进行双方确认，才能保证工程变更签证的有效性。对业主口头通知的变更，项目经理部应主动办理工程变更书，并由业主代表签字确认，既体现顾客至上的服务意识，又不损害企业利益。

(6) 认真处理“假退料”及边角料回收

“假退料”是月末施工项目对已领未用而下月仍继续要用的材料不退库，而同时编制本月的退料单和下月的领料单。以减少退、领料的搬运，便于正式反映当月实际耗料的常用方法。尤其对项目施工中只完成制作尚未安装的材料耗用，通过办理“假退料”手续，适当折扣部分材料成本，达到收支相对平衡。具体操作时必须实事求是，严格认真。要防止把“假退料”当成调整施工项目责任成本核算、考核的“防空洞”，人为的造假，造成材料成本管理失控。

边角料的回收是施工项目材料成本管理不可忽视的最终环节，除对规格型号进行分门别类外，应注意材质的编号，以利再用。

综上所述，施工项目材料成本管理应主要从“量”上做文章。只有在切实抓好准确材料计划、严格审核、限额领料、合理下料的同时，办理完整有效的变更签证和如实的“假退料”，才能为降低成本、提高效益提供可靠的物资保证。

第十三节　新型建材推广应用管理

新型建材推广应用应遵守国家和地方建设行政主管部门的有关规定。

1. 建设部规定

《实施工程建设强制性标准监督规定》第五条规定，工程建设中拟采用的新技术、新工艺、新材料，不符合现行强制性规定的，应当由拟采用单位提请建设单位组织专题技术论证，报批准标准的建设行政主管部门或者国务院有关主管部门审定。

工程建设中采用国际标准或者国外标准，现行强制性标准未作规定的，建设单位应当向国务院建设行政主管部门或者国务院有关行政主管部门备案。

本条是对不符合现行强制性标准、或现行强制性标准未作规定的特定情形。

(1) 科学技术是推动标准化发展的动力

人们的生产实践活动都需要运用科学技术，依照对客观规律的认识，掌握了科学技术和实践经验，去制定一套生产建设活动的技术守则，以指导、制约人们的活动，从而避免因违反客观事物规律受到惩罚或经济损失，同时也是准确评价劳动成果，公正解决贸易纠纷的尺度，通过标准来指导生产建设，促进工程质量、效益的提高，科学技术成为标准的重要组成部分，也是推动标准化发展的动力。

标准是以实践经验的总结和科学技术的发展为基础的，它不是某项科学技术研究成果，也不是单纯的实践经验总结，而必须是体现两者有机结合的综合成果。实践经验需要科学的归纳、分析、提炼，才能具有普遍的指导意义；科学技术研究成果必须通过实践检验才能确认其客观实际的可靠程度。因此，任何一项新技术、新工艺、新材料要纳入到标准中，必须具备：①技术鉴定；②通过一定范围内的试行；③按照标准的制定提炼加工。

标准与科学技术发展密切相连，标准应当与科学技术发展同步，适时将科学技术纳入到标准中去。科技进步是提高标准制定质量的关键环节。反过来，如果新技术、新工艺、新材料得不到推行，就难以获取实践的检验，也不能验证其正确性，纳入到标准中也会不可靠。为此，给出适当的条件允许其发展，是建立标准与科学技术桥梁的重要机制。

（2）层次的界限

在本条的规定中，分出了两个层次的界限：①不符合现行强制性标准规定的；②现行强制性标准未作规定的。这两者的情况是不一样的，对于新技术、新工艺、新材料不符合现行强制性标准规定的，是指现行强制性标准中已经有明确的规定或者限制，而新技术、新工艺、新材料达不到这些要求或者超过其限制条件，则受本《规定》的约束；对于国际标准或者国外标准的规定，现行强制性标准未作规定，采纳时应当办理备案程序，责任由采纳单位负责。但是，如果国际标准或者国外标准的规定不符合现行强制性标准规定，则不允许采用。这是，国际标准或者国外标准的规定属于新技术、新工艺、新材料的范畴，则应该按照新技术、新工艺、新材料的规定进行审批。

（3）国际标准和国外标准

积极采用国际标准和国外先进标准是我国标准化工作的原则。国际标准是指国际标准化组织 ISO 和国际电工委员会 IEC 所制定的标准，以及 ISO 确认并公布的其他国际组织制定的标准。

国外标准是指未经 ISO 确认并公布的其他国际组织的标准、发达国家的国家标准、区域性组织的标准、国际上有权威的团体和企业（公司）标准中的标准。

由于国际标准和国外标准制定的条件不尽相同，在我国对此类标准进行实施时，如果工程中采用的国际标准，规定的内容不涉及强制性标准的内容，一般在双方约定或者合同中采用即可，如果涉及强制性标准的内容，即与安全、卫生、环境保护和公共利益有关，此时在执行标准上涉及国家主权的完整问题，因此，应纳入标准实施的监督范畴。

（4）程序

无论是采用新技术、新工艺、新材料还是采用国际标准或者国外标准，首先是建设项目的建设单位组织论证，决定是否采用，然后按照项目的管理权限通过负责实施强制性标准监督的建设行政主管部门或者其他有关行政部门，根据标准的具体规定向标准的批准部门提出。国务院建设行政主管部门、国务院有关部门和各省级建设行政主管分别作为国家标准和行业标准的批准部门，根据技术论证的结果确定是否同意。

《实施工程建设强制性标准监督规定》详见附录 3-1。

“采用不符合工程建设强制性标准的新技术、新工艺、新材料核准”行政许可实施细则，详见附录 3-2。

2. 上海市规定

《上海市建设工程材料管理条例》有关条款规定：

第十九条　本市鼓励发展和推广应用节约土地、节约能源、科技含量高以及有利于环境保护的新型建设工程材料。

市建材办应当会同有关部门提出本市推广应用的新型建设工程材料目录，报市建委批准后公布。

第二十条　建设工程设计单位应当在设计中优先选用推广应用新型建设工程材料，并按照其配套应用的技术标准进行设计。

建设单位、建设工程总承包单位或者施工单位应当优先采购、使用新型建设工程材料。施工单位应当掌握新型建设工程材料的施工工艺，并按照新型建设工程材料的施工工艺制定操作规程。

第二十一条　新型建设工程材料的生产单位，可以向市建材办申请新型建设工程材料的认定。

申请新型建设工程材料认定的，应当提供下列资料：

（一）申请表；

（二）采用的产品标准和施工工艺；

（三）具有相应资质的检测机构出具的产品检测合格证明；

（四）质量保证管理体系证明。

市建材办应当自收到申请资料之日起三个月内审核完毕。合格的，发给新型建设工程材料认定证书；不合格的，不予发证，并书面说明理由。

第二十二条　用于建设工程的材料获得下列证书的，市建材办应当直接发给生产单位新型建设工程材料认定证书：

（一）获得本市新产品鉴定证书的；

（二）获得本市高新技术成果转化项目认定证书的；

（三）获得本市高新技术企业认定证书，并依靠经认定的技术、设备生产的。

第二十四条　本市禁止或者限制生产和使用污染环境、能耗高、生产工艺落后的用于建设工程的材料。

本市禁止生产实心黏土砖，限制生产空心黏土砖，限制使用实心黏土砖和空心黏土砖。其他禁止或者限制生产和使用的用于建设工程的材料目录，由市建委会同有关部门提出，报市人民政府批准后公布。

限制生产和使用的用于建设工程的材料管理办法，由市人民政府制定。

《上海市建设工程材料管理条例》详见附录3-3。

国家淘汰落后生产能力、工艺和产品详见附录3-4.1～3-4.3。

国家限时禁止使用实心黏土砖的城市详见附录3-5.1～3-5.3。

附录3-1　实施工程建设强制标准监督规定

第一条　为加强工程建设强制性标准实施的监督工作，保证建设工程质量，保障人民的生命、财产安全，维护社会公共利益，根据《中华人民共和国标准化法》、《中华人民共和国标准化法实施条例》和《建设工程质量管理条例》，制定本规定。

第二条　在中华人民共和国境内从事新建、扩建、改建等工程建设活动，必须执行工程建设强制性标准。

第三条 本规定所称工程建设强制性标准是指直接涉及工程质量、安全、卫生及环境保护等方面的工程建设标准强制性条文。

国家工程建设标准强制性条文由国务院建设行政主管部门会同国务院有关行政主管部门确定。

第四条 国务院建设行政主管部门负责全国实施工程建设强制性标准的监督管理工作。

国务院有关行政主管部门按照国务院的职能分工负责实施工程建设强制性标准的监督管理工作。

县级以上地方人民政府建设行政主管部门负责本行政区域内实施工程建设强制性标准的监督管理工作。

第五条 工程建设中拟采用的新技术、新工艺、新材料，不符合现行强制性规定的，应当由拟采用单位提请建设单位组织专题技术论证，报批准标准的建设行政主管部门或者国务院有关主管部门审定。

工程建设中采用国际标准或者国外标准，现行强制性标准未作规定的，建设单位应当向国务院建设行政主管部门或者国务院有关行政主管部门备案。

第六条 建设项目规划审查机关应当对工程建设规划阶段执行强制性标准的情况实施监督。

施工图设计文件审查单位应当对工程建设勘察、设计阶段执行强制性标准的情况实施监督。

建筑安全监督管理机构应当对工程建设施工阶段执行施工安全强制性标准的情况实施监督。

工程质量监督机构应当对工程建设施工、监理、验收等阶段执行强制性标准的情况实施监督。

第七条 建设项目规划审查机关、施工图设计文件审查单位、建筑安全监督管理机构、工程质量监督机构的技术人员必须熟悉、掌握工程建设强制性标准。

第八条 工程建设标准批准部门应当定期对建设项目规划审查机关、施工图设计文件审查单位、建筑安全监督管理机构、工程质量监督机构实施强制性标准的监督进行检查，对监督不力的单位和个人，给予通报批评，建议有关部门处理。

第九条 工程建设标准批准部门应当对工程项目执行强制性标准情况进行监督检查。监督检查可以采取重点检查、抽查和专项检查的方式。

第十条 强制性标准监督检查的内容包括：

（一）有关工程技术人员是否熟悉、掌握强制性标准；

（二）工程项目的规划、勘察、设计、施工、验收等是否符合强制性标准的规定；

（三）工程项目采用的材料、设备是否符合强制性标准的规定；

（四）工程项目的安全、质量是否符合强制性标准的规定；

（五）工程中采用的导则、指南、手册、计算机软件的内容是否符合强制性标准的规定。

第十一条 工程建设标准批准部门应当将强制性标准监督检查结果在一定范围内公告。

第十二条 工程建设强制性标准的解释由工程建设标准批准部门负责。

有关标准具体技术内容的解释，工程建设标准批准部门可以委托该标准的编制管理单位负责。

第十三条 工程技术人员应当参加有关工程建设强制性标准的培训，并可以计入继续教育学时。

第十四条 建设行政主管部门或者有关行政主管部门在处理重大工程事故时，应当有工程建设标准方面的专家参加；工程事故报告应当包括是否符合工程建设强制性标准的意见。

第十五条 任何单位和个人对违反工程建设强制性标准的行为有权向建设行政主管部门或者有关部门检举、控告、投诉。

第十六条 建设单位有下列行为之一的，责令改正，并处以20万元以上50万元以下的罚款：

（一）明示或暗示施工单位使用不合格的建筑材料、建筑构配件和设备的；

（二）明示或暗示设计单位或施工单位违反建设工程强制性标准，降低工程质量。

第十七条 勘察、设计单位违反工程建设强制性标准进行勘察、设计的，责令改正，并处以10万元以上30万元以下的罚款。

有前款行为，造成工程质量事故的，责令停业整顿，降低资质等级；情节严重的，吊销资质证书；造成损失的，依法承担赔偿责任。

第十八条 施工单位违反工程建设强制性标准的，责令改正，处工程合同价款2%以上4%以下的罚款；造成建设工程质量不符合规定的质量标准的，负责返工、修理，并赔偿因此造成的损失；情节严重的，责令停业整顿，降低资质等级或者吊销资质证书。

第十九条 工程监理单位违反强制性标准规定，将不合格的建设工程以及建筑材料、建筑构配件和设备按照合格签字的，责令改正，处50万元以上100万元以下的罚款，降低资质等级或者吊销资质证书；有违法所得的，予以没收；造成损失的，承担连带赔偿责任。

第二十条 违反工程建设强制性标准造成工程质量、安全隐患或者工程事故的，按照《建设工程质量管理条例》有关规定，对事故责任单位和责任人进行处罚。

第二十一条 有关责令停业整顿、降低资质等级和吊销资质证书的行政处罚，由颁发资质证书的机关决定；其他行政处罚，由建设行政主管部门或者有关部门依照法定职权决定。

第二十二条 建设行政主管部门和有关行政主管部门工作人员，玩忽职守、滥用职权、徇私舞弊的，给予行政处分；构成犯罪的，依法追究刑事责任。

第二十三条 本规定由国务院建设行政主管部门负责解释。

第二十四条 本规定自发布之日起施行。

附录3-2 关于印发《“采用不符合工程建设强制性标准的新技术、新工艺、新材料核准”行政许可实施细则》的通知

建标［2005］124号

各省、自治区建设厅，直辖市建委，新疆生产建设兵团建设局，国务院有关部门：

为加强对“采用不符合工程建设强制性标准的新技术、新工艺、新材料核准”行政许

可（简称“三新核准”）事项的管理，规范建设市场的行为，确保建设工程的质量和安全，促进建设领域的技术进步，我部根据《行政许可法》、《建设工程勘察设计管理条例》、《关于建设部机关直接实施的行政许可事项有关规定和内容的公告》以及《建设部机关实施行政许可工作规程》等有关规定，结合“三新核准”事项的特点，组织制定了《“采用不符合工程建设强制性标准的新技术、新工艺、新材料核准”行政许可实施细则》。现印发给你们，请遵照执行。

中华人民共和国建设部
二〇〇五年七月二十日

第一章　总　　则

第一条　为加强工程建设强制性标准的实施与监督，规范“采用不符合工程建设强制性标准的新技术、新工艺、新材料核准”行政许可事项的管理，根据《行政许可法》、《建设工程勘察设计管理条例》、《关于建设部机关直接实施的行政许可事项有关规定和内容的公告》以及《建设部机关实施行政许可工作规程》等有关法律、法规和规定，制定本实施细则。

第二条　本实施细则适用于“采用不符合工程建设强制性标准的新技术、新工艺、新材料核准”行政许可（以下简称‘三新核准’）事项的申请、办理与监督管理。本实施细则所称“不符合工程建设强制性标准”是指与现行工程建设强制性标准不一致的情况，或直接涉及建设工程质量安全、人身健康、生命财产安全、环境保护、能源资源节约和合理利用以及其他社会公共利益，且工程建设强制性标准没有规定又没有现行工程建设国家标准、行业标准和地方标准可依的情况。

第三条　在中华人民共和国境内的建设工程，拟采用不符合工程建设强制性标准的新技术、新工艺、新材料时，应当由该工程的建设单位依法取得行政许可，并按照行政许可决定的要求实施。

未取得行政许可的，不得在建设工程中采用。

第四条　国务院建设行政主管部门负责“三新核准”的统一管理，由建设部标准定额司具体办理。

第五条　国务院有关行政主管部门的标准化管理机构出具本行业“三新核准”的审核意见，并对审核意见负责；省、自治区、直辖市建设行政主管部门出具本行政区域“三新核准”的审核意见，并对审核意见负责。

第六条　法律、法规另有规定的，按照相关的法律、法规的规定执行。

第二章　申请与受理

第七条　申请“三新核准”的事项，应当符合下列条件：

（一）申请事项不符合现行相关的工程建设强制性标准；

（二）申请事项直接涉及建设工程质量安全、人身健康、生命财产安全、环境保护、能源资源节约和合理利用以及其他社会公共利益；

（三）申请事项已通过省级、部级或国家级的鉴定或评估，并经过专题技术论证。

第八条 建设部标准定额司应在指定的办公场所、建设部网站等公布审批“三新核准”的依据、条件、程序、期限、所需提交的全部资料目录以及申请书示范文本等。

第九条 申请“三新核准”时，建设单位应当提交下列材料：

（一）《采用不符合工程建设强制性标准的新技术、新工艺、新材料核准申请书》（见附件一）；

（二）采用不符合工程建设强制性标准的新技术、新工艺、新材料的理由；

（三）工程设计图（或施工图）及相应的技术条件；

（四）省级、部级或国家级的鉴定或评估文件，新材料的产品标准文本和国家认可的检验、检测机构的意见（报告），以及专题技术论证会纪要；

（五）新技术、新工艺、新材料在国内或国外类似工程应用情况的报告或中试（生产）试验研究情况报告；

（六）国务院有关行政主管部门的标准化管理机构或省、自治区、直辖市建设行政主管部门的审核意见。

第十条 《采用不符合工程建设强制性标准的新技术、新工艺、新材料核准申请书》（示范文本）可向国务院有关行政主管部门的标准化管理机构或省、自治区、直辖市建设行政主管部门申领，也可在建设部网站下载。

第十一条 专题技术论证会应当由建设单位提出和组织，在报请国务院有关行政主管部门的标准化管理机构或省、自治区、直辖市建设行政主管部门的标准化管理机构同意后召开。

专题技术论证会应有相应标准的管理机构代表、相关单位的专家或技术人员参加，专家组不得少于7人，专家组成员应具备高级技术职称并熟悉相关标准的规定。专题技术论证会纪要应当包括会议概况、不符合工程建设强制性标准的情况说明、应用的可行性概要分析、结论、专家组成员签字、会议记录。专题技术论证会的结论应当由专家组全体成员认可，一般包括：不同意、同意、同意但需要补充有关材料或同意但需要按照论证会提出的意见进行修改。

第十二条 国务院有关行政主管部门的标准化管理机构或省、自治区、直辖市建设行政主管部门出具审核意见时，应全面审核建设单位提交的专题技术论证会纪要和其他有关材料，必要时可召开专家会议进行复核。审核意见应加盖公章，审核材料应归档。审核意见应当包括同意或不同意。对不同意的审核意见应当提出相应的理由。

第十三条 建设单位应对申请材料实质内容的真实性负责。主管部门不得要求建设单位提交与其申请的行政许可事项无关的技术材料和其他材料，对建设单位提出的需要保密的材料不得对外公开。任何单位或个人不得擅自修改申报资料，属特殊情况确需修改的应符合有关规定。

第十四条 建设单位向国务院建设行政主管部门提交“三新核准”材料时应同时提交其电子文本。

第十五条 建设部标准定额司统一受理“三新核准”的申请，并应当在收到申请后，根据下列情况分别作出处理：

（一）对依法不需要取得“三新核准”或者不属于核准范围的，申请人隐瞒有关情况或者提供虚假材料的，按照附件二的要求即时制作《建设行政许可不予受理通知书》，发送申请人；

（二）对申请材料存在可以当场更正的错误的，应当允许申请人当场更正；

（三）对属于符合材料申报要求的申请，按照附件三的要求即时制作《建设行政许可申请材料接收凭证》，发送申请人；

（四）对申请材料不齐全或者不符合法定形式的申请，应按照附件四的要求当场或者在五个工作日内制作《建设行政许可补正材料通知书》，发送申请人。逾期不告知的，自收到申请材料之日起即为受理；

（五）对属于本核准职权范围，材料（或补正材料）齐全、符合法定形式的行政许可申请，按照附件五的要求在五个工作日内制作《建设行政许可受理通知书》，发送申请人。

第三章　审查与决定

第十六条　建设部标准定额司受理申请后，按照建设部行政许可工作的有关规定和评审细则（另行制定）的要求，组织有关专家对申请事项进行审查，提出审查意见。

第十七条　建设部标准定额司对依法需要听证、检验、检测、鉴定、咨询评估、评审的申请事项，应按照附件六的要求制作《建设行政许可特别程序告知书》，告知申请人所需时间，所需时间不计算在许可期限内。

第十八条　建设部标准定额司自受理“三新核准”申请之日起，在二十个工作日内作出行政许可决定。情况复杂，不能在规定期限内作出决定的，经分管部长批准，可以延长十个工作日，并按照附件七的要求制作《建设行政许可延期通知书》，发送申请人，说明延期理由。

第十九条　建设部标准定额司根据审查意见提出处理意见：

（一）对符合法定条件的，按照附件八的要求制作《准予建设行政许可决定书》；

（二）对不符合法定条件的，按照附件九的要求制作《不予建设行政许可决定书》，说明理由，并告知申请人享有依法申请行政复议或者提起行政诉讼的权利。

第二十条　建设部依法作出建设行政许可决定后，建设部标准定额司应当自作出决定之日起十个工作日内将《准予建设行政许可决定书》或《不予建设行政许可决定书》，发送申请人。

第二十一条　对于建设部作出的“三新核准”准予行政许可决定，建设部标准定额司应在建设部网站等媒体予以公告，供公众免费查阅，并将有关资料归档保存。

第二十二条　对于建设部已经作出准予行政许可决定的同一种新技术，新工艺或新材料，需要在其他相同类型工程中采用，且应用条件相似的，可以由建设单位直接向建设部标准定额司提出行政许可申请，并提供本实施细则第九条（一）、（二）、（三）规定的材料和原《准予建设行政许可决定书》，依法办理行政许可。

第四章　听证、变更与延续

第二十三条　“三新核准”事项需要听证的，应当按照《建设行政许可听证工作规定》（建法［2004］108号）办理。建设部标准定额司应当按照附件十、十一、十二的要求制作《建设行政许可听证告知书》、《建设行政许可听证通知书》、《建设行政许可听证公告》。

第二十四条 被许可人要求变更“三新核准”事项的，应当向建设部标准定额司提出变更申请。变更申请应当阐明变更的理由、依据，并提供相关材料。

第二十五条 当符合下列条件时，建设部标准定额司应当依法办理变更手续。

（一）被许可人的法定名称发生变更的；

（二）行政许可决定所适用的工程名称发生变更的。

第二十六条 被许可人提出变更行政许可事项申请的，建设部标准定额司按规定在二十个工作日内依法办理变更手续。对符合变更条件的应当按照附件十三的要求制作《准予变更建设行政许可决定书》；对不符合变更条件的，应当按照附件十四的要求制作《不予变更建设行政许可决定书》，发送被许可人。

第二十七条 发生下列情形之一时，建设部可依法变更或者撤回已经生效的行政许可，建设部标准定额司应当按照附件十五的要求制作《变更、撤回建设行政许可决定书》，发送被许可人。

（一）建设行政许可所依据的法律、法规、规章修改或者废止；

（二）建设行政许可所依据的客观情况发生重大变化的。

第二十八条 被许可人在行政许可有效期届满三十个工作日前提出延续申请的，建设部标准定额司应当在该行政许可有效期届满前提出是否准予延续的意见，按照附件十六、十七的要求制作《准予延续建设行政许可决定书》或《不予延续建设行政许可决定书》，发送被许可人。逾期未作决定的，视为准予延续。

被许可人在行政许可有效期届满后未提出延续申请的，其所取得的“三新核准”《准予建设行政许可决定书》将不再有效。

第二十九条 被许可人所取得的“三新核准”《准予建设行政许可决定书》在有效期内丢失，可向建设部标准定额司阐明理由，提出补办申请，建设部标准定额司按规定在二十个工作日内依法办理补发手续。

第五章 监督检查

第三十条 建设部标准定额司应按照《建设部机关对被许可人监督检查的规定》，加强对被许可人从事行政许可事项活动情况的监督检查。

第三十一条 国务院有关行政主管部门或各地建设行政主管部门应当对本行业或本行政区内“三新核准”事项的实施情况进行监督检查。

第三十二条 建设部标准定额司根据利害关系人的请求或者依据职权，可以依法撤销、注销行政许可，按照附件十八的要求制作《撤销建设行政许可决定书》和附件十九的要求制作《注销建设行政许可决定书》，发送被许可人。

第三十三条 国务院有关行政主管部门或各地建设行政主管部门对“三新核准”事项进行监督检查，不得收取任何费用。但法律、行政法规另有规定的，依照其规定。

第六章 附 则

第三十四条 本细则由建设部负责解释。

第三十五条 本细则自发布之日起实施。

附录 3-3　上海市建设工程材料管理条例

上海市人民代表大会常务委员会

《上海市建设工程材料管理条例》已由上海市第十一届人民代表大会常务委员会第十四次会议于 1999 年 11 月 26 日通过，现予公布，自 2000 年 1 月 1 日起施行。

第一章　总　　则

第一条　为了加强本市建设工程材料管理，保证建设工程质量和安全，促进新型建设工程材料的发展，根据《中华人民共和国产品质量法》和《中华人民共和国建筑法》，结合本市实际情况，制定本条例。

第二条　本条例适用于本市行政区域内建设工程材料的生产、销售、使用及其监督管理和新型建设工程材料的推广应用管理。

前款所称建设工程材料，是指用于建设工程的钢材、水泥、黄沙、石子、商品混凝土、预制混凝土构件、墙体材料和管道、门窗、防水材料等结构性材料和功能性材料。

第三条　上海市建设委员会（以下简称市建委）负责建设工程材料的使用监督管理和新型建设工程材料推广应用管理。上海市建材业管理办公室（以下简称市建材办）负责建设工程材料使用和新型建设工程材料推广应用的具体管理工作。区、县建设行政管理部门按照其职责，负责所辖行政区域内建设工程材料的有关管理工作。上海市质量技术监督局（以下简称市质监局）依法负责建设工程材料生产、销售的质量监督管理。市经济委员会、市科学技术委员会和市工商行政管理等部门按照各自职责，协同实施本条例。

第二章　建设工程材料许可和准用管理

第四条　市质监局根据法律、行政法规的规定，对建设工程材料实行生产许可管理；未取得生产许可证的建设工程材料，不得生产、销售。市建委对尚未纳入国家生产许可管理范围、用于本市的建设工程材料，实行准用管理；未取得市建委核发的建设工程材料准用证的建设工程材料，不得用于本市建设工程。

第五条　申请本市建设工程材料准用证的生产单位，应当向市建委提供下列资料：

（一）申请表；

（二）工商营业执照；

（三）具有相应资质的检测机构出具的产品检测合格证明；

（四）产品质量保证书。

第六条　非本市生产的用于本市的建设工程材料，已经取得省级建设行政主管部门核发的建设工程材料准用证或者省级质量技术监督管理部门出具的有效证明的，其生产单位应当凭该准用证或者有效证明，向市建委领取本市建设工程材料准用证。非本市生产的用于本市建设工程的水泥，其生产单位应当向市建委办理登记手续，并凭生产许可证领取本市建设工程材料准用证。非本市生产的用于本市的建设工程材料，未取得省级建设行政主管部门核发的建设工程材料准用证或者省级质量技术监督管理部门出具的有效证明的，其生产单位应当按照本条例第五条的规定，申请本市建设工程材料准用证。

第七条　香港特别行政区、澳门特别行政区、台湾地区以及外国生产、销售的用于本市的建设工程材料，其生产或者销售单位应当委托内地或者国内销售代理单位按照本条例第五条的规定，申请本市建设工程材料准用证，但通过国际招标投标采购的建设工程材料除外。

第八条　市建委应当自收到本条例第五条、第六条规定的全部申请资料或者证明材料之日起十五日内审核完毕。合格的，发给本市建设工程材料准用证；不合格的，不予发证，并书面说明理由。核发本市建设工程材料准用证不得收取费用。

第九条　市建委应当对取得本市建设工程材料准用证的单位进行年度审验。年度审验不得收取费用。

第十条　市质监局应当及时将取得生产许可证的建设工程材料名称及其生产单位予以公告。市建委应当及时将取得本市建设工程材料准用证的建设工程材料名称及其单位予以公告。

第三章　建设工程材料质量管理

第十一条　建设工程材料生产单位应当生产符合质量标准的建设工程材料，并出具质量保证书和使用说明书，对出厂（场）的建设工程材料质量负责。不得以假充真、以次充好，不得以不合格产品冒充合格产品。建设工程材料质量应当符合国家标准、行业标准或者地方标准。

第十二条　建设工程材料销售单位应当进行进货验收，验明生产许可证或者本市建设工程材料准用证及质量保证书和使用说明书。建设工程材料销售单位应当对其销售的建设工程材料质量负责，不得以假充真、以次充好，不得以不合格产品冒充合格产品，并应当向买受人提供生产许可证或者本市建设工程材料准用证的复印件及质量保证书和使用说明书。

第十三条　建设单位、建设工程总承包单位或者施工单位应当采购具有生产许可证或者本市建设工程材料准用证的建设工程材料。建设单位、建设工程总承包单位或者施工单位应当采购符合建设工程设计要求的建设工程材料；建设工程设计对建设工程材料的使用有配套要求的，应当采购符合设计要求的配套材料。

第十四条　本市下列建设工程中的建设工程材料采购，建设单位、建设工程总承包单位或者施工单位应当通过招标投标方式进行：

（一）大型基础设施、公用事业等关系社会公共利益、公众安全的项目；

（二）全部或者部分使用国有资金投资或者国家融资的项目；

（三）使用国际组织或者外国政府贷款、援助资金的项目；

（四）法律或者国务院规定的其他项目。

第十五条　施工单位应当对建设工程材料进行进货检验和质量检测。不得使用不合格的建设工程材料。施工单位自行检测建设工程材料，应当取得相应的资质；未取得相应资质的，应当委托具有相应资质的检测机构进行检测。施工单位检测建设工程材料质量的具体办法由市建委制定。

第十六条　国家和本市规定实行监理的建设工程，其所用的建设工程材料的质量和使用情况，应当纳入建设工程的监理范围。监理单位应当监督、检查施工单位对建设工程材料的质量检测；未经监理单位签字认可的建设工程材料不得在建设工程中使用。

第十七条 市质监局应当依照有关法律、法规的规定对生产、销售的建设工程材料质量进行抽查。市建委或者区、县建设行政管理部门对进入本市建设工程施工现场的建设工程材料质量，每年应当组织抽查。市质监局、市建委或者区、县建设行政管理部门应当及时公布建设工程材料质量抽查结果。抽查所需的费用由同级财政拨款，不得向被抽查者收取。

第十八条 任何单位和个人都可以向市质监局、市建委、市建材办和区、县建设行政管理部门举报建设工程材料的质量问题。市质监局、市建委、市建材办和区、县建设行政管理部门应当受理，并及时处理。

第四章 新型建设工程材料推广应用管理

第十九条 本市鼓励发展和推广应用节约土地、节约能源、科技含量高以及有利于环境保护的新型建设工程材料。

市建材办应当会同有关部门提出本市推广应用的新型建设工程材料目录，报市建委批准后公布。

第二十条 建设工程设计单位应当在设计中优先选用推广应用新型建设工程材料，并按照其配套应用的技术标准进行设计。

建设单位、建设工程总承包单位或者施工单位应当优先采购、使用新型建设工程材料。施工单位应当掌握新型建设工程材料的施工工艺，并按照新型建设工程材料的施工工艺制定操作规程。

第二十一条 新型建设工程材料的生产单位，可以向市建材办申请新型建设工程材料的认定。

申请新型建设工程材料认定的，应当提供下列资料：

（一）申请表；

（二）采用的产品标准和施工工艺；

（三）具有相应资质的检测机构出具的产品检测合格证明；

（四）质量保证管理体系证明。

市建材办应当自收到申请资料之日起三个月内审核完毕。合格的，发给新型建设工程材料认定证书；不合格的，不予发证，并书面说明理由。

第二十二条 用于建设工程的材料获得下列证书的，市建材办应当直接发给生产单位新型建设工程材料认定证书：

（一）获得本市新产品鉴定证书的；

（二）获得本市高新技术成果转化项目认定证书的；

（三）获得本市高新技术企业认定证书，并依靠经认定的技术、设备生产的。

第二十三条 建设工程材料取得本市新型建设工程材料认定证书的，生产单位凭认定证书向市建委申领本市建设工程材料准用证。

第二十四条 本市禁止或者限制生产和使用污染环境、能耗高、生产工艺落后的用于建设工程的材料。本市禁止生产实心黏土砖，限制生产空心黏土砖，限制使用实心黏土砖和空心黏土砖。其他禁止或者限制生产和使用的用于建设工程的材料目录，由市建委会同有关部门提出，报市人民政府批准后公布。限制生产和使用的用于建设工程的材料管理办法，由市人民政府制定。

第五章　法 律 责 任

第二十五条　违反本条例规定，有下列情形之一的，由市建委或者区、县建设行政管理部门责令改正，并可对单位处以二万元以上二十万元以下的罚款；对主管人员和直接责任人员处以五千元以上五万元以下的罚款；构成犯罪的，依法追究刑事责任。

（一）建设单位、建设工程总承包单位或者施工单位采购无生产许可证、本市建设工程材料准用证的建设工程材料的；

（二）建设工程总承包单位或者施工单位使用不合格建设工程材料或者使用禁止使用的用于建设工程的材料的。建设工程总承包单位或者施工单位有前款所列行为，情节严重的，市建委可以降低其资质等级或者吊销其资质证书。

第二十六条　建设单位、建设工程总承包单位或者施工单位未通过招标投标方式采购应当通过招标投标方式采购的建设工程材料的，市建委应当责令改正，并可处以项目合同金额千分之五以上千分之十以下的罚款。

第二十七条　施工单位违反本条例规定，未对其使用的建设工程材料进行质量检测的，由市建委或者区、县建设行政管理部门责令改正，并可处以五千元以上五万元以下的罚款。

第二十八条　违反本条例规定，生产实心黏土砖或者生产本市禁止生产的其他用于建设工程的材料的，由市建材办或者区、县建设行政管理部门责令改正，并可处以一万元以上十万元以下的罚款。

第二十九条　实行准用管理的建设工程材料，在施工现场被抽查发现质量不合格的，市建委或者区、县建设行政管理部门应当责令该建设工程材料生产单位或者销售代理单位限期改正；逾期不改正或者连续两次抽查质量不合格的，由市建委吊销发给的本市建设工程材料准用证。

第三十条　建设工程材料的生产单位、销售单位以假充真，以次充好，或者以不合格产品冒充合格产品的，由质量技术监督、工商行政管理等有关部门按照各自的法定职权，依照《中华人民共和国产品质量法》的规定，责令停止生产、销售，没收违法所得并处罚款，可以吊销营业执照；构成犯罪的，依法追究刑事责任。

第三十一条　监理单位违反本条例规定，未对施工单位的建设工程材料的质量检测进行监督、检查的，由市建委或者区、县建设行政管理部门处以五千元以上五万元以下的罚款。

第三十二条　对建设工程材料生产、销售、使用中的违法行为，除本条例已规定处罚的外，其他有关法律、法规规定应当予以处罚的，由有关行政管理部门依法予以处罚；构成犯罪的，依法追究刑事责任。

第三十三条　市建委违反本条例规定核发建设工程材料准用证的，由市人民政府责令其纠正，或者撤销其核发的建设工程材料准用证。负责建设工程材料生产、销售、使用及其监督管理和新型建设工程材料推广应用管理的行政管理部门的直接负责的主管人员和其他直接责任人员玩忽职守、滥用职权、徇私舞弊的，由其所在单位或者上级主管部门给予行政处分；构成犯罪的，依法追究刑事责任。

第三十四条 当事人对具体行政行为不服的，可以依照《中华人民共和国行政复议法》和《中华人民共和国行政诉讼法》的规定，申请行政复议或者提起行政诉讼。当事人在法定期限内对具体行政行为不申请复议，不提起诉讼，又不履行的，作出具体行政行为的部门可以依照《中华人民共和国行政诉讼法》的规定，申请人民法院强制执行。

第六章 附 则

第三十五条 本条例自2000年1月1日起施行。

1999年11月26日

《上海市建设工程材料管理条例修正案》

（草案）

一、第四条第二款拟修改为“市建委对水泥及尚未纳入国家生产许可管理范围的建设工程材料，实行备案管理。”

二、第五条中“申请本市建设工程材料准用证的生产单位”拟修改为“办理本市建设工程材料备案手续的生产单位”，第（一）项“申请表”拟删除。

三、第八条拟修改为“市建委应当自收到本条例第五条规定的全部资料后，当场办理备案手续。办理本市建设工程材料备案手续不得收取费用。”

四、第十条第二款拟修改为“市建委应当及时将已办理本市建设材料备案手续的建设工程材料名称、单位及其备案有效期予以公告。”

五、第十三条第一款拟修改为“建设单位、建设工程总承包单位或者施工单位应当采购具有生产许可证或者已办理本市建设工程材料备案手续的建设工程材料。”

六、第二十五条第一款第（一）项拟修改为“建设单位、建设工程总承包单位或者施工单位采购无生产许可证或未办理备案手续的建设工程材料的；”

七、第二十九条拟修改为“实行备案管理的建设工程材料，生产单位或者销售代理单位未按规定办理备案手续的，市建委或者区、县建设行政管理部门应当责令改正。已办理备案手续的建设工程材料，在施工现场被发现产品质量不合格的，市建委应当将该建设工程材料名称及其单位从备案目录中予以撤销。”

八、第三十三条第一款拟修改为“市建委违反本条例规定办理建设工程材料备案的，由市人民政府责令其纠正，或者撤销其办理的建设工程材料备案。”

九、拟删除第六条、第九条、第二十三条。

十、其他修改：

本办法第三条中的“上海市建设委员会”拟修改为“上海市建设和管理委员会”。

本办法第二章标题中的“准用”拟修改为“备案”。

本办法第七条中的“应当”拟修改为“可以”。

本办法第十二条中的“准用证”拟修改为“备案件”。

附录 3-4　淘汰落后生产能力、工艺和产品的目录

附录 3-4.1　淘汰落后生产能力、工艺和产品的目录（第一批）（节选）

中华人民共和国国家经济贸易委员会令第 6 号［公布时间］1999 年 1 月 22 日［施行时间］1999 年 2 月 1 日

为制止低水平重复建设，加快结构调整步伐，促进生产工艺、装备和产品的升级换代，根据国家有关法律、法规，制定本目录。

一、本目录淘汰的是违反国家法律法规、生产方式落后、产品质量低劣、环境污染严重、原材料和能源消耗高的落后生产能力、工艺和产品。

二、本目录公布的第一批涉及 10 个行业，共 114 个项目。其中有些项目，有关部门已采取各种方式发布过，为进一步加大淘汰的力度，这次予以重申。国家经贸委将在研究制定产业政策的过程中，针对国内外市场变化和产业发展的情况，陆续分批颁布淘汰、限制落后生产能力、工艺和产品的目录。

三、各地区、各部门和有关企业要制定规划，采取有力措施，限期坚决淘汰本目录所列的落后生产能力、工艺和产品，一律不得新上、转移、生产和采用本目录所列的生产能力、工艺和产品。各地经贸委（经委、计经委）要将规划上报国家经贸委。

四、本目录涉及到依法批准设立的外商投资企业的，由国家经贸委会同国务院有关部门商地方人民政府处理。

五、各地人民政府要督促本地工商企业执行本目录。对拒不执行淘汰目录的企业，工商行政管理部门要依法吊销营业执照、各有关部门要取消生产许可证、各商业银行要停止贷款。对情节严重者，要依法追究直接负责的主管人员和其他直接责任人员的法律责任。

六、本目录由国家经贸委负责解释。

淘汰落后生产能力、工艺和产品的目录（第一批）（节选）

序　　号	名　　　　称	淘汰期限
一、落后生产能力		
11	平板玻璃平拉工艺生产线(不含格拉威贝尔平拉工艺)	*
12	四机以下垂直引上平板玻璃生产线	2000 年
13	窑径小于 2m(年产 3 万 t 以下)水泥机械化立窑生产线	*
14	窑径小于 2.2m(年产 4.4 万 t 以下)水泥机械化立窑生产线	2000 年
二、落后生产工艺装备		
40	建筑卫生陶瓷土窑、倒焰窑、多孔窑、煤烧明焰隧道窑	*
41	建筑石灰土窑	1999 年
42	陶土玻璃纤维拉丝坩埚	*
43	砖瓦简易轮窑、土窑	*
44	水泥土(蛋)窑、普通立窑	*
45	年产 100 万卷以下沥青纸胎油毡生产线	2000 年
46	热烧结矿工艺	2000 年
47	平炉	2000 年
48	1800kVA(含)以下冶炼铁合金电炉	2000 年
三、落后产品		
110	25A 空腹钢窗	2000 年

注："*"为有关部门已明令淘汰的，应立即淘汰。

淘汰期限 1999 年是指应于 1999 年底前淘汰。

附录 3-4.2 淘汰落后生产能力、工艺和产品的目录（第二批）（节选）

中华人民共和国国家经济贸易委员会令第 16 号［公布时间］
1999 年 12 月 30 日［施行时间］2000 年 1 月 1 日

为制止低水平重复建设，加快结构调整步伐，促进生产工艺、装备和产品的升级换代，根据国家有关法律、法规，制定本目录。

一、本目录淘汰的是违反国家法律法规、生产方式落后、产品质量低劣、环境污染严重、原材料和能源消耗高的落后生产能力、工艺和产品。

二、本目录涉及钢铁、有色、轻工、纺织、石化、建材、机械、印刷业（新闻）等 8 个行业，共 119 项。国家经贸委将在研究制定产业政策的过程中，针对国内外市场变化和产业发展情况，陆续分批颁布淘汰、限制落后生产能力、工艺和产品目录。

三、各地区、各部门和有关企业要制定规划，采取有力措施，限期坚决淘汰本目录所列的落后生产能力、工艺和产品，一律不得进口、新上、转移、生产和采用本目录所列的生产能力、工艺和产品。各地经贸委要将规划上报国家经贸委。

四、本目录涉及到依法批准设立的外商投资企业的，由国家经贸委会同国务院有关部门商地方人民政府处理。

五、各地人民政府要督促本地工商企业执行本目录。对拒不执行淘汰目录的企业，工商行政管理部门要依法吊销营业执照，各有关部门要取消生产许可证，各商业银行要停止贷款。情节严重者，要依法追究直接负责的主管人员和其他直接责任人员的法律责任。

六、本目录由国家经济贸易委员会负责解释。

淘汰落后生产能力、工艺和产品的目录（第二批）（节选）

序　　号	名　　称	淘汰期限
一、落后生产能力		
1	无复膜塑编水泥包装袋生产线	发布之日起
2	年产 70 万 m^2 以下的中低档建筑陶瓷生产线	2000 年
3	年产 400 万 m^2 及以下的纸面石膏板生产线	2000 年
4	年产 20 万件以下抵档卫生瓷生产线	2000 年
二、落后生产工艺装备		
6	土焦工艺(含改良土焦)	2000 年
7	土烧结矿工艺	2000 年
8	$50m^3$ 及以下高炉	2000 年
9	$50\sim100m^3$(含)高炉	2002 年
10	10t 及以下转炉	2000 年
11	10～15t(含)转炉	2002 年
12	侧吹转炉	2000 年
13	5t 及以下电炉	2000 年
14	5～10t(含)电炉	2002 年

续表

序号	名称	淘汰期限
15	生产线条钢或开口锭的工频炉	2000年
16	3200kVA及以下铁合金电炉	2001年
……		
29	真空加压法和气炼一步法石英玻璃	2000年
……		
32	窑径2.5m及以下干法中空窑	2000年
33	直径1.83m以下水泥粉磨设备	2000年
三、落后产品		
97	107涂料	2000年
98	改性淀粉涂料	2000年
99	改性纤维涂料	2000年
100	使用非耐碱玻纤生产的玻纤增强水泥(GRC)空心条板	2000年
101	以陶土坩埚拉丝玻璃纤维为原料的玻璃钢制品	2000年

附录3-4.3　淘汰落后生产能力、工艺和产品的目录（第三批）（节选）

中华人民共和国国家经济贸易委员会令第32号［公布时间］2002年6月2日［施行时间］2002年7月1日

为制止低水平重复建设，防治环境污染，加快结构调整步伐，促进生产工艺、装备和产品的升级换代，根据国家有关法律、法规，制定本目录。

一、本目录淘汰的是违反国家法律法规、生产方式落后、产品质量低劣、环境污染严重、原材料和能源消耗高的落后生产能力、工艺和产品。

二、本目录涉及消防、化工、冶金、黄金、建材、新闻出版、轻工、纺织、棉花加工、机械、电力、铁道、汽车、医药、卫生共15个行业、120项内容。国家经贸委将在研究制定产业政策的过程中，针对国内外市场变化和产业发展情况，陆续分批公布淘汰落后生产能力、工艺和产品的目录。

三、各地区、各部门和有关企业要制定具体规划，采取有力措施，限期坚决淘汰本目录所列落后生产能力、工艺和产品，一律不得进口、新上、转移、生产、销售、使用和采用本目录所列生产能力、工艺和产品。有关产品进口管理部门要根据本目录调整《禁止进口目录》，并对外公布实施。

四、本目录适用于各种类型的企业。各地人民政府要督促本地企业认真执行本目录。对拒不执行淘汰目录的企业，有关部门要限令其停产并取消生产许可证，工商行政管理部门要吊销其营业执照，各商业银行要停止贷款。情节严重的，要依法追究主管人员和其他责任人员的责任。

五、本目录由国家经济贸易委员会负责解释。

淘汰落后生产能力、工艺和产品的目录（第三批）（节选）

序　号	名　称	淘汰期限
三、落后产品		
	……	
71	一次冲水量大于9L的便器	2002年
	……	
75	聚乙烯醇水玻璃内墙涂料(106内墙涂料)	2003年
76	多彩内墙涂料(树脂料以硝化纤维素为主,溶剂以二甲苯为主的O/W型涂料)	2003年
77	氯乙烯-偏氯乙烯共聚乳液外墙涂料	2003年
78	焦油型聚氨酯防水涂料	2002年7月1日
79	水性聚氯乙烯焦油防水涂料	2002年7月1日
80	聚乙烯醇及其缩醛类内外墙涂料	2002年7月1日
81	聚酯酸乙烯乳液类(含EVA乳液)外墙涂料	2002年7月1日
82	聚氯乙烯建筑防水接缝材料(焦油型)	2002年7月1日
83	普通双层玻璃塑料门窗	2002年7月1日
84	50(含50)mm系列以下单腔结构型的塑料门窗	2002年7月1日
	……	
87	二氟一氯一溴甲烷灭火剂(简称1211灭火剂)	2005年
88	三氟一溴甲烷灭火剂(简称1301灭火剂)	2010年
89	简易式1211灭火器	2002年7月1日
90	手提式1211灭火器	2005年
91	推车式1211灭火器	2005年
92	手提式化学泡沫灭火器	2002年7月1日
93	手提式酸碱灭火器	2002年7月1日
94	螺旋升降式(铸铁)水嘴	2003年

附录3-5　国家限时禁止使用实心黏土砖的城市

附录3-5.1　关于公布"在住宅建设中逐步限时禁止使用实心黏土砖大中城市名单"的通知

国家建筑材料工业局、建设部、农业部、国土资源部、墙体材料革新建筑节能办公室

墙办发（2000）06号［公布时间］2000年6月14日［施行时间］2000年6月14日

各省、自治区、直辖市、计划单列市、省会城市墙改办公室：

为了贯彻落实《国务院办公厅转发建设部等部门关于推进住宅产业现代化提高住宅质量若干意见的通知》（国办发（1999）72号文）和《在住宅建设中淘汰落后产品的通知》（建住房（1999）295号文）精神，加快推进住宅产业现代化，提高住宅质量，实现三年内在各直辖市、沿海地区大中城市和人均占有耕地面积不足0.8亩省份的大中城市中禁止使用实心黏土砖的目标，现将经调查核实的160个城市名单予以公布。请各地墙改办结合当地实际情况，采取切实有效的措施，抓紧做好实心黏土砖的限时淘汰工作，积极发展和

推广替代实心黏土砖的新型墙体材料产品，并据此尽快制定相关城市限时禁止使用实心黏土砖的分年度目标。原则上直辖市定于2000年12月31日前，计划单列市和副省级城市定于2001年6月30日前，地级城市定于2002年6月30日前，其他县级城市定于2003年6月30日前实现禁止使用实心黏土砖目标的最迟日期。另请各地墙改办填写新型墙体材料发展情况调查表。请于7月15日前将上述材料报送我办。

附件：限时淘汰使用实心黏土砖的大中城市名单（共计160个）

附件：

限时淘汰使用实心黏土砖的大中城市名单（共计160个）

一、直辖市（4个）

北京市、上海市、天津市、重庆市

二、沿海省份的大中城市（140个）

1. 河北省（11个）

石家庄市、唐山市、邯郸市、张家口市、保定市、秦皇岛市、邢台市、沧州市、承德市、廊坊市、衡水市

2. 辽宁省（17个）

沈阳市、大连市、鞍山市、抚顺市、本溪市、阜新市、锦州市、丹东市、辽阳市、营口市、盘锦市、葫芦岛市、铁岭市、朝阳市、瓦房店市、海城市、北票市

3. 江苏省（25个）

南京市、徐州市、无锡市、苏州市、常州市、镇江市、南通市、连云港市、扬州市、盐城市、淮阴市、泰州市、通州市、海门市、江阴市、溧阳市、常熟市、如皋市、宜兴市、东台市、泰兴市、兴化市、丹阳市、启东市、江都市

4. 浙江省（10个）

杭州市、宁波市、温州市、湖州市、嘉州市、台州市、绍兴市、金华市、舟山市、萧山市

5. 福建省（7个）

福州市、厦门市、泉州市、龙岩市、漳州市、南平市、三明市

6. 山东省（28个）

济南市、青岛市、淄博市、烟台市、枣庄市、潍坊市、临沂市、泰安市、东营市、济宁市、莱芜市、日照市、威海市、德州市、聊城市、滕州市、新泰市、肥城市、邹城市、菏泽市、滨州市、龙口市、寿光市、高密市、莱州市、章丘市、荣成市、平度市

7. 广东省（34个）

广州市、深圳市、汕头市、湛江市、韶关市、佛山市、潮阳市、中山市、南海市、东莞市、珠海市、台山市、番禺市、顺德市、罗定市、江门市、普宁市、茂名市、肇庆市、阳江市、惠州市、新会市、陆丰市、潮州市、廉江市、雷州市、梅州市、兴宁市、阳春市、揭阳市、英德市、高州市、增城市、花都市

8. 广西自治区（6个）

南宁市、柳州市、桂林市、梧州市、贵港市、北海市

9. 海南省（2个）

海口市、儋州市

三、人均耕地不足0.8亩的省的大中城市（16个）

1. 湖南省（12个）

长沙市、衡阳市、株洲市、湘潭市、岳阳市、常德市、邵阳市、益阳市、永州市、郴州市、怀化市、娄底市

2. 贵州省（4个）

贵阳市、六盘水市、遵义市、安顺市

附录3-5.2　关于将10个省会城市列入限时禁止使用实心黏土砖城市名单的通知

国经贸资源［2001］550号

［公布时间］2001年6月5日［施行时间］2001年6月5日

安徽、四川、陕西、山西、河南、湖北、江西、宁夏、新疆、云南省经贸委、建委（墙材革新办公室）：

为贯彻落实《国务院办公厅关于转发建设部等部门关于推进住宅产业现代化提高住宅质量若干意见的通知》（国办发［1999］72号）精神，加快推广应用新型墙体材料和淘汰实心黏土砖的力度，实现新型墙体材料发展的“十五”目标，促进墙体材料行业结构调整，节约土地资源和能源，保护环境，经研究，决定在原来确定的160个大中城市的基础上，增加10个省会城市，列入2003年6月30日前限时禁止使用实心黏土砖城市名单中。

这10个省会城市是：合肥、成都、西安、太原、郑州、武汉、南昌、银川、乌鲁木齐、昆明。

请你们结合本地区墙体材料革新“十五”规划，制定淘汰实心黏土砖的具体措施和年度目标，根据本地的资源和建筑结构、建筑节能的要求，积极发展和推广替代实心黏土砖的新型墙体材料主导产品，确保淘汰实心黏土砖目标的实现。并通过省会城市的示范作用，带动本地区新型墙体材料发展和淘汰实心黏土砖工作。

其他省会城市，最迟在2005年底前实现禁止使用实心黏土砖的目标。

附录3-5.3　关于调整限时禁用实心黏土砖城市的通知

国经贸厅资源［2002］35号

［公布时间］2002年3月8日［施行时间］2002年3月8日

山东、河南、福建、江苏、湖南、广西、贵州省、自治区经贸委（经委），山东省墙材革新办公室：

淘汰实心黏土砖是我国“十五”墙体材料革新工作的重点。近期，我们对170个列入2003年6月30日前禁止使用实心黏土砖城市工作进展情况进行了调查和分析。在170个城市中，有的城市已在2001年底提前实现了目标，但有部分城市由于当地自然条件及资源等方面的原因，限时禁用实心黏土砖确有很大困难；一些没有列入禁用实心黏土砖的城市，经过努力，可在2003年6月30日前实现禁用实心黏土砖。经研究，决定对列入

2003年6月30日前禁止使用实心黏土砖的城市进行小范围调整：

一、将下列城市由2003年6月30日前禁止使用实心黏土砖调整为2005年底（共15个）

湖南省　岳阳、怀化、常德、永州、邵阳市

江苏省　溧阳、宜兴市

山东省　肥城、平度、高密市

广西区　柳州、贵港市

贵州省　六盘水、遵义、安顺市

二、将下列城市列入2003年6月30日前禁止使用实心黏土砖的城市（共15个）

江苏省　宿迁、张家港、昆山、扬中市

福建省　宁德市

河南省　焦作市

山东省　胶州、即墨、蓬莱、招远、诸城、安丘、兖州、文登、乳山市

请你们做好本省禁用实心黏土砖城市的调整工作，进一步提高对禁用实心黏土砖工作的重要性和紧迫性的认识，加强领导，制定切实可行的政策和措施，确保禁用实心黏土砖的各项工作目标按时实现。

附件：调整后全国限时禁止使用实心黏土砖城市名单（170个）

附件：

调整后全国限时禁止使用实心黏土砖城市名单（170个）

直辖市（4个）：北京市、上海市、天津市、重庆市

1. 河北省（11个）

石家庄市、唐山市、邯郸市、张家口市、保定市、秦皇岛市、邢台市、沧州市、承德市、廊坊市、衡水市

2. 辽宁省（17个）

沈阳市、大连市、鞍山市、抚顺市、本溪市、阜新市、锦州市、丹东市、辽阳市、营口市、盘锦市、葫芦岛市、铁岭市、朝阳市、瓦房店市、海城市、北票市

3. 江苏省（27个）

城市市、徐州市、无锡市、苏州市、常州市、镇江市、南通市、连云港市、扬州市、盐城市、淮阴市、泰州市、通州市、海门市、江阴市、常熟市、如皋市、东台市、泰兴市、兴化市、丹阳市、启东市、江都市、宿迁市、张家港市、昆山市、扬中市

4. 浙江省（10个）

杭州市、宁波市、温州市、湖州市、嘉兴市、台州市、绍州市、金华市、舟山市、萧山市

5. 福建省（8个）

福州市、厦门市、泉州市、龙岩市、漳州市、南平市、三明市、宁德市

6. 山东省（34个）

济南市、青岛市、淄博市、烟台市、枣庄市、维坊市、临沂市、泰安市、东营市、济

宁市、莱芜市、日照市、威海市、德州市、聊城市、滕州市、新泰市、邹城市、菏泽市、滨州市、龙口市、寿光市、莱州市、章丘市、荣成市、胶州市、即墨市、蓬莱市、招远市、诸城市、安丘市、兖州市、文登市、乳山市

7. 广东省（34 个）

广州市、深圳市、汕头市、湛江市、韶关市、佛山市、潮阳市、中山市、南海市、东莞市、珠海市、台山市、番禺市、顺德市、罗定市、江门市、普宁市、茂名市、肇庆市、阳江市、惠州市、新会市、陆丰市、潮州市、廉江市、雷州市、梅州市、兴宁市、阳春市、揭阳市、英德市、高州市、增城市、花都市

8. 广西自治区（4 个）

南宁市、桂林市、梧州市、北海市

9. 海南省（2 个）

海口市、儋州市

10. 湖南省（7 个）

长沙市、衡阳市、株洲市、湘潭市、益阳市、郴州市、娄底市

11. 河南省（2 个）

郑州市、焦作市

12. 贵州省（1 个）：贵阳市

13. 安徽省（1 个）：合肥市

14. 四川省（1 个）：成都市

15. 陕西省（1 个）：西安市

16. 山西省（1 个）：太原市

17. 湖北省（1 个）：武汉市

18. 江西省（1 个）：南昌市

19. 宁夏区（1 个）：银川市

20. 新疆区（1 个）乌鲁木齐市

21：云南省（1 个）：昆明市

第四章　施工项目材料计算机管理技术

随着建筑行业的快速发展，业界管理者要求对施工过程中各个环节的成本分析、控制的各种动态数据信息作到全面、准确、及时地掌握，这对传统的管理模式、管理方法提出了更高的要求，而计算机作为一种先进的技术手段必将渗透到施工管理的方方面面，全面、高效的管理贯穿施工起始的物资系统，实现真正的收、支、存动态管理理念，从而形成计算机物资管理的模式。

施工项目材料管理软件是施工企业对施工项目材料进行管理、提高项目管理水平及经济效益、增强市场竞争力的重要手段。由于大多数施工项目目前都是进行手工管理，材料涉及面广，工程周期长，工作量繁重复杂，存在着数据不能及时汇总，查询不方便，报表不及时，材料漏算误算，竣工实际耗用数据与竣工决算数据对比困难等弊端。使用计算机进行管理后，施工项目的材料从验收、入库、出库、调拨等一系列环节准确无误地保存在计算机上，从而实现自项目的开工到竣工的材料管理的全部过程。

本系统是在施工项目中使用，采用先进先出的管理模式，可以对材料整个使用过程统计和分析，完成从收料到领用过程中的单据的管理；材料库存的统计；材料报表的统计；以及工程预算数据与实际数据的对比等功能。是一套适合于施工项目部使用的、操作简便、减轻材料管理人员工作强度的施工项目材料管理软件。同时，也成为项目经理的好助手，材料管理人员的好帮手，提高经济效益的好工具。

第一节　基本信息

1. 系统要求

硬件环境：最低配置为 Pentium 200、32M 内存、磁盘剩余空间不小于 40M 的 PC 计算机。

软件环境：Windows 9x、Windows 2000、Windows XP 等系列操作系统。

2. 软件的安装运行

执行光盘上的“材料管理软件＊＊＊＊.exe”文件，按照屏幕提示操作，完成安装后桌面出现“材料管理”图标，同时“开始”菜单里建立“施工项目材料管理软件”的文件夹。

双击桌面图标或开始菜单的条目，系统开始运行。

3. 加密锁的安装

加密锁分为 LPT 加密锁和 USB 加密锁。

将 LPT 加密锁插在计算机的打印机接口（LPT）上或者将 USB 加密锁插在计算机的 USB 口上。

在 Windows 98/2000 及 Windows XP 操作系统下，需安装加密锁的驱动程序，有如下两个方法：

（1）LPT 加密锁驱动执行光盘上的 Dog.exe 文件；USB 加密锁驱动执行光盘上的 Usb.exe 文件；

（2）从建立的“施工项目材料管理软件”程序组中执行“安装加密锁驱动”命令（LPT 加密锁和 USB 加密锁相同）。

4. 基本操作

（1）本系统程序中的所有表格在修改时均可进行如下操作：

增加：移动光标到最后一行，按下箭头↓键。

删除：按 Ctrl+Delete 键。

修改：移动光标到对应的单元格上，直接输入文字，以回车结束。

（2）本系统中所有的弹出式对话框均可以用 Esc 键直接关闭。

（3）大部分窗口均包含右键菜单，便于操作。

5. 注意事项

（1）日期格式首先要设置为 YYYY-MM-DD，win98 或 win2000 具体作法是在“控制面板”中的“区域选项”中，点击“日期”选项卡，选择日期格式为 YYYY-MM-DD，点击“确定”即可；在 winXP 中，是在“控制面板”中的“区域选项”中，点击“日期”选项卡，点击“用户自定义日期”，设置日期为 YYYY-MM-DD 格式。

（2）打印机格式设置，对于针式打印机，打印固定的压感纸（宽 215mm、高 95mm）。在“控制面板”中的“打印机”中，选择你所用的针式打印机，在“文件”菜单中点“服务器属性”，创建新格式，单位是公制，宽度是 21.5cm，高度是 9.5cm，设置好后保存。在本软件中打印单据时选择此纸张格式。

（3）加密锁的使用。在用户安装完软件后，请安装加密锁驱动，完成之后，把加密锁安装在计算机的相应位置上。对于 LPT 锁，请勿在有电时插拔加密锁。

（4）软件中的清空数据功能，在初次使用软件时使用，如果软件已经在使用过程中，请勿使用清空数据功能，如果使用并且用户没有备份，则会造成所有数据的丢失，不能恢复。

（5）在各个单据的填写中，请勿使用组合键（Ctrl+Delete）来删除；如果有材料没有删除，则重新选择一条材料，然后点击删除按钮。

（6）软件数据的备份。请使用软件中的备份功能定期备份数据。

（7）在本软件中，材料编码模块中的材料信息，如用户在本软件中已经使用，就不能删除或者修改，也不能删除以后再添加，这样只会造成查询材料信息的数据不一致或者材料不显示；只有当用户确定一条材料没有在本软件中使用时，才能选中材料删除或者修改。

（8）在本软件初次使用时，无密码，用户只要选择用户名即可登陆。

（9）一旦正式使用软件，就不要再换材料库模板，否则数据可能出错。

（10）不要随便删除材料库里的条目。由于收发存月报表、台账等账表以及查询时的数据统计是建立在材料库基础上的，若随意删除材料库里的条目，有可能造成统计数据出错。所以，必须能确定某条材料没有发生过任何业务，方可删除该条目。

（11）慎用单据删除。单据删除的适用情况及删除方法请按后面的说明执行，否则可能造成数据错误以及账、表、单不一致。

(12) 材料验收。在做收料或验收单据的过程中，选择“供货单位名称”或“来源”时，属于上级供应、业主供应、同级调入这三种情况的，必须在可选框里选相应的“上级供应”、“业主供应”、“同级调入”项目，否则软件将按“自购”这个收入类别统计、列入台账和报表。

(13) 软件正式使用后，为防止微机故障等意外情况导致数据丢失，无法恢复，请定期备份到系统盘以外的位置。为防止升级意外出错，升级前请做好备份，最好备份整个安装目录。备份方法详见后面的说明。

第二节　主要功能介绍

材料管理系统分七个功能：系统设置、基础信息管理、材料计划管理、材料收发管理、材料账表管理、单据查询打印、废旧材料管理。

1. 系统设置功能

包括有系统维护、数据清空、日志查询、单价设置、备份、数据上传。

(1) 系统维护，当数据不一致或数据出错时使用，维护数据库中的数据正确；

(2) 数据清空，删除收发材料、材料台账、材料库存、材料报表、材料工程计算中的数据，删除后不能恢复；

(3) 日志查询，查询软件使用的情况；

(4) 单价设置，在本软件使用中有两种价格，计划单价（指定单价）和采购单价（移动平均单价），选择在本项目中所使用的单价，在软件的使用之前设置好；

(5) 备份，备份整个软件的所有数据；

(6) 数据上传，可以把项目端的数据信息传送到服务器端，当服务器端接收成功后，用户可以通过服务器浏览上传的相关的数据；退出系统，退出软件。

2. 基础信息管理

包括有人员信息、权限设置、材料编码、用途信息、供货商信息、人员职务信息。

(1) 人员信息，对操作软件的人员进行管理；

(2) 权限设置，对操作人员所使用软件的功能进行设置；

(3) 材料编码，项目工程所使用的材料库，用户可对材料进行添加、删除、移动等操作；

(4) 用途信息，项目工程中材料的使用情况；

(5) 供货商信息，材料来源单位的信息；

(6) 人员职务信息，材料收发各岗位的人员管理。

3. 材料计划管理

编制施工现场的材料需用计划。

4. 材料收发管理

先进先出原则。包括收料管理、验收管理、领用管理、调拨管理、退料管理。在本软件的材料验收过程中有两种材料验收方式，一种为先收料，填写收料单，然后在验收中选择收料单，统计进行验收，另一种为直接在验收单中填写验收单。

(1) 收料管理，收料填写收料单；

(2) 验收管理，验收材料，确定材料价格（计划单价和采购单价）；

(3) 领用管理，材料使用时填写领用单；

(4) 调拨管理，材料的调拨使用填写调拨单；

(5) 退料管理，材料未使用完填写退料单。

5. 材料账表管理：

包括台账管理、报表管理、库存盘点、竣工工程节超。

(1) 台账管理，查询收发材料各个账表；

(2) 报表管理，材料的月报表处理；

(3) 库存盘点，对材料的库存进行盘点；

(4) 竣工工程节超，工程结束时与预算数据的比较。甲方供材工程结算，分析甲供材的材料的用量及使用的情况。

6. 单据查询打印

查询修改软件中各种单据和打印单据。

7. 废旧材料管理

工程竣工后，对现场材料的回收编制成表，方便查询。

其中主要功能为“材料收发管理”和“材料账表管理”两部分，在这两部分中完成了项目材料中收料领料以及每月的报表的统计，用户可以使用这两部分的功能得到需要的报表，查询得到所需要的信息。“系统设置功能”部分是本软件在运行时的一些设置。“基础信息管理”部分是为“材料收发管理”和“材料账表管理”两部分提供支持数据，用户可以在这部分中设置你所需要的数据，给用户在后面的使用提供方便。

第三节　基础信息管理

选择“开始”菜单中的“施工项目材料管理软件 1.0”或者点击桌面上的“施工项目材料管理软件”就可以运行本软件，弹出登录窗口（图 4-1）。

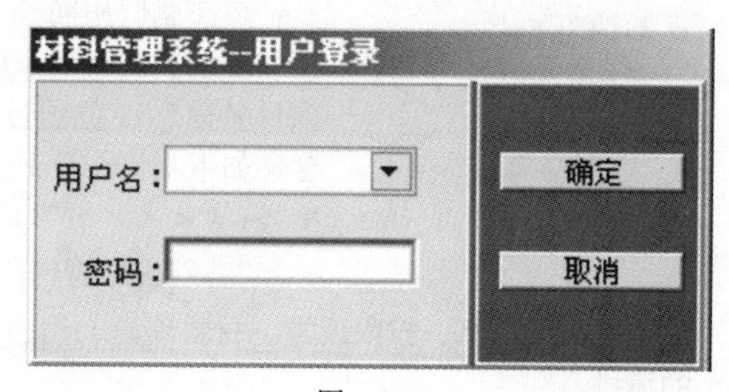

图 4-1

点击向下的箭头选择“用户名”，输入进入的密码，然后点击“确定”，系统自动的检测“用户名”和“密码”是不是匹配，如果匹配就进入软件；不匹配就会提示“用户名用户口令不相符”，然后要你重新输入，否则点击“取消”退出（图 4-2）。

“系统设置”功能菜单中有“系统维护”、“清空数据”、“查看日志”、“设置单价”、“备份”、“数据上传”。“系统维护”是对本软件使用数据库的刷新；“清空数据”是将收发存输入的数据全部清空；“查看日志”是查看用户所使用的软件的情况；“设置单价”是对本软件所使用的单价进行选择；“备份”是将整个软件的数据备份防止丢失；“数据上传”是将用户所预设的数据上传到指定的服务器，如图 4-3 所示。

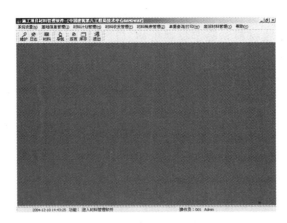

图 4-2

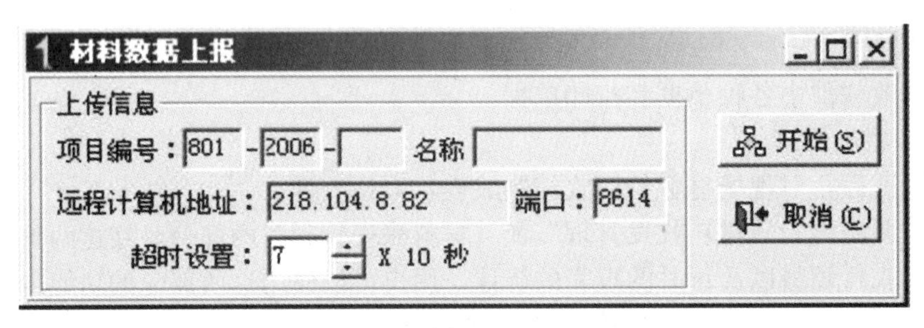

图 4-3

用户需要在此界面中输入"上传文件名称"和"远程计算机地址"；在输入远程计算机地址时，用户可以输入 IP 地址（如图 4-3 所示）或者输入网址的域名，然后用户点击"开始"即可；不上传则点击"取消"。初次上传需要按公司分配的固定编号设置、上传，以后上传直接点"开始"即可。请注意，以后换机器、重装等情况下可能需要重新输入上传编号，请注意使用同一个编号，项目名称保持前后一致。

第一次用时，系统会提示输入 11 位项目编号的后 4 位和项目名称。11 位项目编号（801-200×-××××）的组成及其含义如下："801"代表中国建筑八局一公司；"20××"为年度号；"××××"是公司为各项目指定的顺序号。

"基础信息管理"功能如下菜单所示（图 4-4）。

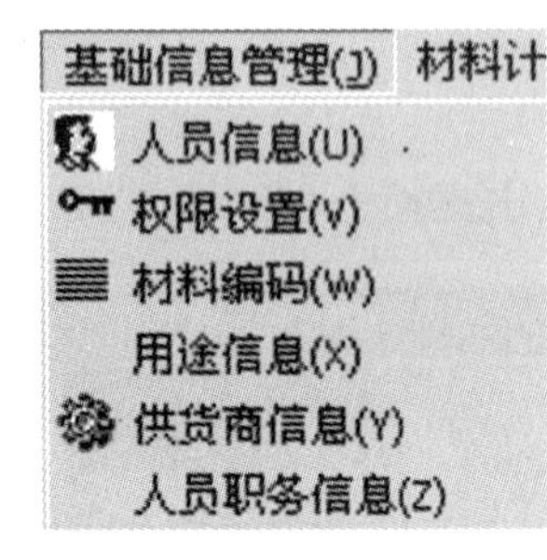

图 4-4

共有人员信息、权限设置、材料编码、用途信息、供货商信息、人员职务信息等六个小的模块。

1. 人员信息

建立进入软件的用户名和密码用。"人员信息"的操作，点击"人员信息"菜单，进入"人员信息"操作界面（图 4-5）。

右边的按钮完成对软件操作人员的管理，"汇总"显示所有操作员的信息，"个人信息"查看单个人的信息，在表格中显示所有的操作人员的列表，在列表中选中一个人可以查看个人的详细信息，在此操作中完成人员的添加、删除、修改，以及人员登陆的密码设

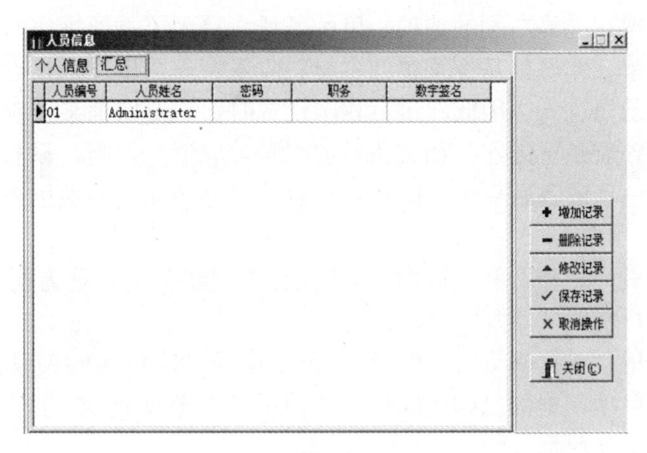

图 4-5

置。注意删除操作，当删除这个人之前，请先删除这个人的操作权限。如果是当前登陆人员，则无法删除。

2. 权限设置

建立了进入软件的不同用户后，为不同的用户限定权限用。点击“权限设置”菜单，进入“权限设置”操作界面（图 4-6）。

图 4-6

上图中左边为“权限设置”操作员列表，右边为功能列表，中间一部分为操作按钮。在“人员列表”中不能删除人员，不能添加人员，它与“人员信息”对应显示的是人员信息中的操作人员。“功能列表”是当前在“人员列表”中所选中的操作员的所有使用的软件功能，当前操作员有这项功能时，在“功能列表”中“权限”中显示“√”，如果没有这项功能，用鼠标左键点击“√”，取消此操作员的这项功能，设置此操作员所有的权限点击“全权”按钮，此用户得到本软件的所有的权限；点击“全无权”按钮，取消此操作员软件所有的权限。在此权限设置中，加入了对于打印的设置，可以由系统用户设置其他用户的打印的权限，加以区别。要新添加操作员，点击“添加功能”按钮，添加权限列表，然后设置此操作员所具有的权限。要删除操作员时，首先删除此操作员的所有权限，这时点击“删除功能”按钮即可。操作完毕，点击“返回”按钮，退出“权限设置”操作界面。

（1）取消权限时请注意：菜单、工具条（即主菜单下面那一行）和导航条（点工具条里的“导航”后出现在屏幕右侧的选项）里的条目，是为了方便操作而设计的三条使用途径。例如，做验收单，你可以从主菜单的“材料收发管理”里进入，也可以从工具条里进入，还可以从导航条里进入。因此，进行权限设置时，若要取消某一权限，请把权限列表中菜单、工具条和导航条里的所有相关条目的权限都取消。否则，只取消菜单、工具条和或导航条三项里的一项或者两项的权限，还可以从另外两项或一项里进入使用，相当于没有取消相应权限。

（2）权限设置里“刷新”和“添加”的区别：“刷新”主要是为便于程序开发人员进行版本更新用，用户使用“添加”功能即可。

（3）权限列表里“单据查询/打印”和单个单据的打印权限的关系：单个单据的打印权限优先。取消某单项单据的打印权限后，即使赋予“单据查询/打印”权限也只能进行查询而不能打印某单项单据。

（4）日期设置：软件安装完毕后，若不是一人操作软件，请材料主管在人员信息里建立其他人员的用户名和密码，然后分别设置好权限。

请注意：材料主管的权限要设置成全权的，便于维护软件；最好取消其他人员的“权限设置”、“清空数据”、“单据删除”等重要权限。为确保数据安全，建议一个项目只由一人专门负责使用、管理软件。其他人可以另建安装目录熟悉使用。

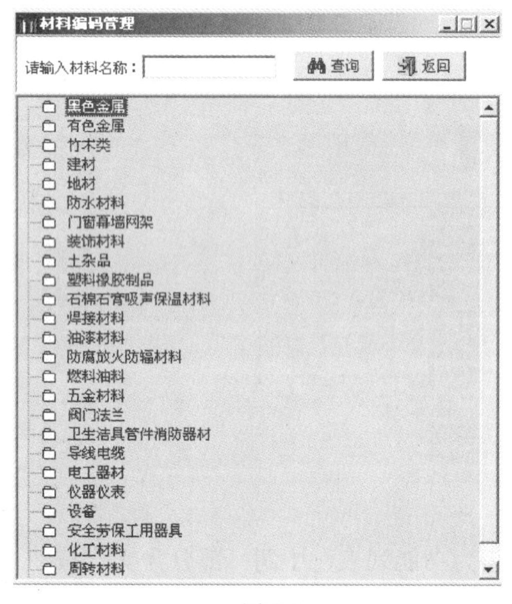

图 4-7

3. 材料编码

在“材料编码”中存放项目工程中所使用到的材料，可以方便的添加、删除、修改、复制、粘贴，而且“材料编码”中对于材料的编号对用户是不可见的，用户不必使用材料编号，软件本身自动添加材料编号，这样用户可以使用“拖动”功能，方便的对材料进行排列、移动，减少了用户的对材料编号的工作量。下面点击“材料编码”菜单，进入“材料编码”界面（图 4-7）。

上部为材料查询，方便你快速查到你所需要的材料；下部为材料数据库树形显示，材料库中分为三类：类别、名称、型号规格。在“材料编码”中基本功能的操作，如图 4-8 所示。

“添加”：添加材料，可以添加“同级”、“下级”，用户可以添加类别、名称、型号规格这三项，用户要添加哪一项，用鼠标左键点击相同的类别，然后点击鼠标右键弹出菜单选择“同级”，完成同级项目的添加。当用户点击“同级”后，出现界面如图 4-9 所示。

这样，将你要添加的项目填入光标处，点击“确定”，则这个项目就保存好了，这是添加的材料类别；不想保存就点击“取消”，就退出了这个界面。同样，添加其他项目和添加“下级”也是如此。

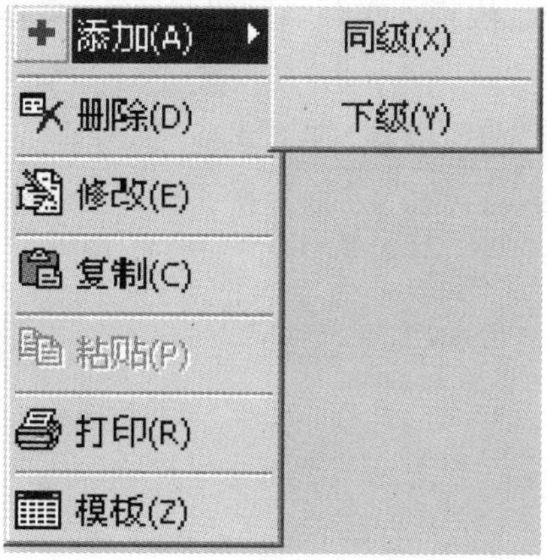

图 4-8

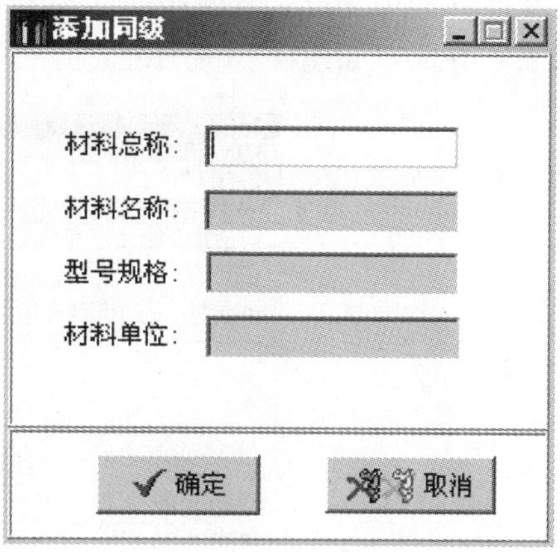

图 4-9

“删除”：即为删除材料项目，材料项目在其他的数据库中没有使用，则可对此材料项目进行删除；否则，将使材料项目出错。在删除时要注意，一定要先用鼠标左键选中，再删除。当用户点击“删除”按钮后，将弹出提示框，如图 4-10 所示。以便让用户不致出现错误的操作。

图 4-10

“修改”：对材料列表树中的材料类别、材料名称、型号、规格进行修改，点击“修改”按钮，则出现如下界面，如图 4-11 所示。

这样就可以修改你要修改的内容，修改完成后，点击“确定”按钮，保存；否则，点击“取消”按钮，不保存。

“复制”、“粘贴”：在一类别中复制材料项目到另一类别中粘贴，不能在不同级别中进行粘贴。

“打印”：打印当前材料库。点击“打印”按钮，出现如下界面，如图 4-12 所示。

图 4-11

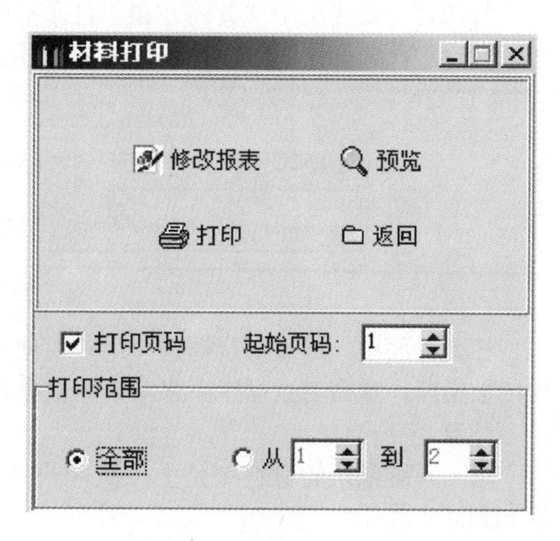

图 4-12

在此界面中完成“修改报表”、“预览”、“打印”功能。先看“修改报表”，进入“材料报表”界面，如图 4-13 所示。

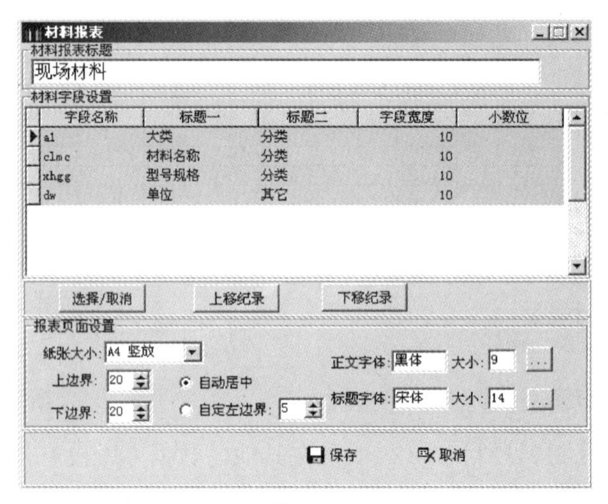

图 4-13

在此界面中设置“材料报表标题”、“材料字段设置”、“报表页面设置”，当设置完成后点击“保存”；否则，点击“取消”按钮。

“预览”：对打印材料数据库的效果进行浏览（图 4-14）。

图 4-14

“打印”：设置图中“页码”和“打印范围”，点击“打印”，打印材料库。

“模板”：允许建立多个材料数据库，并加以管理。点击“模板”在本界面的上方出现（图 4-15）。

图 4-15

在此界面中，通过下拉框选择用户要使用的数据库，可以新建自己的数据库，删除不用的数据库，重命名数据库，来对多个数据库进行管理。

注意：

（1）系统默认的材料库是上一次用户选择的，如果是第一次进入，系统默认材料库为 clbh0。

（2）建立与已有品种规格重复的条目时，将给予该条目已经存在的提示。不同品种间的规格允许重复，不提示。

（3）在材料库中添加材料条目时，部分计量单位、规格所涉及的特殊字符已在程序中做成可选项，请留意、选用。

（4）删除材料库条目时会有提示，确认后方可删除。

（5）在材料库中添加材料时，请注意使用规范的型号、规格和标准的、易于换算对比的计量单位，不能用盒、袋、箱等无法识别、换算的计量单位。

关于钢筋的型号规格表示，拓展说明如下：

1）钢筋的牌号为 HPB235、HRB335、HRB400、HRB500 级。HPB235 级钢筋为光圆钢筋；热轧直条光圆钢筋强度等级为 HPB235。HRB335、HRB400、HRB500 级为热轧带肋钢筋。H、R、B 分别为热轧（Hotrolled）、带肋（Ribbed）、钢筋（Bars）三个词的英文首位字母。如：ϕ16 的二级螺纹钢筋，在材料库中可表示为 16HRB335；ϕ16 的三级螺纹钢筋，在材料库中可表示为 16HRB400。

2）低碳热轧圆盘条按其屈服强度代号为 Q195、Q215、Q235，供建筑用钢筋为 Q235。

4. 用途信息

记录材料的使用和领用单位的情况，界面如图 4-16 所示。

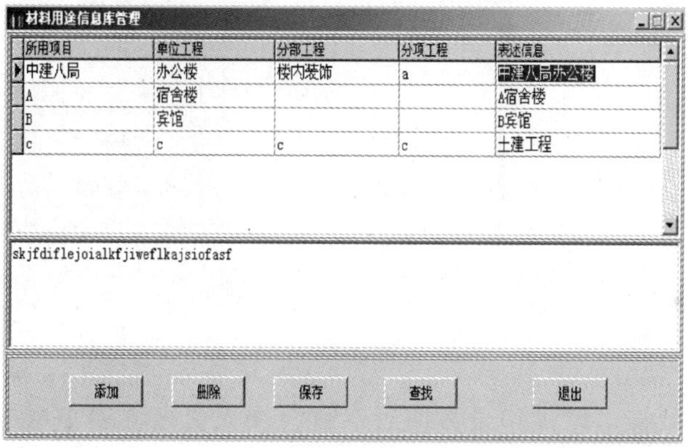

图 4-16

在此界面中记录所使用材料的各工程项目的情况以及领用单位的情况，表格“表述信息”则是显示给用户所看的。

5. 供货商信息

存放各供货单位的信息，如图 4-17 所示。

在此界面中对材料的供货单位的信息进行管理。在这个模块中用户可以添加供货商的详细信息，如：地址、联系人、联系电话、经营范围、信用以及传真等，方便用户对各供货商的查看联系。“单个供应商信息”里的“材料类别”，是让用户根据该供应商的经营范围按照软件材料库的分类方式归类输入的，以后办理收料单、验单时，系统则会根据单据中的材料类别有选择地提示相应供应商，否则，将显示所有供应商。下方的“经营范围”，根据营业执照相关内容原样填写即可。

6. 人员职务信息

材料收发各岗位的人员管理，在材料收发管理中的数据的支持，如图 4-18 所示。

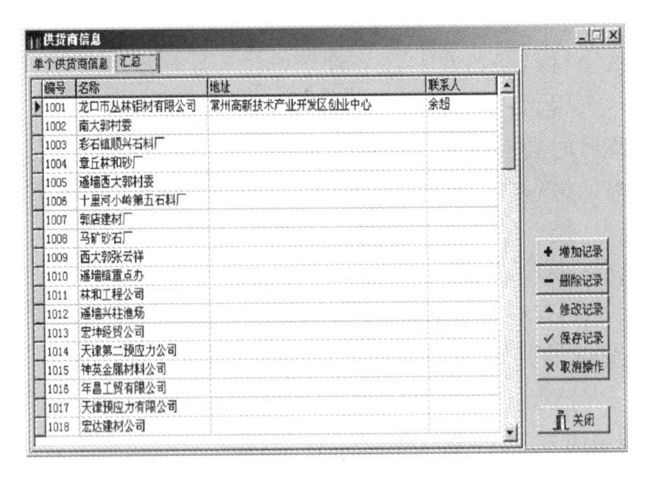

图 4-17

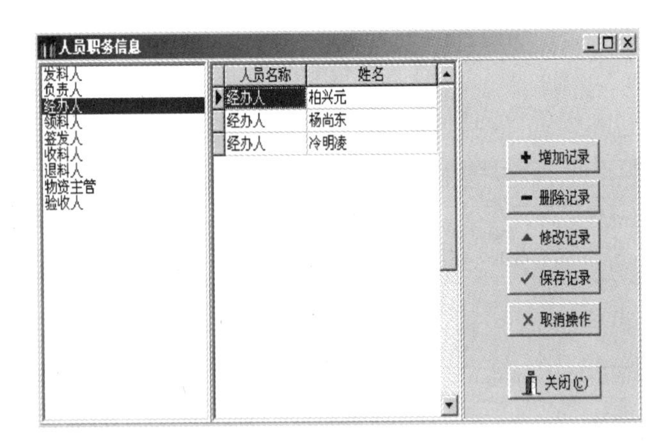

图 4-18

（1）增加记录：鼠标点增加纪录按钮后，就会在人员名称表中增加一条空记录，输入要增加的姓名即可。

（2）删除记录：鼠标点删除记录按钮后，就将光标当前所在的人员记录删除。

（3）修改记录：鼠标点修改记录按钮后，就可以修改光标当前所在的人员记录。

（4）保存记录：当进行了增加、修改记录的操作后，就应该用鼠标点保存记录。

（5）取消操作：不做任何操作时点取消操作按钮。

（6）关闭：关闭人员信息表单。

7. 选择项目工程

适用于一个人负责两个以上项目材料软件的情况（图 4-19）。

“当前工程”是指程序正在工作的文件，“选择工程”是指用户需要更换的文件，点击右方的“...”按钮，选择已经保存好的项目工程文件 CLGLK. mmm 后，单击确定，程序会自动装载选定的项目，如果装载成功后，请到人员设置中，设定管理员密码为空，退出后重新进入软件就可以了。同理，如果想返回当前的工程，同样的操作选定当前的 CLGLK. mmm。此功能可以让一个用户操作 N 个工程。

图 4-19

8. 项目备份

(1) 备份数据库，方法有三种：

1) 点软件“系统设置”的“备份”，指定一个安全的路径后点“确定”。数据库就备份到指定路径上了（图 4-20）。

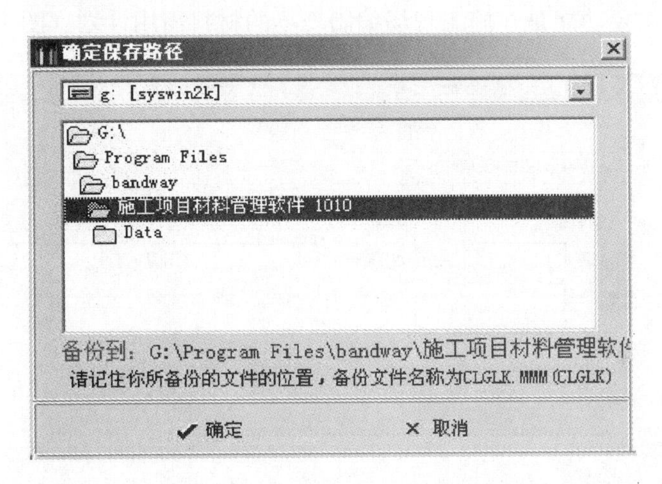

图 4-20

为防止因微机故障等意外造成数据丢失，无法恢复，建议一周一次将数据库备份到系统盘之外的其他位置。最好在优盘或移动硬盘上也定期备份。备份资料保留最新的一份即可。

2) 选“我的电脑”，右键打开“资源管理器”，找到名为 c:\ProgramFiles \Bandway \施工项目材料管理软件\data \clglk. mmm 的文件，将其复制到安全位置。注意：“…\data”下名为 clglk 的文件可能不止一个，而我们要复制的是后缀为“mmm”的那个 clglk 文件。

3) 选中桌面上的软件图标，右键选“属性”，选“查找目标”，打开“Data”文件夹，找到 clglk. mmm 文件，将其复制到安全位置。

(2) 备份整个安装目录（含数据库及安装程序，可以在备份位置直接运行程序）：

1) 选“我的电脑”，右键打开“资源管理器”，找到名为 c:\ProgramFiles \Bandway \施工项目材料管理软件的文件夹,将其复制到安全位置即可。

2) 选中桌面上的软件图标，右键选“属性”，选“查找目标”，找到“施工项目材料管理软件”文件夹，将其复制到安全位置。

9. 如何使用备份资料

有三种方式：

（1）在已有的安装位置之外重新安装一次施工项目材料管理软件，把备份数据库文件以它原始的文件名复制到新的安装目录“…\data”下，运行新安装的“施工项目材料管理软件”，出现的即为备份数据库文件所对应的程序。

（2）把现有安装程序下的数据库备份到安全位置，做好标记。将要使用的备份数据库复制到现有安装目录“…\data”下运行现有程序即可。要恢复到原来数据库基础上，把备份的原有数据库照样复制回去即可。

（3）备份整个安装目录的，在备份文件夹中运行平时在桌面上看到的那个图标文件即可。

第四节　材料计划管理

材料计划管理主要功能是在施工现场编制现场的材料需用计划（图 4-21）。

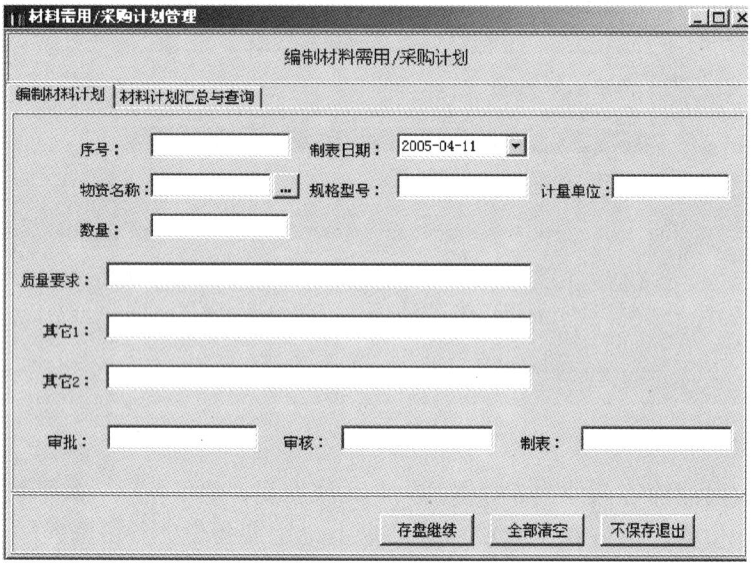

图 4-21

在此界面中有两页，一为编制材料计划，二为材料计划汇总与查询。在编制材料计划中输入各项内容，输入数字型的序号，选择制表日期，然后点材料名称项后的按钮，出现材料库，选择材料，之后，物资名称、型号规格、计量单位等信息就自动添加进来了，然后输入数量，然后依次把其他项都填上，都填好之后，点击“存盘继续”按钮；如果不保存则点击“全部清空”，重新输入。退出时，点击“不保存退出”即可。当用户填好材料计划信息后，就可以查看汇总的信息，如图 4-22 所示。

在此界面中，在上部可以选择日期，查询编制日期所需计划，打印出此时的材料计划，或者打印出全部的材料计划。另外，在表格中点击鼠标右键，弹出“修改打印字段”，

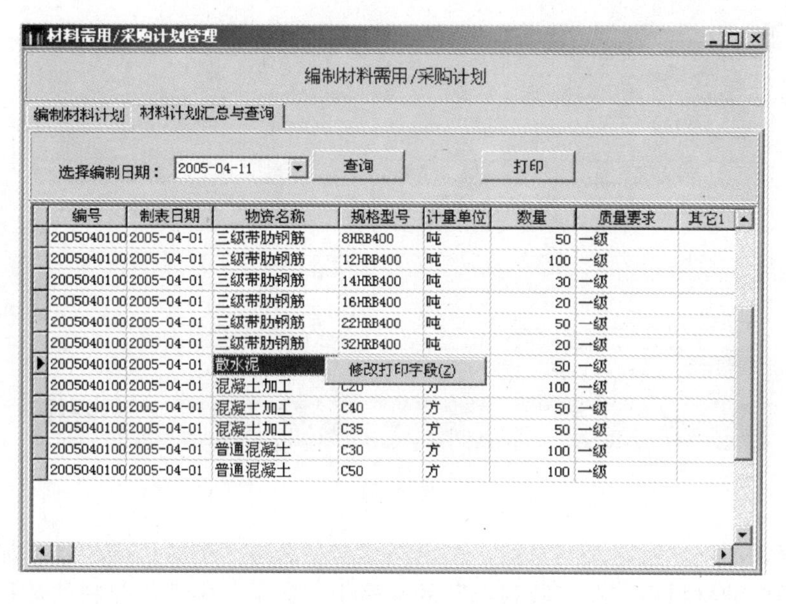

编号	制表日期	物资名称	规格型号	计量单位	数量	质量要求	其它1
2005040100	2005-04-01	三级带肋钢筋	8HRB400	吨	50	一级	
2005040100	2005-04-01	三级带肋钢筋	12HRB400	吨	100	一级	
2005040100	2005-04-01	三级带肋钢筋	14HRB400	吨	30	一级	
2005040100	2005-04-01	三级带肋钢筋	16HRB400	吨	20	一级	
2005040100	2005-04-01	三级带肋钢筋	22HRB400	吨	50	一级	
2005040100	2005-04-01	三级带肋钢筋	32HRB400	吨	20	一级	
2005040100	2005-04-01	散水泥			50	一级	
2005040100	2005-04-01	混凝土加工	C20	方	100	一级	
2005040100	2005-04-01	混凝土加工	C40	方	50	一级	
2005040100	2005-04-01	混凝土加工	C35	方	50	一级	
2005040100	2005-04-01	普通混凝土	C30	方	100	一级	
2005040100	2005-04-01	普通混凝土	C50	方	100	一级	

图 4-22

可点击进入“修改材料计划报表字段”，修改表头内容，或者取消或显示每个字段。

第五节　材料收发管理

材料收发管理主要功能是对日常的材料的出入库进行管理（图 4-23）。菜单中所示：“材料收发管理”包括“收料管理”、“验收管理”、“领用管理”、“退料管理”、“调拨管理”五部分。

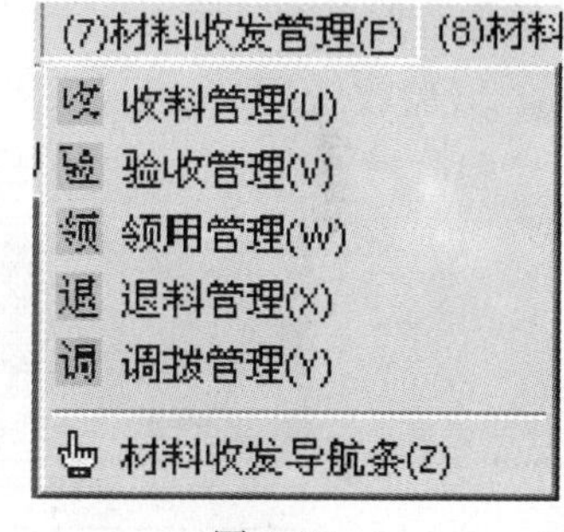

图 4-23

1. 收料管理

当供货商提供材料后，这时要填写收料单，如图 4-24 所示。

在“收料单”中，首先选择项目部，然后选择日期，再填写编号，在这个编号中，用户只要填入自己定义的一个任意数字编号，当单据保存时，在其后面的括号中就会显示用户输入的上一条编号，系统会自动加上字母“A”，用户不必管，只要根据用户输入的编号，确定下一条编号，注意这里只能输入数字型的内容；当数据库中没有数据时，其后的括号中会显示“当前没有记录”。选择“供货单位名称”、“供料人”和“收料人”，当选项中没有你要选的项目时，可手工输入，当保存表单时，系统会自动添加，再次输入时，可直接选择。然后是选择收料的材料，点击“选择材料”按钮，就会弹出“材料编号”界面，在“材料编号”中选择你所需要的材料。有两种方式选择材料，一种是在“材料编号”界面中手工查找所需材料，找到后在最后一级双击鼠标左键，则这条材料就可加入“物资收料单”的表格中；另一种是使用查找功能，在上部的空格中填入用户所需要的材料名称，然后点击“查询”按钮，就会将查询的内容放在表格中供你选择，选中你需要的双击鼠标左键，则这条材料就可加入“物资收料单”的表

图 4-24

格中，如果查询不到你所需要的材料，可以据“材料编号”中所讲操作，添加材料。这样添加好你所需要的材料后，在“收料单”的表格中“数量”中填入收料的数量，然后回车填入材料的单价，再回车计算得到金额，在“备注”中填入备注信息，在这里也可以选择备注信息，系统会自动检测辅助数据库中有无这条信息，没有就自动添加。这些都做好以后，这张“收料单”就完成了，这样就可点击“保存继续”按钮，将这张物资收料单保存起来。其中“删除”是删除选中的一条材料，用户如需要打印本单据可点击“打印/预览”按钮，打印和预览“收料单”。材料收料完毕后，点击“退出”按钮，退出此界面进行其他的操作。注意在表格中不能输入材料名称、型号规格、单位，如果是输入的材料信息则无法保存此信息。

2. 验收管理

验收材料确定材料的单价，填写“物资验收单”（图 4-25）。

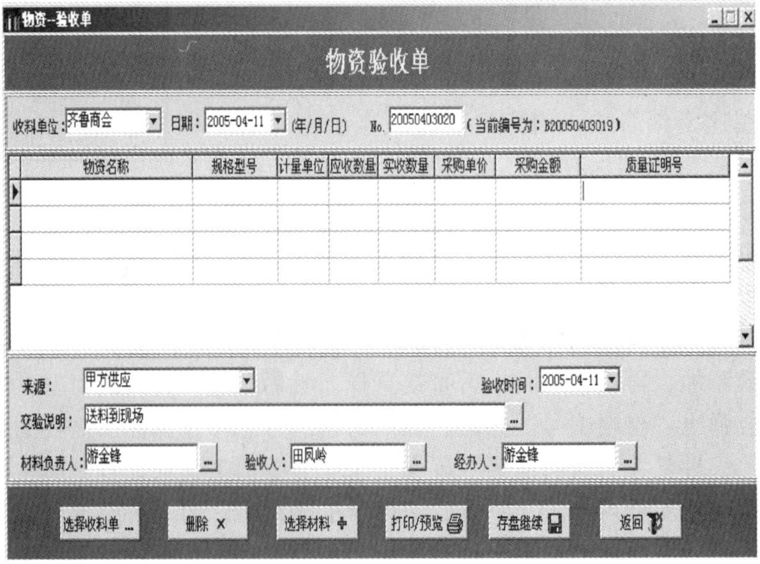

图 4-25

在“物资验收单”中，“收料单位”、“编号”、“日期”、“来源”、“验收时间”、“交验说明”、“材料负责人”、“验收人”、“经办人”以及“选择材料”、“删除”、“打印/预览”、“存盘继续”按钮与“收料管理”中的操作是相同的。在填入编号时，用户只要填入自己定义的一个任意编号，当单据保存时，在其后面的括号中就会显示用户输入的上一条编号，系统会自动加上字母“B”，在这个表格中要输入“数量”，确定“单价”，然后在单价这栏中回车，系统自动计算金额。“选择收料单”按钮的功能是选择已有收料单进行统计、验收。点击“选择收料单”按钮，则出现如下的界面（图 4-26）。

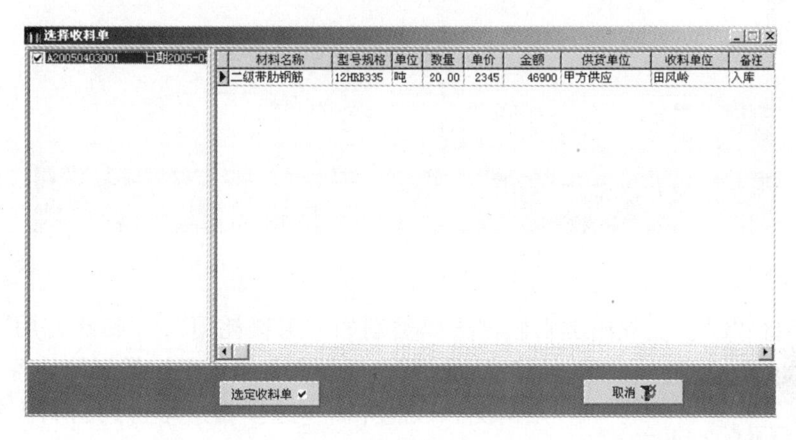

图 4-26

在此界面中用户选择需要的收料单，将左侧的收料单的列表前打对号（√），表示选中了此收料单，右侧是显示收料单的内容，当用户选中收料单后，点击“选定收料单”按钮或者点击“选择全部收料单”按钮，就将用户所选中的收料单中的内容全部统计到“物资验收单”中的表格中了。这是按照“物资收料单”中的操作将“物资验收单”保存起来，再进行其他的操作，用户如需要打印本单据，可点击“打印/预览”按钮，打印和预览“物资验收单”。“验收管理”中的日期、编号没有填入时，则本条单据不能保存。注意，在表格中不能输入材料名称、型号规格、单位。

（1）验收单是惟一的材料入库手续，是财务核算材料成本收入的依据。无论是项目部自购、上级供应、业主供料还是从其他单位调入的，都必须办理验收单入库，然后方可领用或调出。

（2）从收料单验收时，某条收料单被打勾选进验收单后，验收单一经保存，收料单列表里就不再显示。若需查找，请到程序里“单据查询/打印”版块。

（3）“来源”目前增至四类：即在原来“自购”、“上供”、“业主供料”基础上增加了“同级调入”。条目变更分别为“项目自购”、“上级供应”、“业主供应”、“同级调入”。

3. 领用管理

领用管理是材料使用的统计与记录出库手续之一，是财务核算材料成本支出的依据。包清工的工程中，分包队伍领用材料时，用领用单出库（图 4-27）。

如同“物资收料单”中的操作，填入“编号”、“日期”、“领用单位”、“单位工程名称”、“支出类别”、“签发”、“发料”、“领料”。在填入编号时，用户只要填入自己定义的一个任意编号，当单据保存时，在其后面的括号中就会显示用户输入的上一条编号，系统

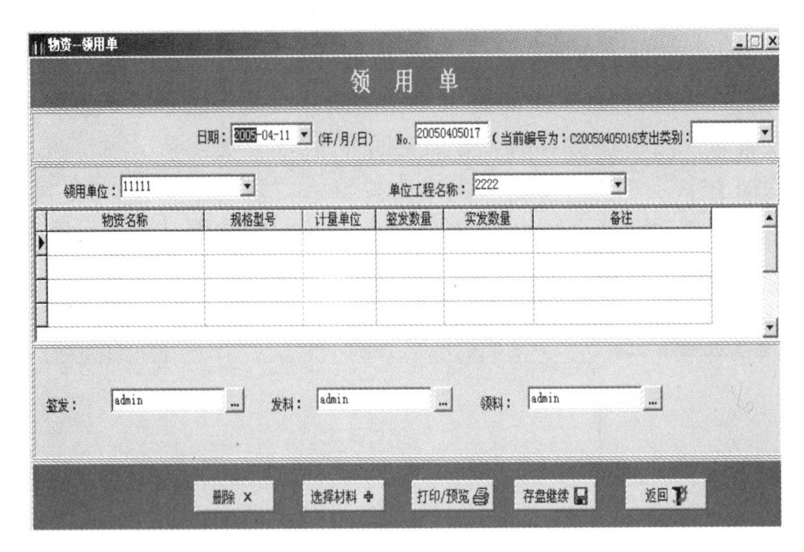

图 4-27

会自动加上字母“C”。在支出类别栏，选择类别如“工程耗用”、“临建耗用”、“修补耗用”、“外调”，以便在月报表中按类别统计各个材料的耗用情况。在此界面中选择哪个单价的材料，然后点“确定”即可。

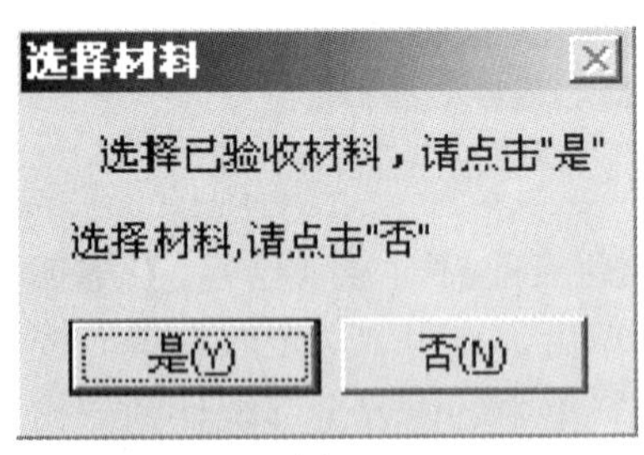

图 4-28

选择材料进入此表格，点击“选择材料”按钮，这时会出现选择对话框（图 4-28）。

要求你选择从大材料库中选择材料还是从已验收的材料中选择材料。选择“是”，则是从已验收的材料库中选择材料，选择“否”，则是从所有的材料中选择材料，从所有的材料库中选择材料如同前面所讲的选择材料的操作。从已验收的材料中选择材料，如图 4-29 所示。

在顶部的空格中填入要查找材料的名称，然后点击后面的“查询”按钮，可以快速的查到你所要的材料，选中你所要的材料，然后点击“选择”按钮；或者直接在材料列表中找你所要的材料，然后点击“选择”按钮，这样可以把材料选择进来，然后按这种方法选择其他的材料；在这个表中所列的材料默认是按照在材料大类的顺序排列的，用户可以点击“按材料名称排序”按钮重新排序，以方便你更快地找到所需的材料。在此表中，用户只要填入数量，系统会自动根据各个单价的库存情况自动的取各个单价的数量，用户不需要知道这些过程，当把这些信息调整好后，然后用户点击“存盘继续”按钮，继续输入其他的物资领用单，用户如需要打印本单据，可点击“打印/预览”按钮，打印和预览“物资领用单”。注意，在表格中不能输入材料名称、型号规格、单位。在领用的时候，有一个支出类别的选项，如果用户在支出类别上面点击鼠标右键则出现 设置支出类别信息(Z) “设置支出类别信息”的菜单，此菜单的功能是，用户可以自定义在收、发、存月报表中支出中的内容，这个信息用户只能在使用本软件前设置好，并且在软件的使用过程中不能再更改。下面是详细的解释，如图 4-30 所示。

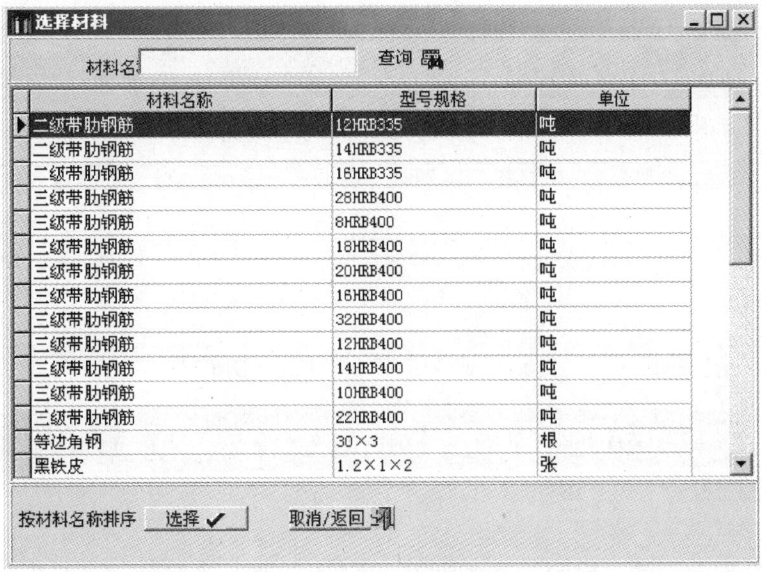

选择材料

材料名 查询

材料名称	型号规格	单位
二级带肋钢筋	12HRB335	吨
二级带肋钢筋	14HRB335	吨
二级带肋钢筋	16HRB335	吨
三级带肋钢筋	28HRB400	吨
三级带肋钢筋	8HRB400	吨
三级带肋钢筋	18HRB400	吨
三级带肋钢筋	20HRB400	吨
三级带肋钢筋	16HRB400	吨
三级带肋钢筋	32HRB400	吨
三级带肋钢筋	12HRB400	吨
三级带肋钢筋	14HRB400	吨
三级带肋钢筋	10HRB400	吨
三级带肋钢筋	22HRB400	吨
等边角钢	30×3	根
黑铁皮	1.2×1×2	张

按材料名称排序 选择 取消/返回

图 4-29

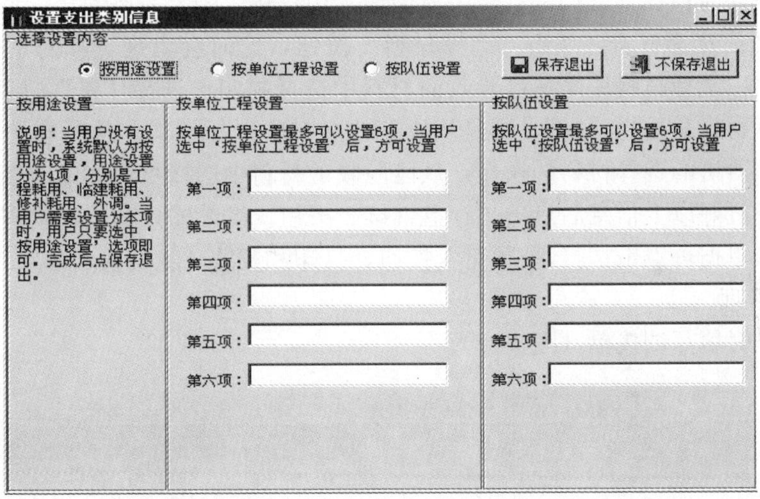

设置支出类别信息

选择设置内容

按用途设置 按单位工程设置 按队伍设置 保存退出 不保存退出

按用途设置

说明：当用户没有设置时，系统默认为按用途设置，用途设置分为4项，分别是工程耗用、临建耗用、修补耗用、外调。当用户需要设置为本项时，用户只要选中'按用途设置'选项即可。完成后点保存退出。

按单位工程设置

按单位工程设置最多可以设置6项，当用户选中'按单位工程设置'后，方可设置

第一项：

第二项：

第三项：

第四项：

第五项：

第六项：

按队伍设置

按队伍设置最多可以设置6项，当用户选中'按队伍设置'后，方可设置

第一项：

第二项：

第三项：

第四项：

第五项：

第六项：

图 4-30

在这一界面中，用户可以按三种不同的类别设置，“按用途设置”、“按单位工程设置”、“按队伍设置”。上面所显示的单选钮是显示当前的用户设置，默认为按用途设置。按用途设置分为 4 项，工程耗用、临建耗用、修补耗用、外调，这些是软件中设置好的。当选择“按单位工程设置”时，用户需要在中间一栏中设置好每一项的内容，最多可以设置 6 项，如果没有则是空白；用户选中的是“按队伍设置”，则如同“按单位工程设置”。当用户设置好后，点击按钮“保存退出”，否则点击“不保存退出”。这样支出类别的信息就设置好了。在报表管理中系统会根据这里设置的信息进行相应的取数。

4. 退料管理

将未用完的材料填写退料单（图 4-31）。

图 4-31

“退料单”同前面的单据的操作方法是相同的，填上单据的“编号”、“日期”以及“退料人”、“收料人”、“验收人”。在填入编号时，用户只要填入自己定义的一个任意编号，当单据保存时，在其后面的括号中就会显示用户输入的上一条编号，系统会自动加上字母“E”，然后选择材料，点击“选择材料”按钮，这时会出现选择对话框，要求你选择从大材料库中选择材料还是从已验收的材料中选择材料。选择“是”，则是从已验收的材料库中选择材料，选择“否”，则是从所有的材料中选择材料。从所有的材料库中选择材料如同前面所讲的选择材料的操作，从已验收的材料中选择材料如前面领用单中选择材料的操作。设置好以上信息后点击“存盘继续”按钮。继续输入其他的物资退料单，用户如需要打印本单据可点击“打印/预览”按钮，打印和预览“物资验收单”。

5. 调拨管理

调拨材料时填写调拨单（图 4-32）。

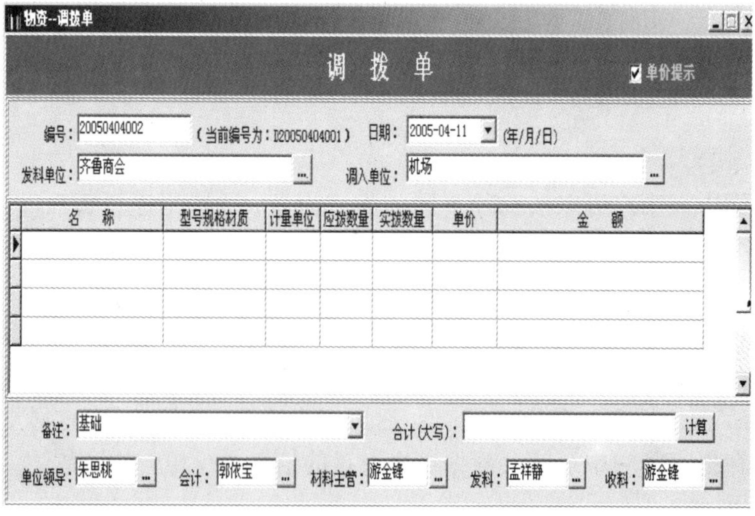

图 4-32

“调拨单”同前面的单据的操作方法是相同的，填上单据的“编号”、“日期”、“发料单位”、“调入单位”、“备注”、“合计（大写）”，以及“单位领导”、“会计”、“材料主管”、“发料”、“收料”。在填入编号时，用户只要填入自己定义的一个任意编号，当单据保存时，在其后面的括号中就会显示用户输入的上一条编号，系统会自动加上字母“D”，然后选择材料，点击“选择材料”按钮，这时会出现选择对话框，要求你选择从所有材料库中选择材料还是从已验收的材料中选择材料。选择“是”，则是从已验收的材料库中选择材料，选择“否”，则是从所有材料中选择材料。从所有的材料库中选择材料如同前面所讲的选择材料的操作，从已验收的材料中选择材料如前面领用单中选择材料的操作。在本界面的右上角显示“单价提示”，在选择材料的同时，如果是选中了“单价提示”则会提示（图 4-33）。

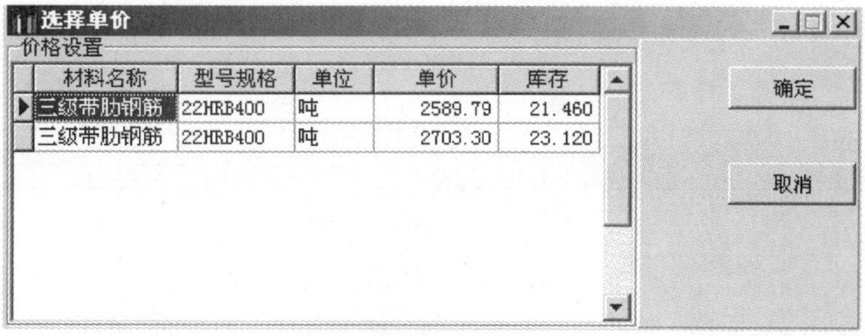

选择单价

价格设置

材料名称	型号规格	单位	单价	库存
三级带肋钢筋	22HRB400	吨	2589.79	21.460
三级带肋钢筋	22HRB400	吨	2703.30	23.120

确定

取消

图 4-33

在这个表中提示的是本条材料的不同单价的各个库存，方便用户填写调拨的数量和单价，如果从其中选择，则用户只要选中，然后点击“确定”即可。在“实拨数量”栏中回车则系统会自动计算金额。

这样设置好以上信息后，点击“计算”按钮得到合计金额大写，然后点击“存盘继续”按钮继续输入其他的物资调拨单，用户如需要打印本单据，可点击“打印/预览”按钮，打印和预览“物资验收单”。

以上是从材料的收料、验收、领用、调拨、退料这几部分构成了材料的收发管理。

（1）出库手续之一，是财务核算材料成本支出的依据。一般包括以下两种情况：

1）包定额消耗材料的工程中，由我公司负责供应的材料，一经验收入库，即可与分包队伍办理调拨手续出库，从而把材料转交给分包队伍使用管理。一般是和分包队伍一同验收并同时办理调拨手续。这时，调拨单也是与分包商计算材料节约、超耗分成的依据。

2）本项目的工程余料、废旧材料处理给分包商、废旧材料回收商或调剂给其他项目时，要办理调拨手续出库。

（2）调拨单的填制和以前不同。

以前，调拨单价是手工填写的，调拨单价可以和采购单价不一致，并可能因此造成库存数量及金额与实际剩余材料的库存单价和价值不符，甚至有可能出现这种情况：某一规格的材料，库存数量已经为零，但库存金额仍有正值（调出价格低于采购价时）或负值（调出价格高于采购价时），并且这个余额会反映在以后每个月的报表里，有可能造成一些不必要的麻烦。

为此，这次升级以后的程序中，我们不再考虑实际调拨单价与采购单价的差别，不需要填写调拨价格，而是和领料单一样，输入相应的信息之后，系统会按先进先出的原则自动取数、保存，单价可以在“单据查询/打印”中看到。打印出的调拨单上会有价格。

注意，调拨单是由软件按先进先出原则自动出库的，没有考虑实际调拨单价与采购单价的差别，所以，因材料升值、贬值或其他原因造成实际调拨单价与库存采购单价有差别时，材料人员要及时和财务人员协商，将这部分差价在软件数据之外另行处理。如，可以参考软件调拨单的不同单价和数量另外做出能反映差价的调拨单入账，或者，以运输费等其他适当的形式核销差价。材料员要做好相应的记录备查。

6. 进场验证记录

按日期查询打印时，系统将自动以品种为单位逐项提示是否打印。需打印进场验证记录时请执行此操作（图 4-34）。

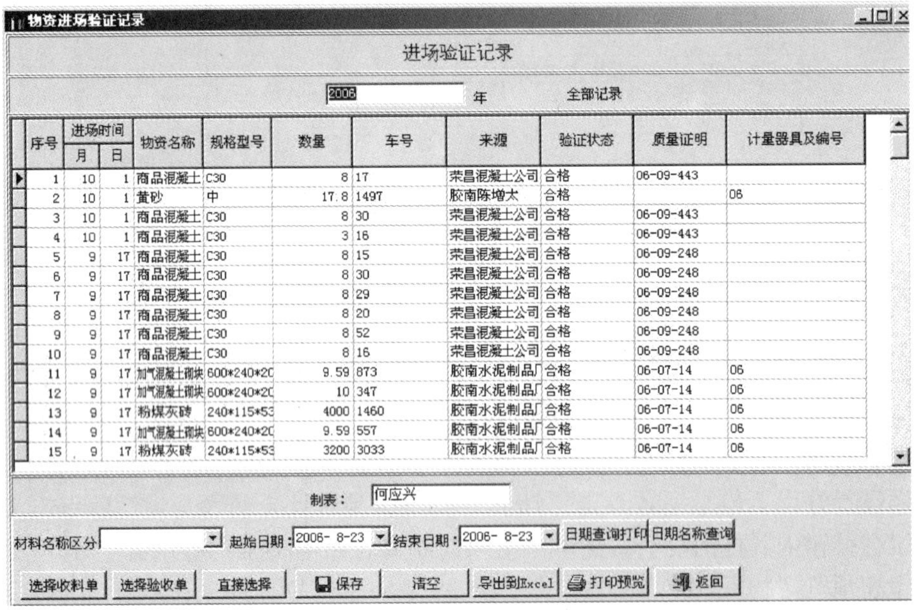

物资进场验证记录

进场验证记录

2006 年 全部记录

序号	进场时间		物资名称	规格型号	数量	车号	来源	验证状态	质量证明	计量器具及编号
	月	日								
1	10	1	商品混凝土	C30	8	17	荣昌混凝土公司	合格	06-09-443	
2	10	1	黄砂	中	17.8	1497	胶南陈增太	合格		06
3	10	1	商品混凝土	C30	8	30	荣昌混凝土公司	合格	06-09-443	
4	10	1	商品混凝土	C30	3	16	荣昌混凝土公司	合格	06-09-443	
5	9	17	商品混凝土	C30	8	15	荣昌混凝土公司	合格	06-09-248	
6	9	17	商品混凝土	C30	8	30	荣昌混凝土公司	合格	06-09-248	
7	9	17	商品混凝土	C30	8	29	荣昌混凝土公司	合格	06-09-248	
8	9	17	商品混凝土	C30	8	20	荣昌混凝土公司	合格	06-09-248	
9	9	17	商品混凝土	C30	8	52	荣昌混凝土公司	合格	06-09-248	
10	9	17	商品混凝土	C30	8	16	荣昌混凝土公司	合格	06-09-248	
11	9	17	加气混凝土砌块	600*240*20	9.59	873	胶南水泥制品厂	合格	06-07-14	06
12	9	17	加气混凝土砌块	600*240*20	10	347	胶南水泥制品厂	合格	06-07-14	06
13	9	17	粉煤灰砖	240*115*53	4000	1460	胶南水泥制品厂	合格	06-07-14	06
14	9	17	加气混凝土砌块	600*240*20	9.59	557	胶南水泥制品厂	合格	06-07-14	06
15	9	17	粉煤灰砖	240*115*53	3200	3033	胶南水泥制品厂	合格	06-07-14	06

制表：何应兴

材料名称区分 起始日期：2006- 8-23 结束日期：2006- 8-23 日期查询打印 日期名称查询

选择收料单 选择验收单 直接选择 保存 清空 导出到Excel 打印预览 返回

图 4-34

第六节　材料账表管理

材料账表管理是对材料所用的单据以及库存的信息进行分类汇总统计。分为四部分：有“台账管理”、“报表管理”、“库存管理”、“竣工工程结算表”。

1. 台账管理

保存了材料的所有的出库和入库的信息，如图 4-35 所示。

表中有材料的验收、材料的领用、材料的调拨、材料的退料这四部分，在表格的表头中都加入了具体的分类名称，在此表格中用户可以自己定义所要显示的项目，在表格中点击鼠标右键，则出现两个菜单“修改报表”和“生成报表” 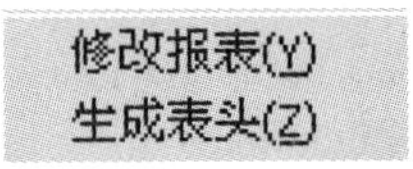 修改报表(Y) 生成表头(Z) ，点击“修改报表”，则进入以下窗口（图 4-36）。

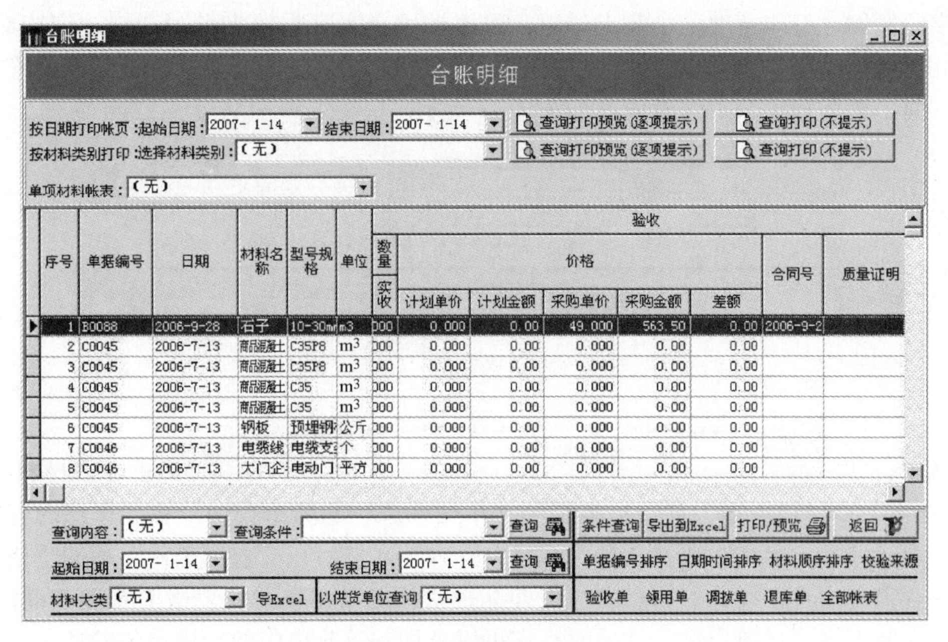

图 4-35

修改台账信息标题

选择	表头说明	一层表头	二层表头	三层表头	类型	字段宽度	打印宽度	小数点位数
	单据编号			单据编号		60	12	
	标志			标志		20	4	
	日期			日期		70	12	
√	材料名称			材料名称		80	12	
√	型号规格			型号规格		80	12	
√	单位			单位		30	5	
	验收|数量|应收	验收	数量	应收	数字	50	8	
√	验收|数量|实收	验收	数量	实收	数字	50	8	
	验收|价格|计划单价	验收	价格	计划单价	数字	60	8	
	验收|价格|计划金额	验收	价格	计划金额	数字	60	8	
√	验收|价格|采购单价	验收	价格	采购单价	数字	60	8	
√	验收|价格|采购金额	验收	价格	采购金额	数字	60	8	
	验收|价格|差额	验收	价格	差额	数字	60	8	
	验收|负责人		验收	负责人		40	6	
	验收|验收人		验收	验收人		40	6	
	验收|经办人		验收	经办人		40	6	
	验收|质量证明		验收	质量证明		80	10	

记录上移 ↑　　记录下移 ↓

图 4-36

在这个表中，在左边的选择一栏中的“√”表示显示此字段，空表示不显示此字段，在这一栏中可以点击鼠标左键来选择“√”，或者是点击鼠标左键取消“√”；同样的其他栏目中内容用户也可自行修改，表头说明是表格标题的总说明，表头总共分三级，每级用“|”分开，第一项为一层表头，第二项为二层表头，第三项为三层表头；只有一层表头则只在三层表头中填写；其后有类型，只要在是数字型的字段中填写“数字”即可；其后

还有字段宽度、打印宽度、小数点位数，可根据用户实际需要来填写；修改完毕后保存，退出此窗口。点击“生成报表”，则生成你所设置的表格。在此窗口的底部，设置了台账信息的简单查询和复杂条件查询，如图 4-37 所示。

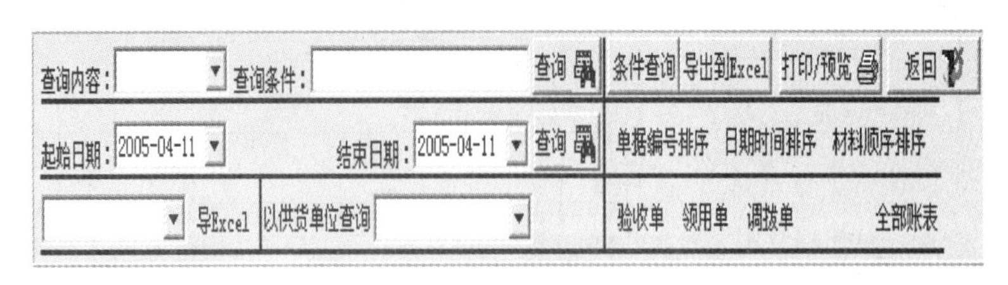

图 4-37

其中，查询内容： 查询条件： 查询 是对“材料名称”、“型号规格”、“材料用途”、“支出类别”、“单据标志”的简单查询，在“查询内容”后的选项中选择“材料名称”或者“型号规格”等内容，然后在“查询条件”后的空格中填入用户要查询的内容，设置好后点击“查询”按钮，可以在查询的表格中看到查询的内容。注意，在此查询“材料用途”这项时，它可以查询到验收单中的领用单位的情况，也可以查询到领用单中的领用单位及用途的情况。其中，

起始日期：2004-02-19 结束日期：2004-02-19 查询 是对单据时间的查询，将查询“起始日期”到“结束日期”之间的所有的单据进行查询，首先设置好两个时间，然后点击“查询”按钮，可以在查询的表格中看到查询的内容。

其中 单据编号排序 日期时间排序 材料顺序排序 这三个按钮是对整个的表格进行的排序，将按照单据编号、日期时间、材料类别的顺序进行排序。

其中以供货单位查询 是单独对材料的供货单位进行查询，选择下拉列表中的一项，则可以在查询的表格中看到查询的内容。

其中 验收单 领用单 调拨单 全部账表 是对本账表分类显示，“验收单”按钮是只显示验收的字段及内容，“领用单”按钮是只显示领用的字段及内容，“调拨单”按钮是只显示调拨的字段及内容，“全部账表”按钮是只显示全部账表的字段及内容，这样设置后用户可以单独打印出验收、领用、调拨、退料的信息。

其中 界面中，是按照材料分类进行查询，在其后的按钮“导 Excel”可以把查询的内容导入到 Excel 的表格中。

“导出到 Excel”按钮是对本账表的所有项目导出到 Excel 表格中，其后的下拉列表则是对本表按照材料的大类进行分类显示并且导出到 Excel 表格中，以方便用户设置、

修改。

点击“条件查询” 条件查询 按钮，则会出现条件的复杂查询，如图 4-38 所示。

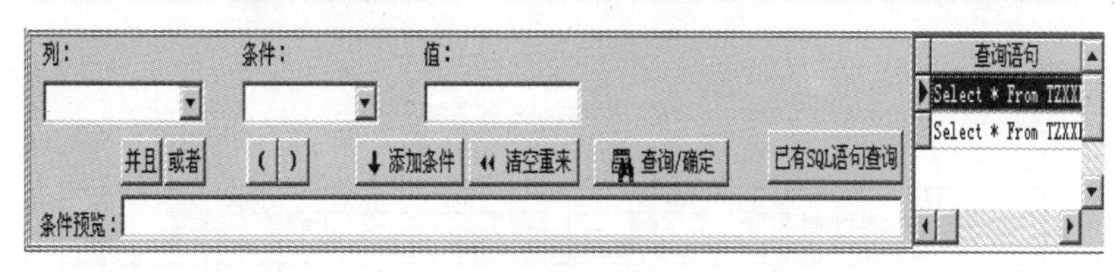

图 4-38

以下是用户设置单条或者多条的查询。它的格式是（列：条件：“值”:）并且/或者（列：条件：值:）…。并且为必要条件，或者为非必要条件。

其中 列： 条件： 值： 是设置条件，其中“列”是用户所要查询的字段，它包括“日期时间”、“材料名称”、“型号规格”、“来源/用途”这四项内容；“条件”是指查询字段与查询内容的关系它包括“等于”、“大于”、“小于”、“不等于”、“包含字符串”这几种关系；“值”是用户要查询的内容，用户手工输入。

其中 并且 或者 ( ) 表示用户所查询的多个条件的关系，“并且”是表示必要条件，“或者”是表示非必要条件。

设置好一个条件后点击 添加条件 按钮，将这个条件添加到“条件预览”框中，设置好多个条件后，点击“查询/确定”按钮，完成查询，显示查询结果并且系统会提示用户是否保存本次查询条件，点击“是”，则保存查询语句，这样用户可以用已有的查询语句对本表进行查询。这样，操作就完成了一个复杂条件的查询。

再来看 打印/预览 按钮，用户设置好本表的样式后，可以点击“打印/预览”按钮对本表进行打印（图 4-39）。

以上为所有的台账信息，在此表格中双击其中的一条材料，则会出现“料具保管账”，如图 4-40 所示。

以上为“料具保管账”界面，它统计了单一材料的所有进出库存的情况，默认的表格是整个工程的这项材料进行的统计。如果用户想看哪个月的，可以用上部的查询，选择好起始日期和结束日期进行查询。其中“类别”、“名称”、“型号规格”、“计量单位”是根据材料自动添加的，如果用编号，用户手工输入。在表格中的“盈亏”一栏中的“数量”也需要用户自己填入，当填好这些后，用户点击“计算盈亏”和“计算结存”两个按钮，这样这个表格就生成完成了。这时用户可以通过“打印预览”来打印这个表，或者用户可以在表格上面点击右键弹出“修改报表标题”和“生成报表标题”，点击“修改报表标题”，用户可以自行设置显示和打印的表头内容和字段的宽度，这样方便用户的打印。

2. 报表管理

报表管理包括报表管理-固定时间和报表管理-任意时间。

任意时间报表操作基本同固定时间，区别在于任意时间报表可以自由选择时间段创建报表，更为灵活，缺点是同时只能创建一个时间段的报表数据。

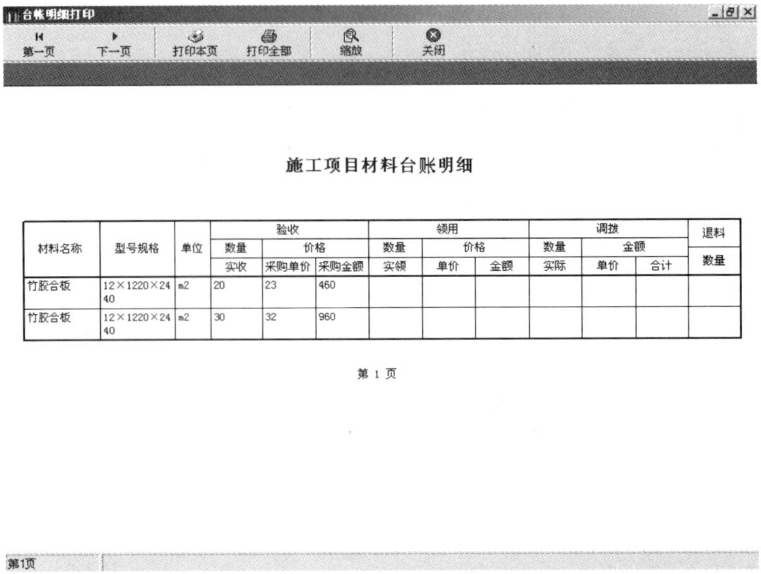

施工项目材料台账明细

材料名称	型号规格	单位	验收			领用			调拨			退料
			数量	价格		数量	价格		数量	金额		数量
			实收	采购单价	采购金额	实领	单价	金额	实际	单价	合计	
竹胶合板	12×1220×2440	m2	20	23	460							
竹胶合板	12×1220×2440	m2	30	32	960							

第 1 页

第1页

图 4-39

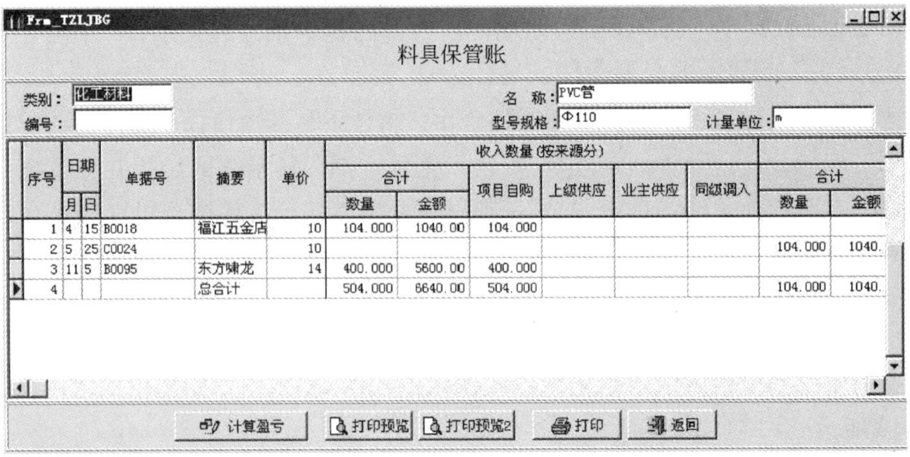

Frm_TZLJBG

料具保管账

类别：化工材料　　名　称：PVC管

编号：　　型号规格：Φ110　　计量单位：m

序号	日期		单据号	摘要	单价	收入数量(按来源分)							
						合计		项目自购	上级供应	业主供应	同级调入	合计	
	月	日				数量	金额					数量	金额
1	4	15	B0018	福江五金店	10	104.000	1040.00	104.000					
2	5	25	C0024		10							104.000	1040.
3	11	5	B0095	东方啸龙	14	400.000	5600.00	400.000					
4				总合计		504.000	6640.00	504.000				104.000	1040.

计算盈亏　打印预览　打印预览2　打印　返回

图 4-40

下面以固定时间月报表为例。首先进入此界面（图 4-41）。

(1) 对所有的报表进行管理，可以删除、新建报表，这些可以通过点击鼠标右键的功能 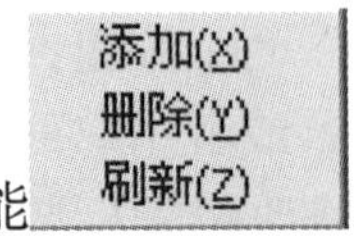 添加(X) 删除(Y) 刷新(Z) 来完成。当用户在此表中的纪录不能删除时，可以使用组合键“Ctrl＋Delete”来删除，之后再点击“添加”来添加。其中“编号”是用户点击“添加”后自动添加的，用户不能自己添加，并且不能对一个已经添加的纪录进行修改。

设置好日期，当用户第一次建报表时，首先创建报表，则会进入下图（图 4-42）。

图中“向上移动”“向下移动”可以将字段的位置进行调整，“选择/取消”可以调整字段的显示与取消，深色为选中的内容，浅色为没有选中的内容。“收入设置”可以直接

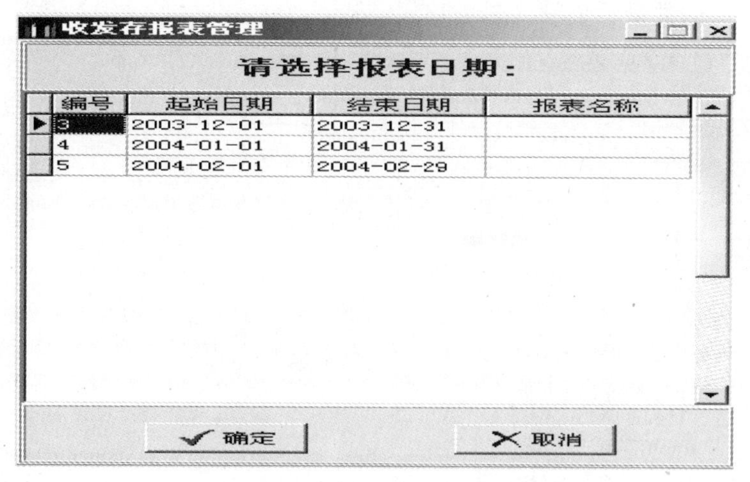

图 4-41

修改报表

字段名称	一层表头	二层表头	三层表头	字段类型	字段宽度	打印宽度	小数
gdbh			材料编号	定义实数型	40	20	
clmc			材料名称	字符审型	40	15	
xhgg			规格及质量	字符审型	50	10	
dw			计量单位	字符审型	50	8	
jhdj			单价	定义实数型	50	10	
sysl		上月结存	数量	定义实数型	50	8	
syjs		上月结存	金额	定义实数型	50	10	
srhj	收入来源：	收入来源：	合计	定义实数型	50	10	
ly1	收入来源：	上级调入	数量	定义实数型	50	8	
hj1	收入来源：	上级调入	金额	定义实数型	50	10	
ly2	收入来源：	甲方供应	数量	定义实数型	50	8	
hj2	收入来源：	甲方供应	金额	定义实数型	50	10	
ly3	收入来源：	自购	数量	定义实数型	50	10	
ly4	收入来源：	自购入	数量	定义实数型	50	8	
hj4	收入来源：	自购入	金额	定义实数型	50	10	
zchj	支出分析：单位工程耗用、设施用、维修用、外讠		合计	定义实数型	50	8	
sl1	支出分析：单位工程耗用、设施用、维修用、外讠	工程耗用	数量	定义实数型	50	8	
je1	支出分析：单位工程耗用、设施用、维修用、外讠	工程耗用	金额	定义实数型	50	10	
sl2	支出分析：单位工程耗用、设施用、维修用、外讠	临建耗用	数量	定义实数型	50	8	
je2	支出分析：单位工程耗用、设施用、维修用、外讠	临建耗用	金额	定义实数型	50	10	
sl3	支出分析：单位工程耗用、设施用、维修用、外讠	修补耗用	数量	定义实数型	50	8	
je3	支出分析：单位工程耗用、设施用、维修用、外讠	修补耗用	金额	定义实数型	50	10	
sl4	支出分析：单位工程耗用、设施用、维修用、外讠	外调	数量	定义实数型	50	8	
je4	支出分析：单位工程耗用、设施用、维修用、外讠	外调	金额	定义实数型	50	10	
sl5	支出分析：单位工程耗用、设施用、维修用、外讠	其它	数量	定义实数型	50	10	
je5	支出分析：单位工程耗用、设施用、维修用、外讠	其它	金额	定义实数型	50	10	
sl6	支出分析：单位工程耗用、设施用、维修用、外讠	其它	数量	定义实数型	50	10	
je6	支出分析：单位工程耗用、设施用、维修用、外讠	其它	金额	定义实数型	50	10	
sl7	支出分析：单位工程耗用、设施用、维修用、外讠	其它	数量	定义实数型	50	10	

向上移动 向下移动 选择/取消 保存 返回 快速报表设置 收入设置 支出设置 全部设置

图 4-42

设置好收入字段内容；"支出设置"可以直接设置好支出字段内容；"全部设置"可以直接设置好全部收入与支出字段内容。字段的内容可直接在表格中修改。

（2）报表修改窗口：当用户设置好报表后，点击"保存"按钮则创建报表，当创建完成时，系统会提示"创建报表成功"

，然后系统自动退出，用后再次点击"确定"，则进入你所创建的报表（此过程时间长短会依据用户所输入的单据记录多少而不同），则此报表中系统会自动统计"上月结存"，"收入数量、金额"，"支出数量、金额"，以及“本月结算”的数量、金额（图 4-43）。

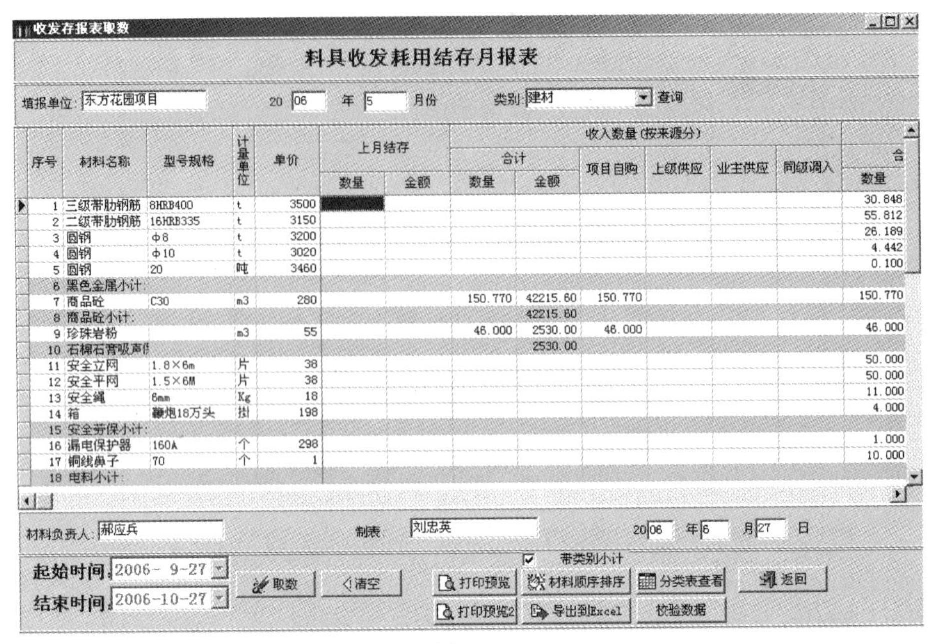

图 4-43

修改报表按钮如上面的介绍操作。

带类别小计选择时，报表中在各个类别后面会自动计算类别小计（浅蓝色）；不选择时，只有总计。

取数统计当月的材料的收入和支出。

清空清空表中所有的数据。

打印预览和打印预览2是两种不同格式的打印方式。

材料顺序排序是对本表中的材料按照材料库中的类别的顺序排列。

导出到Excel的功能是将本表格中的内容导入 Excel 表格中，方便修改设置。

分类表查看是查看本表按照类别的分类汇总合计。

点击分类表查看按钮，则出现以下的窗口，它是统计本月中所有材料的消耗情况，并且按照材料的类别分类统计并计算合计信息（图 4-44）。

其中，“导出到 Excel”可将表格导出到 Excel 表格中。“打印预览”按钮是对本表进行打印。

3. 库存管理

库存管理是对截止到任意时期的库存的统计。如图 4-45 所示。

在 截止日期：2004-02-19 查询 的按钮“截止日期”设置好日期，然

单位工程材料消耗明细

单位工程材料消耗汇总表

序号	类别	上月结存	本月收入	本月支出				
			合计	耗用合计	工程耗用	外调	临建耗用	修补耗
		金额	金额	金额	金额	金额	金额	金额
1	黑色金属			381341.44	381341.44			
2	商品混凝土		42215.60	42215.60	42215.60			
3	石棉石膏吸		2530.00	2530.00	2530.00			
4	安全劳保			4790.00	4790.00			
5	电料			308.00	308.00			
6	地材		13795.50	63795.59	63795.59			

打印预览　导出到Excel　返回

图 4-44

库存盘点

库存盘点

材料名称	型号规格	单位	数量		价格	
			库存	实盘	指定单价	盈亏
散水泥	P042.5	[illegible]	21.3170	0.0000	305.480	0.00
混凝土加工	C40	方	368.5000	0.0000	110.000	0.00
混凝土加工	C35	方	580.0000	0.0000	110.000	0.00
传感器		只	18.0000	0.0000	30.000	0.00
侧温专用线		米	70.0000	0.0000	1.000	0.00
氧气		瓶	8.0000	0.0000	18.000	0.00
乙炔气		瓶	7.0000	0.0000	76.000	0.00
三级带肋钢筋	12HRB400	吨	48.5960	0.0000	2620.540	0.00
三级带肋钢筋	22HRB400	吨	44.5760	0.0000	2589.790	0.00
三级带肋钢筋	14HRB400	吨	9.5980	0.0000	2620.540	0.00
三级带肋钢筋	25HRB400	吨	29.8200	0.0000	2589.790	0.00
三级带肋钢筋	18HRB400	吨	23.4400	0.0000	2600.040	0.00

经办人：　制单人：

截止日期：2005-04-11　查询　选择材料　删除材料　计算

按材料编号排序　大类查询　打印/预览　退出

图 4-45

后点击“查询”按钮，则系统自动把在这个日期之前的所有的出入库的情况统计，计算每条材料的库存情况，然后填入“实盘”的数量与实际的库存作一比较，然后点击“计算”，则系统会把盈亏的金额计算出来；在本表中允许用户添加临时材料、删除不存在的材料。这里的操作方法如同“物资收料单”中材料的选择。在此界面中还可以按照大类查询，用户在下拉条中选择大类，然后点击“大类查询”，即可查询已有大类的库存。

4. 竣工工程结算表

竣工工程结算表汇总整个工程的材料使用情况。

点击“竣工工程结算表”菜单，则会出现要求用户选择本工程主要材料的窗口，如图 4-46 所示。

如果是主要材料则在这条材料的前面选择“√”，不是主要材料则去掉“√”，或者是点击“全部选择”按钮或者是点击“全部取消”按钮进行操作。选择完毕后，点击“确定”按钮，则出现了“竣工工程节超表”窗口，如图 4-47 所示。

竣工工程节超表--选择主要材料

标志	材料名称	型号规格	单位
√	二级带肋钢筋	14HRB335	吨
√	二级带肋钢筋	16HRB335	吨
√	三级带肋钢筋	28HRB400	吨
√	三级带肋钢筋	8HRB400	吨
√	三级带肋钢筋	18HRB400	吨
√	三级带肋钢筋	20HRB400	吨
√	三级带肋钢筋	16HRB400	吨
√	三级带肋钢筋	32HRB400	吨
√	三级带肋钢筋	12HRB400	吨
√	三级带肋钢筋	14HRB400	吨
√	三级带肋钢筋	10HRB400	吨
√	等边角钢	30×3	根
√	黑铁皮	1.2×1×2	张
√	白铁皮	0.3	张
√	白铁皮	0.2	张
√	弯头	40	个

全部选择 ✔ 全部取消 ✕ 选择/取消 确定 返回

图 4-46

竣工工程节超表

竣工工程节超表

材料名称	型号规格	单位	数量		量差	采购			结算	
			决算数量	实际数量		单价	金额	节超	单价	金额
三级带肋钢筋	12HRB400	吨		11.32		2620.54	29664.5128			
三级带肋钢筋	14HRB400	吨		2.36		2620.54	6184.4744			
三级带肋钢筋	18HRB400	吨		2.3		2600.04	5980.092			
三级带肋钢筋	22HRB400	吨		0		2648.66	0			
三级带肋钢筋	25HRB400	吨		1.365		2589.79	3535.06335			
散水泥	P042.5	吨		5		305.48	1527.4			
混凝土加工	C40	方		30		110	3300			
混凝土加工	C35	方		20		110	2200			
马牙卡	18加长	个		0		1.5	0			
传感器		只		2		30	60			
侧温专用线		米		10		1	10			
铝塑管	15	根		0		5.8	0			
乙炔气		瓶		1		76	76			
氧气		瓶		1		18	18			
机油	普通	千克		50		2.25	112.5			
安全立网	1.8×6m	片		30		40	1200			
安全平网	6m*6m	块		0		68	0			
振动棒	50×8m	根		2		260	520			
三角带		根		0		4.6	0			
钢丝绳	16	米		50		2.6	130			
套筒	28	个		0		7.2	0			

项目经理： 经办员： 材料员：

清空数据 重新查询 计算 打印/预览 返回

图 4-47

这个表中是工程所用的材料与预算的材料数量的对比，以及计算节超的金额。在表格中的“决算数据”一栏中输入材料的预算数据，在表格中的“结算单价”一栏中输入材料的结算单价，然后点击“计算”按钮，则系统即自动计算出节超的量差和价差。点击打印/预览按钮则可预览本表，用户可以点击打印本表。当用户在此点击“计算”之前，用户先用组合键“Ctrl＋Delete”来删除最下面的合计。

5. 甲方供材工程结算

点击“甲方供材工程结算”菜单，进入选择主要的甲供材料，选择方式同“竣工工程结算”功能的操作，其界面如图 4-48 所示。

甲方供材工程结算-选择甲方供材

选择甲方供材

材料名称	型号规格	单位	单价	选择
线材	Q235Φ6.5	t	2500	√
二级带肋钢筋	12HRB335①	t	3200	
二级带肋钢筋	12HRB335②	t	3520	
二级带肋钢筋	12HRB335①	t	3250	
蓝色吸热玻璃	3mm	m²	36	
热水器软管	15 30cm	根	5	√
铝合金烤漆冲孔		m²	12	
氯化聚乙烯防水		m²	25	√
电壶	1500kW	把	3	
纤维素		kg	6	
无纺布	35g/m2	m²	3.2	√
布手套		付	6	
弯曲机档板		套	230	√
铝合金烤漆冲孔		m²	32	
抗磨液压油	30#	t	52	
棉手套		付	5	√
管钳	600	把	7	√
红蓝绿布	宽0.8	m	20	
电锤		把	3	√
活动板房		栋	500	√
草苫子		个	20	

确定　返回

图 4-48

选择好主要材料后，在此界面中点击“确定”，就进入了“甲方供材工程结算转账明细表”，如图 4-49 所示。

其中表里的“结算数量”、“结算单价”需要用户输入，输入完成后，点击“计算”按钮，便完成了计算，这时用户可以选择“打印”按钮，打印出数据。

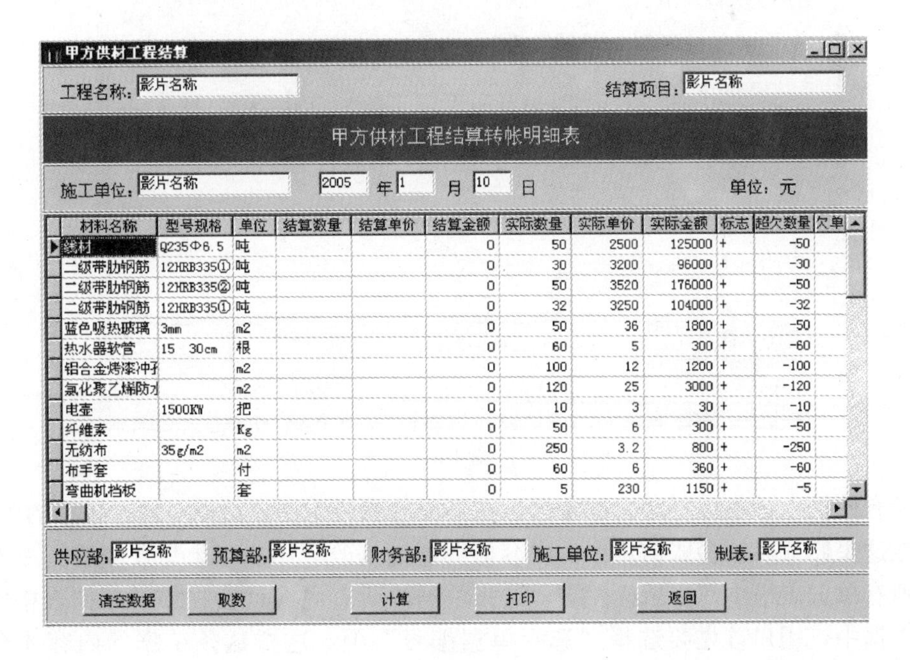
甲方供材工程结算

工程名称：影片名称　结算项目：影片名称

甲方供材工程结算转帐明细表

施工单位：影片名称　2005 年 1 月 10 日　单位：元

材料名称	型号规格	单位	结算数量	结算单价	结算金额	实际数量	实际单价	实际金额	标志	超欠数量	欠单
线材	Q235Φ6.5	吨			0	50	2500	125000	+	-50	
二级带肋钢筋	12HRB335①	吨			0	30	3200	96000	+	-30	
二级带肋钢筋	12HRB335②	吨			0	50	3520	176000	+	-50	
二级带肋钢筋	12HRB335①	吨			0	32	3250	104000	+	-32	
蓝色吸热玻璃	3mm	m2			0	50	36	1800	+	-50	
热水器软管	15 30cm	根			0	60	5	300	+	-60	
铝合金烤漆冲孑		m2			0	100	12	1200	+	-100	
氯化聚乙烯防水		m2			0	120	25	3000	+	-120	
电壶	1500KW	把			0	10	3	30	+	-10	
纤維素		Kg			0	50	6	300	+	-50	
无纺布	35g/m2	m2			0	250	3.2	800	+	-250	
布手套		付			0	60	6	360	+	-60	
弯曲机档板		套			0	5	230	1150	+	-5	

供应部：影片名称　预算部：影片名称　财务部：影片名称　施工单位：影片名称　制表：影片名称

清空数据　取数　计算　打印　返回

图 4-49

第七节　单据查询打印

单据查询打印的功能是方便用户查询和打印用户所输入的原始的单据。它包括了材料收发管理的收料单、验收单、领用单、调拨单、退料单五部分。如图 4-50 所示。

单据查询/打印

物资收料单 | 物资验收单 | 物资领用单 | 物资调拨单 | 物资退料单

单一单据 | 所有单据

打印所有单据

单据编号	日期	物资名称	型号规格	量单	应收数量	实收数量	购入单价
B20050403	2005-04-03	散水泥	P042.5	吨	0.0000	26.3170	305.4
B20050403	2005-04-03	混凝土加工	C40	方	0.0000	338.0000	110.0
B20050403	2005-04-03	混凝上加工	C35	方	0.0000	600.0000	110.0
B20050403	2005-04-03	混凝土加工	C40	方	0.0000	60.5000	110.0
B20050403	2005-04-03	传感器		只	0.0000	20.0000	30.0
B20050403	2005-04-03	侧温专用线		米	0.0000	80.0000	1.0
B20050403	2005-04-03	氧气		瓶	0.0000	3.0000	18.0
B20050403	2005-04-03	乙炔气		瓶	0.0000	2.0000	76.0
B20050403	2005-04-03	三级带肋钢筋	12HRB400	吨	0.0000	47.9520	2620.5
B20050403	2005-04-03	三级带肋钢筋	22HRB400	吨	0.0000	21.4560	2589.7
B20050403	2005-04-03	三级带肋钢筋	12HRB400	吨	0.0000	11.9640	2620.5
B20050403	2005-04-03	三级带肋钢筋	14HRB400	吨	0.0000	11.9580	2620.5
B20050403	2005-04-04	氧气		瓶	0.0000	4.0000	18.0
B20050403	2005-04-04	乙炔气		瓶	0.0000	4.0000	76.0
B20050403	2005-04-04	三级带肋钢筋	25HRB400	吨	0.0000	31.1850	2589.7
B20050403	2005-04-04	三级带肋钢筋	18HRB400	吨	0.0000	25.7400	2600.0

图 4-50

每一部分都分为“单一单据”和“所有单据”两部分，上图为验收单的所有单据，“单一单据”如图 4-51 所示。

单据查询/打印

物资收料单 | 物资验收单 | 物资领用单 | 物资调拨单 | 物资退料单

单一单据 | 所有单据

选择单据编号：B20050403006　　打印本条单据

收料单位：齐鲁商会　日期：2005-04-03　No. B20050403006

物资名称	型号规格	计量单位	应收数量	实收数量	购入单价	购入金额	质量证明号
三级带肋钢筋	12HRB400	吨	0	47.952	2620.54	125660.13	

来源：甲方供应　验收时间：2005-04-03

交验说明：送料到现场

材料负责人：游金锋　验收人：田凤岭　经办人：游金锋

图 4-51

在所有单据中，可以打印全部单据，在下面的表格中用户可以对原始单据的内容进行修改，在这里修改后，台账信息中的内容也会随之修改。用户如果想要查看哪一条单据，用户在所有单据表格中双击鼠标左键，这张单据的所有内容就会在单一单据表格中显示。在单一单据中，用户首先要选择“选择单据编号”项，这样这条单据的内容才会出现，“打印本条单据”在这里是打印的一条单据。

如上所述，收料单、领用单、调拨单、退料单的操作方法都如验收单一样，用户可根据上面所讲来操作。

第八节　废旧材料管理

废旧材料管理是对现场的回收材料以及破碎的材料进行统计，以便及时了解现场的材料使用状况。它的界面如图 4-52 所示。

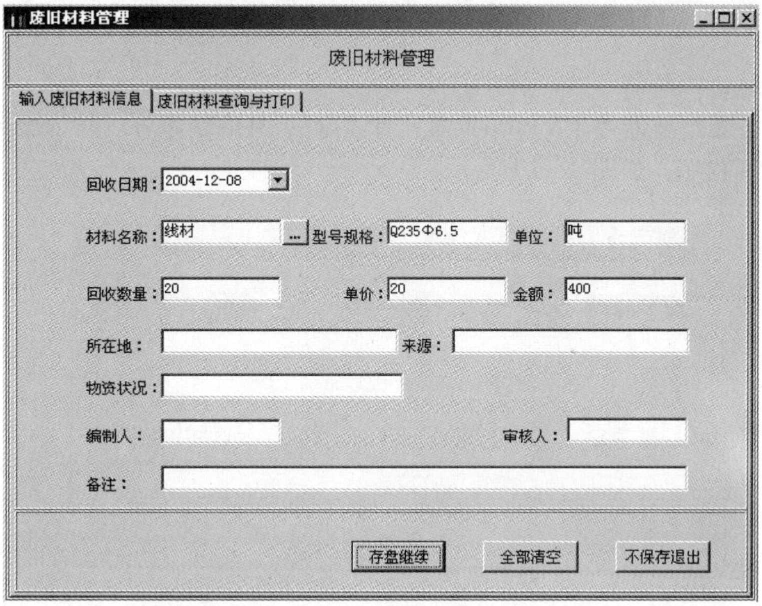

图 4-52

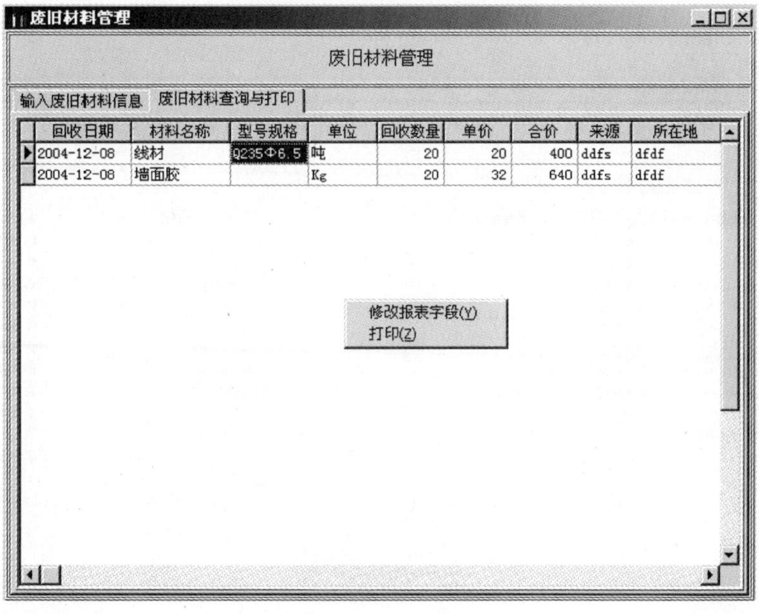

图 4-53

在此界面中的操作请用户看一下材料计划管理中的操作。在“废旧材料查询与打印”中，如图 4-53 所示，在其中的表格中点击右键，弹出“修改报表字段”和“打印”两项，可以在“修改报表字段”中修改表头字段，其操作如台账管理中的修改报表字段一样，用户请参考前面，需要打印则直接点击“打印”即可。

第九节　数据通讯

数据通讯分为两部分，一是服务端（数据接收模块），一是客户端（本程序也是客户端）。

（1）服务端。

总部的服务器需要能接入 Internet 并且有固定的 IP 地址才可以作为服务端，在服务器上安装服务端程序，如图 4-54 所示。

图 4-54

最小化后，计算机右下角会出现标志。当启动服务端后，客户端的上传模块才能准确的将数据上报到总部。

中国建筑第八工程局工程施工项目材料管理系统 - Microsoft Internet Explorer

文件(F) 编辑(E) 查看(V) 收藏(A) 工具(T) 帮助(H)

后退 搜索 收藏夹

地址(D) http://www.cscec81.com/clgl/Smain.asp?record=2 转到 链接

中国建筑第八工程局工程施工项目材料管理系统

请输入上传日期： 查询

序号	项目编号	项目名称	上传日期	管理...
21	801-2006-0027	白桦林居项目部	2007-01-08	下载 删除
22	801-2006-0028	公路院	2007-01-08	下载 删除
23	801-2006-0028	公路院项目	2007-01-08	下载 删除
24	801-2006-0029	鑫兆组团三	2007-01-08	下载 删除
25	801-2006-0030	西单美晟项目部	2007-01-08	下载 删除
26	801-2006-0031	东方花园项目部	2007-01-08	下载 删除
27	801-2006-0032	青岛B2组团项目部	2007-01-08	下载 删除
28	801-2006-0033	鑫兆组团二	2007-01-08	下载 删除
29	801-2006-0034	苏州达方二期项目	2007-01-04	下载 删除
30	801-2006-0036	0036	2007-01-08	下载 删除
31	801-2006-0089	宁波香格里拉项目部	2007-01-08	下载 删除

页次(2/2) 总:31条 [1 2]

技术支持：中国建筑第八工程局技术中心
上海班维建筑智能工程有限公司
电话：0531-88958204-306

图 4-55

(2) 客户端。

客户端只需要接入 Internet，同时配置好总部的 IP 地址，这样就可以把分散在各地的项目数据统一传输到总部进行分析。软件设计原则：客户端软件可以单击运行，因为软件的使用对象多为项目经理或材料主管，大部分时间会在项目上，这样就不能保证实时连通 Internet，当进行收、发、存的处理时，完全可以单机操作，如果总部有需要，便可以回到家中进行上传，因为项目数据仅是一个数据库文件，一个 U 盘轻松解决，非常方便，因此，本软件也深受项目工地上的好评。

总部服务器端还需要配置一些 ASP 页面进行数据下载汇总。以本软件一客户为例，其分散到各地的项目端定期进行数据上报，下面的页面就是总部对上传的数据进行管理的页面（图 4-55）。

软件采用的 CS 结合 BS 结构非常恰当地解决了当前施工项目工地进行信息化面临的困难，也非常灵活和方便的对每个项目进行了管理。

第十节　多项目管理功能

很显然，程序的本项功能主要是针对目前很多项目经理身兼多职而增加的功能。如果有多个项目采用的材料库是统一的并且分布在各地，那么完全可以通过当前扩展进行实施。

首先，安装多项目施工项目材料管理软件，第一次进入程序时，会有如下提示：

单击确定进入用户登录框同第三章，不同之处在于主界面，多项目组有一个主界面（图 4-56）。

客户需要单击系统设置→新建项目→（图 4-57）。

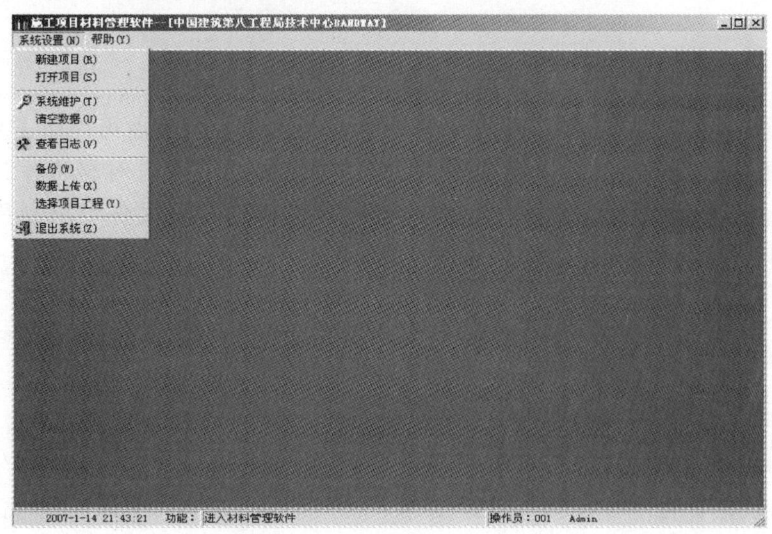

图 4-56

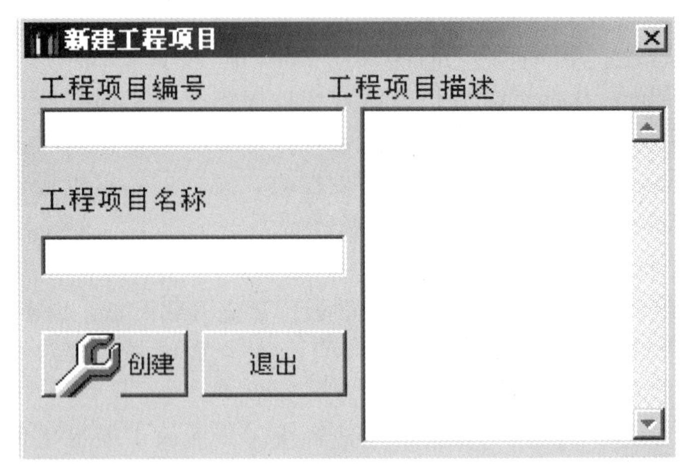

图 4-57

输入工程项目编号、工程项目名称、工程项目描述进行创建，这样就创建了第一个工程，同理，可以创建多个项目。所有创建的项目的材料库都是统一的。这样，当用户下次登陆时，软件会提示用户选择项目，如图 4-58 所示。

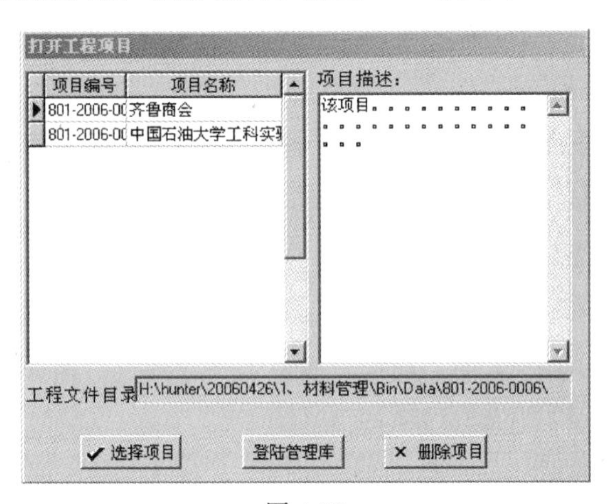

图 4-58

选择一个项目进入后，操作流程同第一章到第八章。当然也可以单击登陆管理库进行新建项目等相关操作。注意，不过进入哪个项目如果进入后对材料库进行修改，那么软件会自动把其余的项目的材料库也进行同样的操作，从而保证材料库在各个项目组的统一，其他业务操作如上所述。

附：本章学习应用光盘

本书所带《施工项目管理软件》学习光盘也可在下面网址进行下载。网址是：http://www.dxd37az.com.cn/clgl

如对《施工项目管理软件》的技术问题或购买进行咨询，请拨电话：0531-88958204 或 021-51118297

第五章　施工项目材料计算机管理应用实例

第一节　某公司实施材料计算机管理前的材料供应与管理现状

1. 公司基本情况

某公司（以下称甲公司）是一家中央国有一级建筑安装总承包施工企业，集土建、安装、高级装饰和构配件加工于一体，具有独立承担各类“高、大、难、新、特、重、外”工业与民用建筑施工的总承包能力。

该公司在工程质量管理上精益求精，多年来所承建工程一次交验合格率始终保持100%，优良率保持在80%以上，1991年以来共为社会和业主创出省部级优良工程200余项，先后9次荣获建筑业最高奖——鲁班奖和国家优质工程奖（其中两项为参建奖）。

该公司于1996年起先后通过了ISO 9002质量体系认证、ISO 10012计量确认体系认证、ISO 14001环境管理体系认证和GB/T 28001职业健康安全管理体系认证，创建了四位一体的管理体系，实现了与国际惯例接轨，在质量保证能力、计量、环境及安全管理上，得到了社会的认可。

该公司近年来陆续荣获“全国先进施工企业”、“全国青年文明号”、“全国先进职工之家”、“全国用户满意施工企业”等称号，紧紧围绕“提高核心竞争力和提高企业经营质量”这个主题，坚持创新经营，以积极的姿态面对加入WTO以后新经济时代的机遇和挑战，未雨绸缪，激流勇进。

2. 实施材料计算机管理前的材料供应与管理现状

在建筑企业中，材料费约占工程造价的70%左右。材料基础资料中的各种进出库单据、台账和收发结存月报表，是进行材料成本核算的基础，做好材料基础资料工作，是及时、准确地进行成本核算的前提。

实施材料计算机管理前，甲公司各种材料基础资料全部手工制作、汇总。

由于建筑工程项目工期长，涉及的材料品种、规格繁多，在一个项目的施工过程中，同种规格的材料可能要进出很多次，而每种规格、每种价格的材料，每进出一次，要涉及少则近10种、多则近20种表格资料。从材料费约占工程成本的60%左右不难想象，一个工程竣工，需要多少种材料，材料进出业务有多频繁，特别是在工期紧、任务重、人员少的今天，项目材料基础工作有多么繁重。因而，手工制作材料基础资料的过程中，以下情况时有发生：

（1）材料成本错算漏算，导致成本核算不准确；

（2）材料基础工作效率低下，基础资料整理不及时，导致成本核算不及时。

由于上述两方面的原因，导致成本反映不及时、不准确，且材料、财务、预算等各专业系统的数据对不上的情况时有发生，十分不利于企业的综合统计分析工作，不利于正确地决策，不利于成本控制，企业难以健康有序地发展。

在此情况下，甲公司决定开发材料基础管理软件，以提高基层材料工作效率，提高材料成本核算的及时性和准确性。

第二节　材料计算机管理实施程序

1. 软件开发

为迅速提高材料成本核算的准确性、及时性，迅速提高基层材料工作效率、减轻基层材料人员的负担，让材料人员及项目其他相关管理人员能够腾出更多的时间用于加大管理力度、提高管理水平，甲公司和系统内某软件开发公司（以下称乙公司）共同合作开发了“项目材料管理软件”。

经过一年多的时间，通过在几个试点项目上的试用和反复修正，该软件不但逐步实现了双方预期的目标——提高材料成本核算的准确性、及时性，提高基层材料成本核算的效率，还可以为成本控制提供依据，可以从不同角度迅速查询、汇总各种材料管理信息：

只需要在简单易操作的材料进出库界面输入进出库数据，系统即可自动生成平时手工操作时工作量极大、极易出现错漏的材料保管台账和材料收、发、存月报表；自动生成库存盘点报表、业主供料明细表、竣工工程材料节约、超耗情况表等多种材料统计表；可以从供应商、时间段、材料类别、材料消耗部位等多个不同的角度，迅速方便地查询、汇总各种材料管理信息。

2. 软件推广

经过在几个试点项目中试用和反复修正，该软件已经相当完善，实用性强、易操作，且具有一定的纠错能力。于是，该公司决定在全公司范围内推广。

由于建筑企业材料管理人员文化素质普遍偏低，微机应用能力普遍较差，所以，推广该软件之初，甲公司有不少材料人员有畏难情绪，不愿意使用该软件，以种种原因推诿抵触。在此情况下，甲公司决定以循序渐进的方式分阶段开展材料软件的推广应用工作。

（1）第一阶段：推广之前在对该材料软件的宣传的基础上，分不同的侧重点多层次地组织培训，大力宣传推广材料软件。

首先，召集全公司几十名分公司材料管理人员、项目材料主管以及机关相关部（室）管理人员进行软件的功能演示和推荐。

我们请来乙公司研发专家协助我公司，借助投影仪对该材料软件进行演示和讲解，重点宣传能够实现的各种功能及强调领导的重视程度，意在提起他们的兴趣，激发他们的主动性，并给材料员应用前准备的时间。

经一段时间培训后，我们再次召集全公司几十名分公司材料管理人员、项目材料主管人员进行软件操作方法培训。

这次，我们不但进行详细的流程演示和讲解，还给他们提供了上机操作和提问的机会，并进行培训效果考评。由于培训方式灵活有效，得到了领导的肯定及广大学员的认可，学员们纷纷要求经常举办这样的培训，并表示将加紧练习微机操作，尽快用上这个简便有效的好软件。

约两三个月后，根据各分公司使用软件的情况和人员数量情况，开始有重点地去分公司驻地协助培训，除进行详细的流程演示和讲解外，还给每个学员提供上机操作和研讨的机会，公司及软件研发人员在现场随时指导和解答他们提出的问题。由于多数材料人员对该软件已用了一段时间学习，所以在分别培训的过程中，材料人员们的理解能力明显增强，提出的问题也更为具体和有针对性，培训效果也更加明显。

（2）第二阶段：强制推行软件。

软件推广过程中，甲公司不断地以各种形式的培训、经常沟通等形式强化各项目部运用材料计算机管理意识，强制各项目部配备微机等硬件设施，从软件、硬件两方面入手为实现材料计算机管理奠定基础。

各在建项目相继配备微机、多数材料人员具备了材料软件应用基础之后，甲公司制定并印发了材料计算机管理制度，开始强制推行计算机管理。

为提高各项目进行材料计算机管理的自觉性，甲公司规定各在建项目定期上传（每周一）材料软件数据，随时监督指导，并定期评比奖罚。

强制推行材料计算机管理制度以来，各项目部的材料成本核算效率明显提高，材料成本核算的及时性、准确性得到显著提高，材料成本控制能力也有所增强。

事实证明，实行材料的计算机管理效果很好。

第三节　材料计算机管理实施后带来的影响

自推广应用项目材料管理软件以来，甲公司越来越多的项目部切实体会到了计算机管理给繁重的材料管理基础工作带来的各种便利，逐渐地由被动使用到主动配合，材料人员的工作效率大大提高，材料成本核算的及时性、准确性、规范性也得到大幅度的提高。特别是实现项目材料软件数据定期上传以来，公司机关通过检查、核对项目上传的软件数据，及时地发现了不少以往管理模式中很难发现的问题，并及时解决处理，由此，公司机关对项目的监督指导能力和权威性得到明显增强。

为便于了解该软件的功用，现以甲公司某工程项目为例对该材料管理软件作简要说明。

1. 软件简介

随着建筑行业的快速发展，业界管理者要求对施工过程中各个环节的成本分析、控制的各种动态数据信息作到全面、准确、及时的掌握，这都对传统的管理模式、管理方法提出了更高的要求，而计算机作为一种先进的技术手段必将渗透到施工管理的方方面面，全面、高效的管理贯穿施工起始的物资系统，实现真正的收支存动态管理理念，从而形成计算机物资管理的模式。

施工项目材料管理软件是施工企业对施工项目材料进行管理、提高项目管理水平以及经济效益、增强市场竞争力的重要手段。由于大多数施工项目目前都是进行手工管理，材料涉及面广，工程周期长，工作量繁重复杂，存在着数据不能及时汇总，查询不方便，报表不及时，材料漏算误算，竣工实际耗用数据与竣工决算数据对比困难等弊端。使用计算机进行管理后，施工项目的材料从验收、入库、出库、调拨等一系列环节准确无误的得以保存，从而实现自项目的开工到竣工的材料管理的全部过程。

本系统是在施工项目中使用，可以对材料整个使用过程统计和分析，完成从收料到领用过程中的单据的管理；材料的库存的统计；材料的报表的统计；以及工程预算数据与实际数据的对比等功能，是一套适合于施工项目部使用的、操作简便、减轻材料管理人员工作强度的施工项目材料管理软件。同时也成为项目经理的好助手，材料管理人员的好帮手，提高经济效益的好工具。

2. 主要功能

材料管理系统分七个功能：系统设置、基础信息管理、材料计划管理、材料收发管理、材料账表管理、单据查询打印、废旧材料管理。

其中主要功能为“材料收发管理”和“材料账表管理”两部分，在这两部分中完成了项目材料领料以及每月的报表的统计，用户可以使用这两部分的功能得到所需要的报表，查询得到所需要的信息。“系统设置功能”部分是本软件在运行时的一些设置。“基础信息管理”部分为“材料收发管理”和“材料账表管理”两部分提供支持数据，用户可以在这部分中设置你所需要的数据，给用户在后面的使用提供方便，如图 5-1 所示。

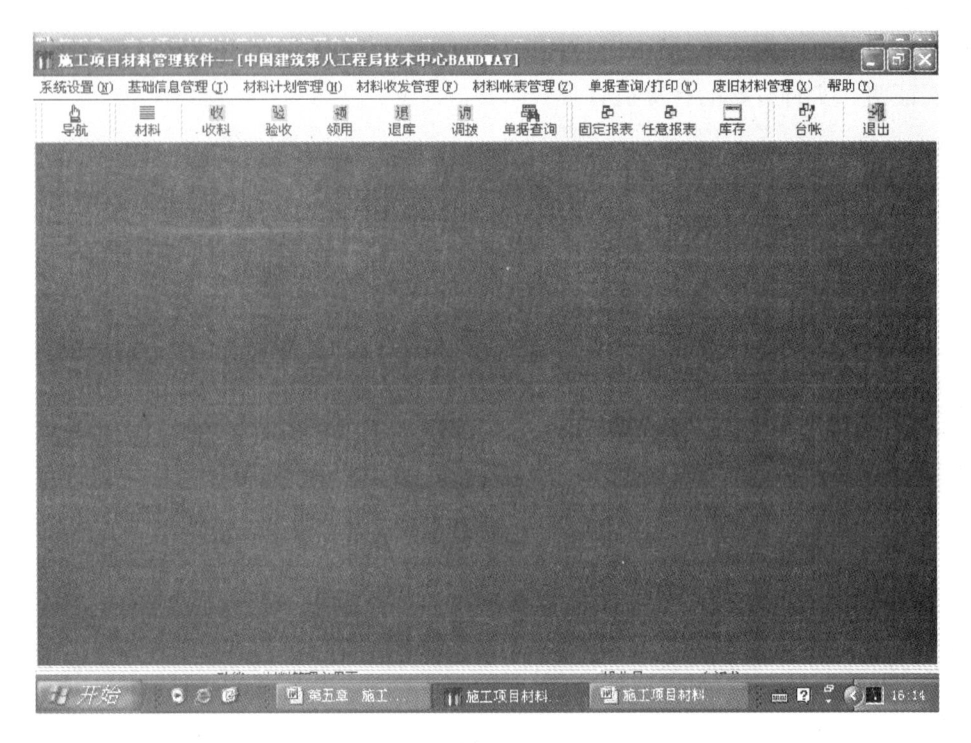

图 5-1

(1) 系统设置功能

包括有系统维护、数据清空、日志查询、单价设置、备份、数据上传，如图 5-2 所示。

1) 系统维护：当数据不一致或数据出错时使用，维护数据库中的数据正确。

2) 数据清空：删除收发材料、材料台账、材料库存、材料报表、材料工程结算中的数据，删除后不能恢复。熟悉、练习使用软件时或新开项目重新建立系统时使用。

3) 日志查询：查询软件使用的情况。

4) 单价设置：在本软件使用中有两种价格，计划单价（指定单价）和采购单价（先

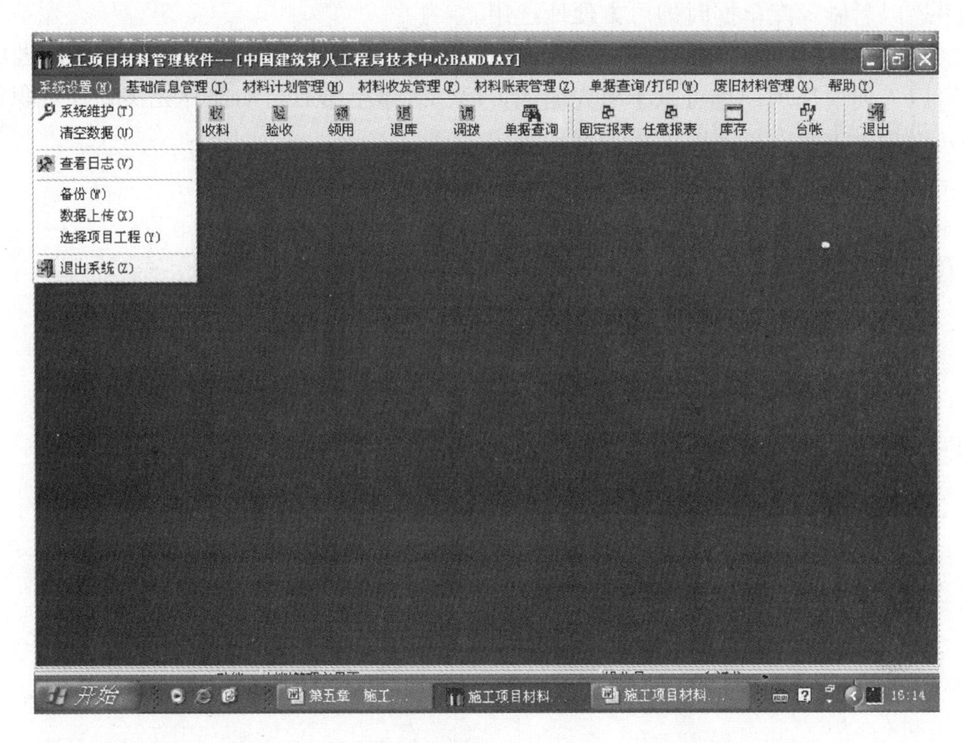

图 5-2

进先出单价)，选择在本项目中所使用的单价，在软件的使用之前设置好。系统默认为采购单价（先进先出单价）。

5）备份：备份整个软件的所有数据。

6）数据上传：可以把项目端的数据信息传送到公司指定的某服务器端，当服务器端接收成功后，被赋予相应权限的管理人员或其他用户可以通过服务器浏览上传的相关数据。

7）退出系统：退出软件。

（2）基础信息管理

包括有人员信息、权限设置、材料编码、用途信息、供货商信息、人员职务信息。

“基础信息管理”功能如图 5-3 所示。

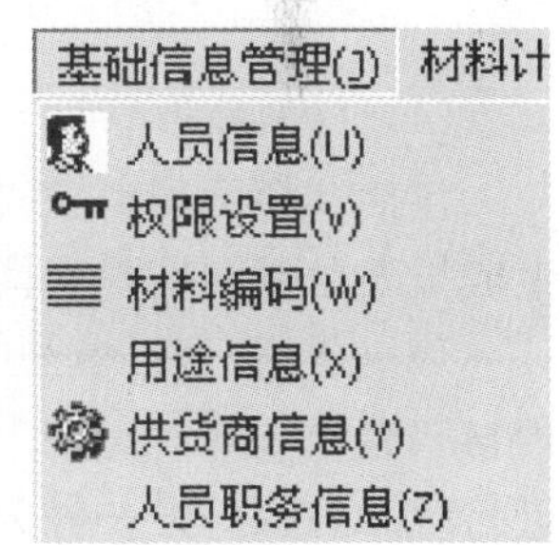

图 5-3

1）人员信息：对操作软件的人员进行管理。

2）权限设置：对操作人员所使用软件的功能进行设置。

3）材料编码：项目工程所使用的材料库，用户可对材料进行添加、删除、移动等操作。

4）用途信息：项目工程中材料的使用情况，查询条件之一。可以是事先输入好的，在做出库单据时可以方便地选用；也可以不事先输入，第一次做单据后自动保存充实到用途信息库中，以后做出库单据时即可方便地选用。

5）供货商信息：材料来源单位的信息，查询条件之一。可以是事先输入好的，在做入库单据时可以方便地选用；也可以不事先输入，第一次做单据后自动保存充实到供货商信息库中，以后做入库单据时即可方便地选用。

6）人员职务信息：材料收发各岗位的人员管理。可以是事先输入好的，在做进出库单据时可以方便地选用；也可以不事先输入，第一次做单据后自动保存充实到人员职务信息库中，以后做进出库单据时即可方便地选用。

（3）材料计划管理

编制施工现场的材料需用计划，如图 5-4 所示。

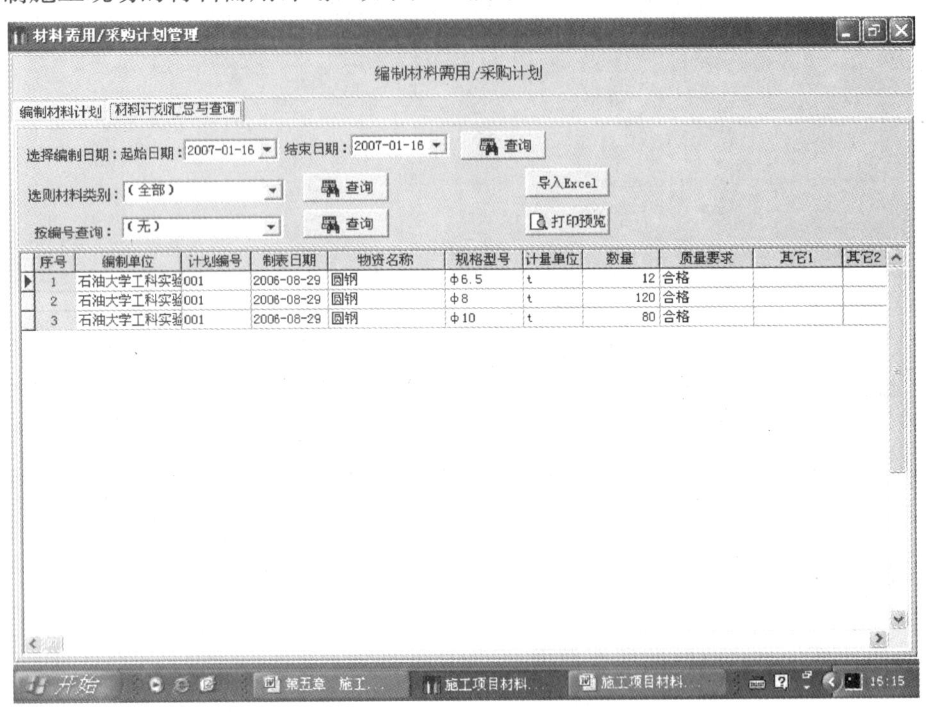

图 5-4

（4）材料收发管理

包括收料管理、验收管理、领用管理、调拨管理、退料管理。这是为本软件系统自动生成报表台账和实现查询汇总功能的基础环节，如图 5-5 所示。

1）收料管理：填写收料单，此环节不是必需的。①在本软件的材料验收过程中有两种材料验收方式，一种为先收料，填写收料单，然后在办理验收入库单据时选择收料单，进行统计验收，另一种为直接在验收单中填写验收单。②系统可以从收料管理环节自动提取信息录用到进场验证记录中，如图 5-6 所示。

2）验收管理：填写材料验收入库单，材料成本核算的原始单据之一，各种账表入库数据的惟一来源，如图 5-7 所示。

3）领用管理：材料使用时填写领用单。材料成本核算的原始单据之一，各种账表出库数据的来源之一，如图 5-8 所示。

4）调拨管理：材料的调拨使用填写调拨单。材料成本核算的原始单据之一，各种账表出库数据的来源之一，如图 5-9 所示。

5）退料管理：材料领用到现场后因未使用完而退回到仓库时，填写退料单。材料成本核算的原始单据之一，直接减少领用消耗、增加库存，如图 5-10 所示。

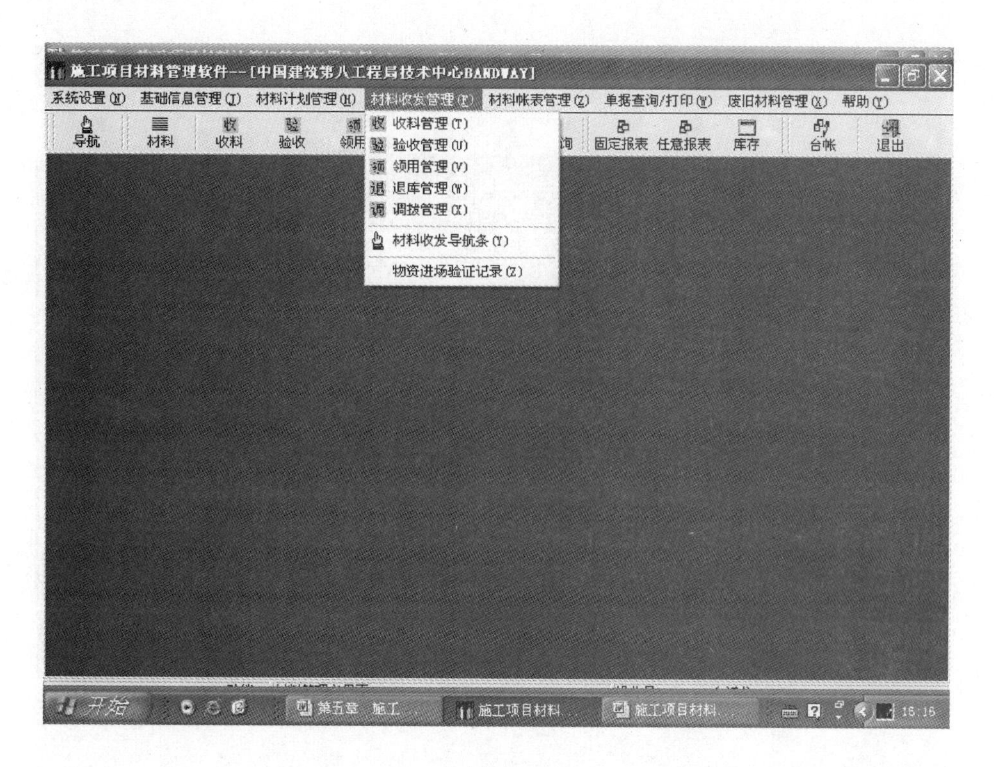
施工项目材料管理软件--[中国建筑第八工程局技术中心BANDWAY]
系统设置(X)
基础信息管理(I)
材料计划管理(H)
材料收发管理(F)
材料帐表管理(Z)
单据查询/打印(W)
废旧材料管理(X)
帮助(Y)
导航
材料
收料
验收
领用
固定报表
任意报表
库存
台帐
退出
收料管理(T)
验收管理(U)
领用管理(V)
退库管理(W)
调拨管理(X)
材料收发导航条(Y)
物资进场验证记录(Z)
开始
第五章 施工...
施工项目材料...
施工项目材料...
16:16

图 5-5

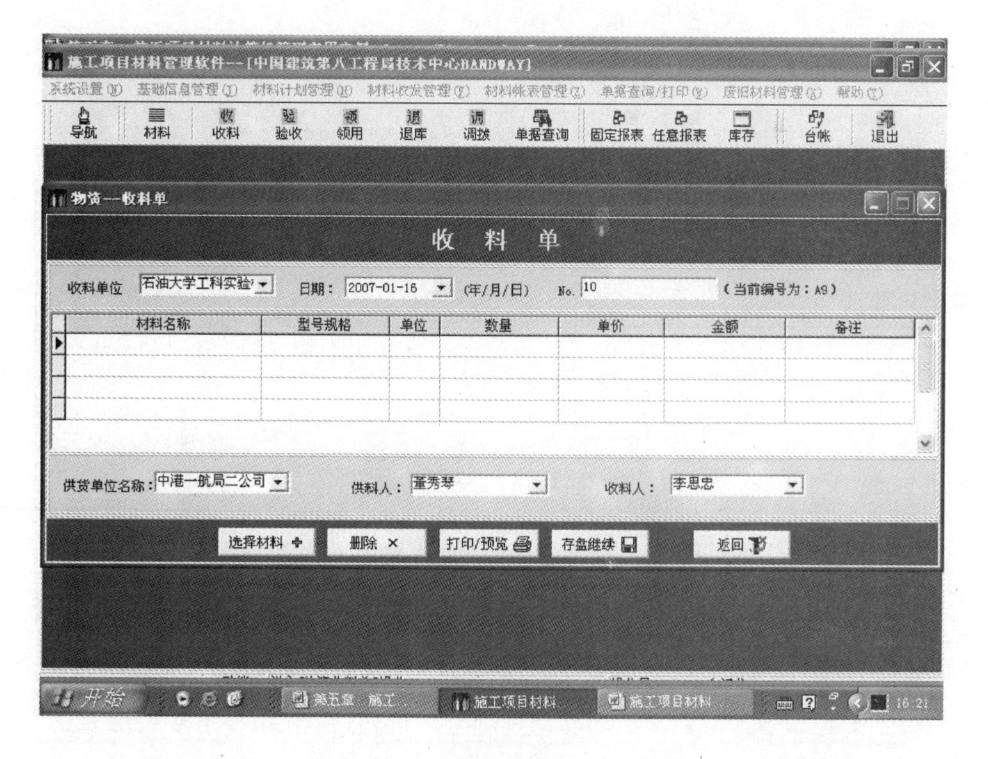
施工项目材料管理软件--[中国建筑第八工程局技术中心BANDWAY]
系统设置(X)
基础信息管理(I)
材料计划管理(H)
材料收发管理(F)
材料帐表管理(Z)
单据查询/打印(W)
废旧材料管理(X)
帮助(Y)
导航
材料
收料
验收
领用
退库
调拨
单据查询
固定报表
任意报表
库存
台帐
退出
物资--收料单
收 料 单
收料单位
石油大学工科实验
日期：
2007-01-16
(年/月/日)
No.
10
(当前编号为：A9)
材料名称
型号规格
单位
数量
单价
金额
备注
供货单位名称：
中港一航局二公司
供料人：
董秀琴
收料人：
李思忠
选择材料
删除
打印/预览
存盘继续
返回
开始
第五章 施工...
施工项目材料...
施工项目材料...
16:21

图 5-6

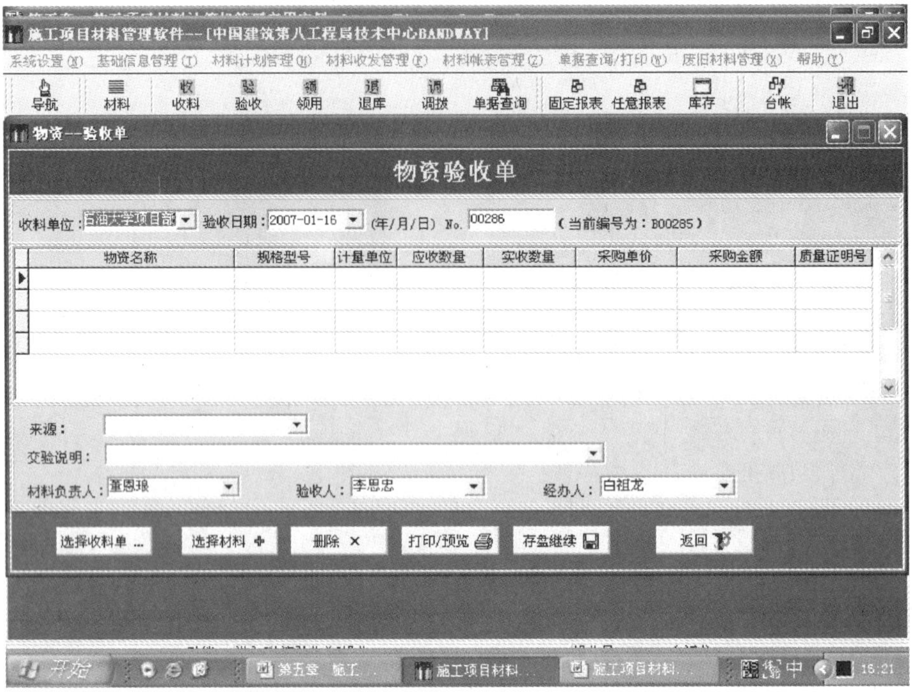

施工项目材料管理软件--[中国建筑第八工程局技术中心BANDWAY]

系统设置(X) 基础信息管理(J) 材料计划管理(H) 材料收发管理(F) 材料帐表管理(Z) 单据查询/打印(Y) 废旧材料管理(X) 帮助(T)

导航 材料 收料 验收 领用 退库 调拨 单据查询 固定报表 任意报表 库存 台帐 退出

物资--验收单

物资验收单

收料单位：石油大学项目部 验收日期：2007-01-16 (年/月/日) No. 00286 (当前编号为：B00285)

物资名称	规格型号	计量单位	应收数量	实收数量	采购单价	采购金额	质量证明号

来源：

交验说明：

材料负责人：董恩琅 验收人：李思忠 经办人：白祖龙

选择收料单… 选择材料 删除 × 打印/预览 存盘继续 返回

开始 第五章 施工… 施工项目材料… 施工项目材料… 中 16:21

图 5-7

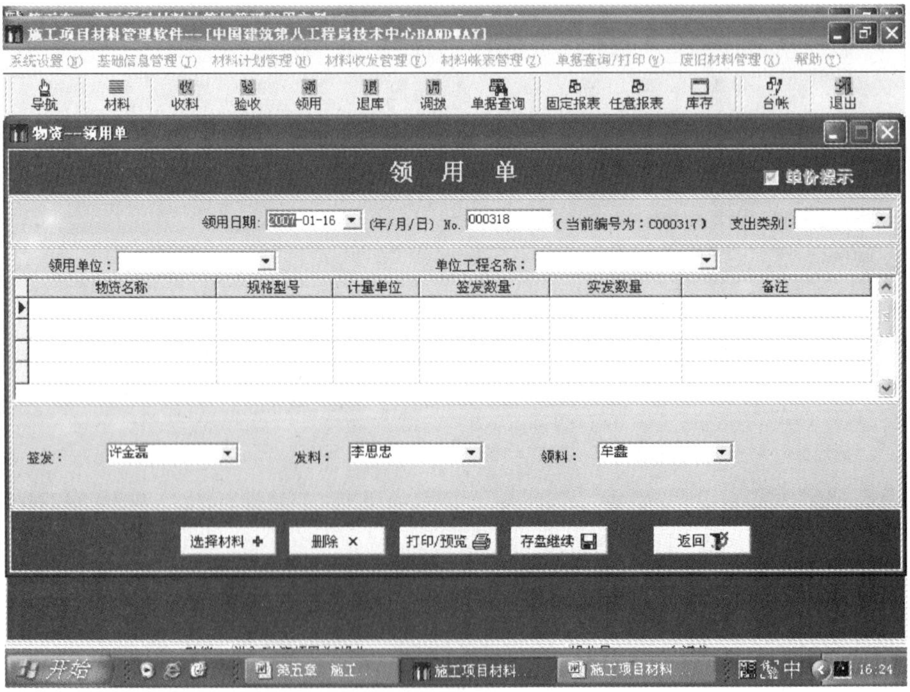

施工项目材料管理软件--[中国建筑第八工程局技术中心BANDWAY]

系统设置(X) 基础信息管理(J) 材料计划管理(H) 材料收发管理(F) 材料帐表管理(Z) 单据查询/打印(Y) 废旧材料管理(X) 帮助(T)

导航 材料 收料 验收 领用 退库 调拨 单据查询 固定报表 任意报表 库存 台帐 退出

物资--领用单

领 用 单

单价提示

领用日期：2007-01-16 (年/月/日) No. 000318 (当前编号为：C000317) 支出类别：

领用单位： 单位工程名称：

物资名称	规格型号	计量单位	签发数量	实发数量	备注

签发：许金磊 发料：李思忠 领料：牟鑫

选择材料 删除 × 打印/预览 存盘继续 返回

开始 第五章 施工… 施工项目材料… 施工项目材料… 中 16:24

图 5-8

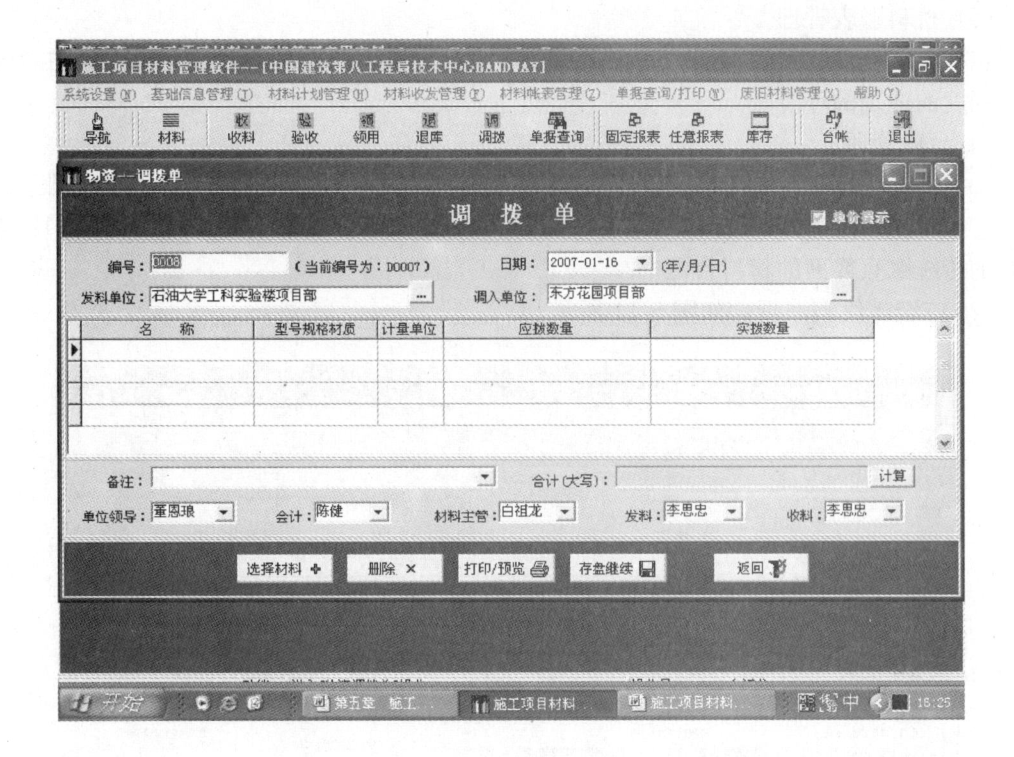
施工项目材料管理软件--[中国建筑第八工程局技术中心BANDWAY]
系统设置 基础信息管理 材料计划管理 材料收发管理 材料帐表管理 单据查询/打印 废旧材料管理 帮助
导航 材料 收料 验收 领用 退库 调拨 单据查询 固定报表 任意报表 库存 台帐 退出
物资--调拨单
调 拨 单
单价提示
编号：0008 （当前编号为：D0007）
日期：2007-01-16 (年/月/日)
发料单位：石油大学工科实验楼项目部
调入单位：东方花园项目部
名 称
型号规格材质
计量单位
应拨数量
实拨数量
备注：
合计(大写)：
计算
单位领导：董恩琅
会计：陈健
材料主管：白祖龙
发料：李思忠
收料：李思忠
选择材料
删除
打印/预览
存盘继续
返回

图 5-9

图 5-10

(5) 材料账表管理

包括台账管理、报表管理、库存盘点、竣工工程节超。这是本软件系统主要功能得到最大程度的体现的环节。

1) 台账管理。

① 系统根据前面所述的材料收发管理环节形成的材料进出库信息自动生成台账。

② 可以查询、打印所有材料、某一大类（如黑色金属）、某一品种规格（如 ϕ12 螺纹钢）的传统账页界面的材料台账。

ϕ25 三级螺纹钢账页，如图 5-11 所示。

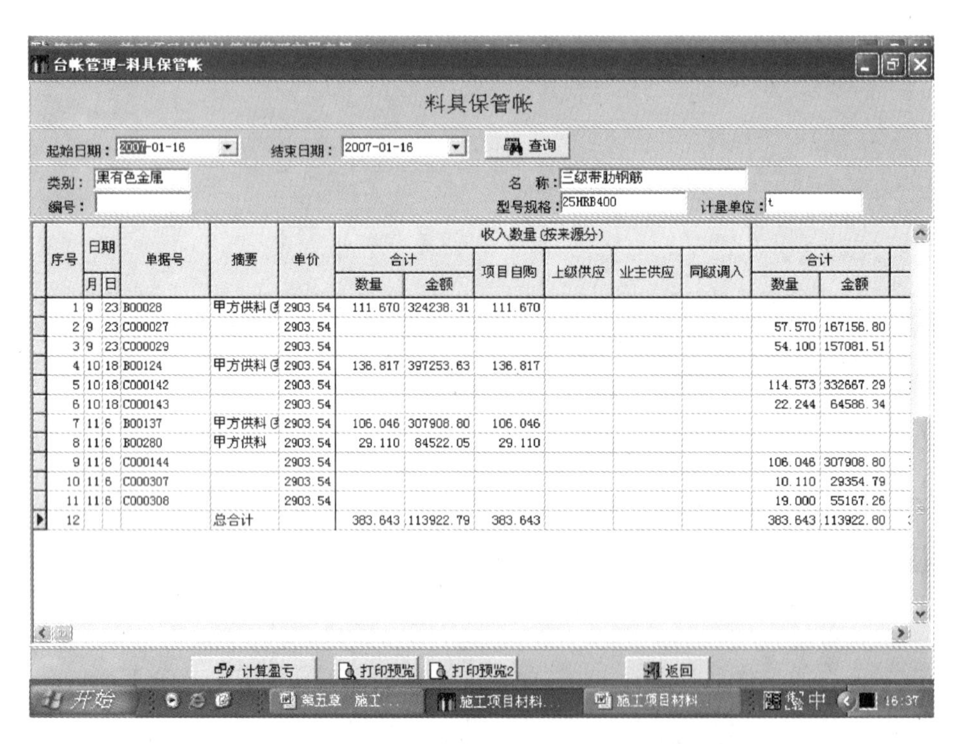

序号	日期 月	日期 日	单据号	摘要	单价	收入数量（按来源分）合计 数量	收入数量（按来源分）合计 金额	项目自购	上级供应	业主供应	同級调入	合计 数量	合计 金额
1	9	23	B00028	甲方供料(	2903.54	111.670	324238.31	111.670					
2	9	23	C000027		2903.54							57.570	167156.80
3	9	23	C000029		2903.54							54.100	157081.51
4	10	18	B00124	甲方供料(	2903.54	136.817	397253.63	136.817					
5	10	18	C000142		2903.54							114.573	332667.29
6	10	18	C000143		2903.54							22.244	64586.34
7	11	6	B00137	甲方供料(	2903.54	106.046	307908.80	106.046					
8	11	6	B00280	甲方供料	2903.54	29.110	84522.05	29.110					
9	11	6	C000144		2903.54							106.046	307908.80
10	11	6	C000307		2903.54							10.110	29354.79
11	11	6	C000308		2903.54							19.000	55167.26
12				总合计		383.643	113922.79	383.643				383.643	113922.80

图 5-11

③ 可以查询各种材料信息并打印结果，也可以将查询结果导出到 Excel 表，满足更多要求的分类汇总。

查询时，可以令台账按时间顺序排序，也可以按单据品种或材料库存顺序排序；可以只查询验收、领用、调拨或退库数据，也可以同时显示验收、领用、调拨、退库等所有相关进出数据；可以查询某一供应商不同时间段的供货情况，也可以查询某一材料品种（如钢材）不同时间段（如某月或自年初累计或自开工累计）的进、出数据；可以单一条件查询，也可以综合多个条件查询。

总之，日常材料管理活动中所需的各种材料数据都可以通过本软件系统方便地查询、统计，而不用再去翻单据、查台账，再去进行繁杂的分类和计算，通过软件，可以轻松、方便地做很多以前甚至不可能做到的工作。

诸多的查询按钮如图 5-12 所示。

2) 报表管理。

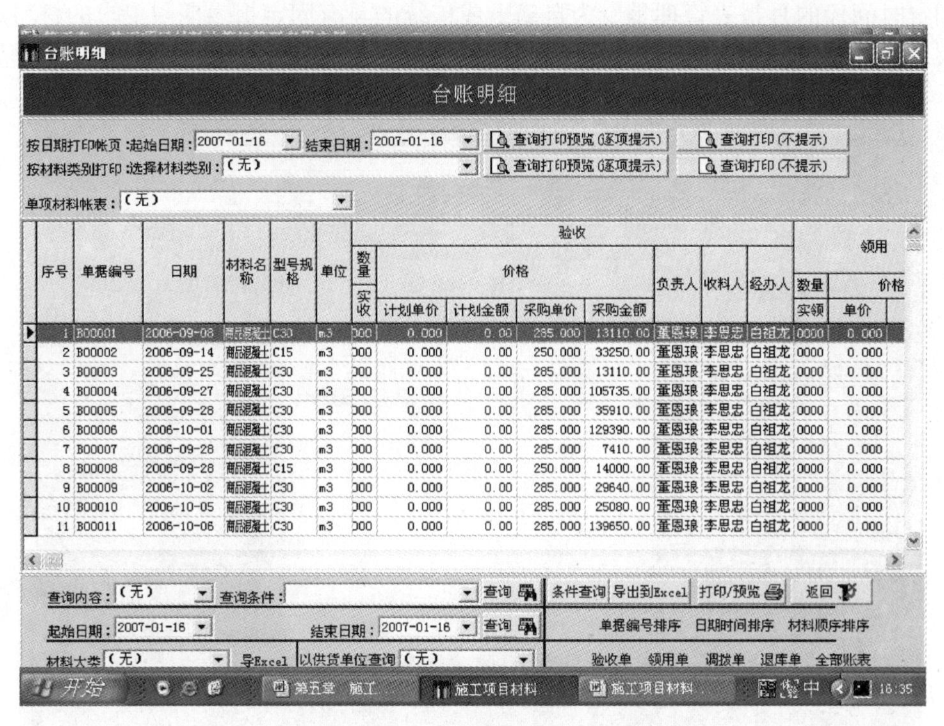

序号	单据编号	日期	材料名称	型号规格	单位	验收 数量 实收	验收 价格 计划单价	计划金额	采购单价	采购金额	负责人	收料人	经办人	领用 数量 实领	领用 价格 单价
1	B00001	2006-09-08	商品混凝土	C30	m3	000	0.000	0.00	285.000	13110.00	董恩琅	李思忠	白祖龙	0000	0.000
2	B00002	2006-09-14	商品混凝土	C15	m3	000	0.000	0.00	250.000	33250.00	董恩琅	李思忠	白祖龙	0000	0.000
3	B00003	2006-09-25	商品混凝土	C30	m3	000	0.000	0.00	285.000	13110.00	董恩琅	李思忠	白祖龙	0000	0.000
4	B00004	2006-09-27	商品混凝土	C30	m3	000	0.000	0.00	285.000	105735.00	董恩琅	李思忠	白祖龙	0000	0.000
5	B00005	2006-09-28	商品混凝土	C30	m3	000	0.000	0.00	285.000	35910.00	董恩琅	李思忠	白祖龙	0000	0.000
6	B00006	2006-10-01	商品混凝土	C30	m3	000	0.000	0.00	285.000	129390.00	董恩琅	李思忠	白祖龙	0000	0.000
7	B00007	2006-09-28	商品混凝土	C30	m3	000	0.000	0.00	285.000	7410.00	董恩琅	李思忠	白祖龙	0000	0.000
8	B00008	2006-09-28	商品混凝土	C15	m3	000	0.000	0.00	250.000	14000.00	董恩琅	李思忠	白祖龙	0000	0.000
9	B00009	2006-10-02	商品混凝土	C30	m3	000	0.000	0.00	285.000	29640.00	董恩琅	李思忠	白祖龙	0000	0.000
10	B00010	2006-10-05	商品混凝土	C30	m3	000	0.000	0.00	285.000	25080.00	董恩琅	李思忠	白祖龙	0000	0.000
11	B00011	2006-10-06	商品混凝土	C30	m3	000	0.000	0.00	285.000	139650.00	董恩琅	李思忠	白祖龙	0000	0.000

图 5-12

材料的月报表处理，分固定时间段的月报表管理和任意时间段的报表管理两种，如图 5-13 所示。

料具收发耗用结存月报表

序号	材料名称	型号规格	计量单位	单价	上月结存 数量	上月结存 金额	收入数量（按来源分）合计 数量	合计 金额	项目自购	上级供应	业主供应	同级调入
1	圆钢	φ10	t	2897.1			8.885	25740.73	8.885			
2	圆钢	φ12	t	2897.1			33.572	97261.44	33.572			
3	圆钢	φ6.5	t	2912.56			55.755	162389.78	55.755			
4	圆钢	φ8	t	2912.56			118.670	345633.50	118.670			
5	二级带肋钢筋	12HRB335	t	2953.25			85.914	253725.52	85.914			
6	二级带肋钢筋	14HRB335	t	2953.25			33.320	98402.29	33.320			
7	二级带肋钢筋	16HRB335	t	2931.18			19.912	58365.66	19.912			
8	二级带肋钢筋	18HRB335	t	2931.18			5.004	14667.62	5.004			
9	二级带肋钢筋	20HRB335	t	2903.54			86.925	252390.21	86.925			
10	二级带肋钢筋	22HRB335	t	2903.54			68.408	198625.36	68.408			
11	二级带肋钢筋	25HRB335	t	2903.54			106.033	307871.06	106.033			
12	二级带肋钢筋	28HRB335	t	2897.84			6.000	17387.04	6.000			
13	三级带肋钢筋	14HRB400	t	2953.25			14.375	42452.97	14.375			
14	三级带肋钢筋	16HRB400	t	2931.18			35.126	102960.63	35.126			
15	三级带肋钢筋	18HRB400	t	2931.18			15.840	46429.89	15.840			
16	三级带肋钢筋	20HRB400	t	2903.54			62.244	180727.94	62.244			
17	三级带肋钢筋	22HRB400	t	2903.54			59.004	171320.47	59.004			

图 5-13

固定时间段的月报表管理是专为自动生成传统的具有固定报表期限要求的材料成本核算月报表——收发耗用结存月报表设计的，可以每月生成后长期保存，如图 5-14 所示。

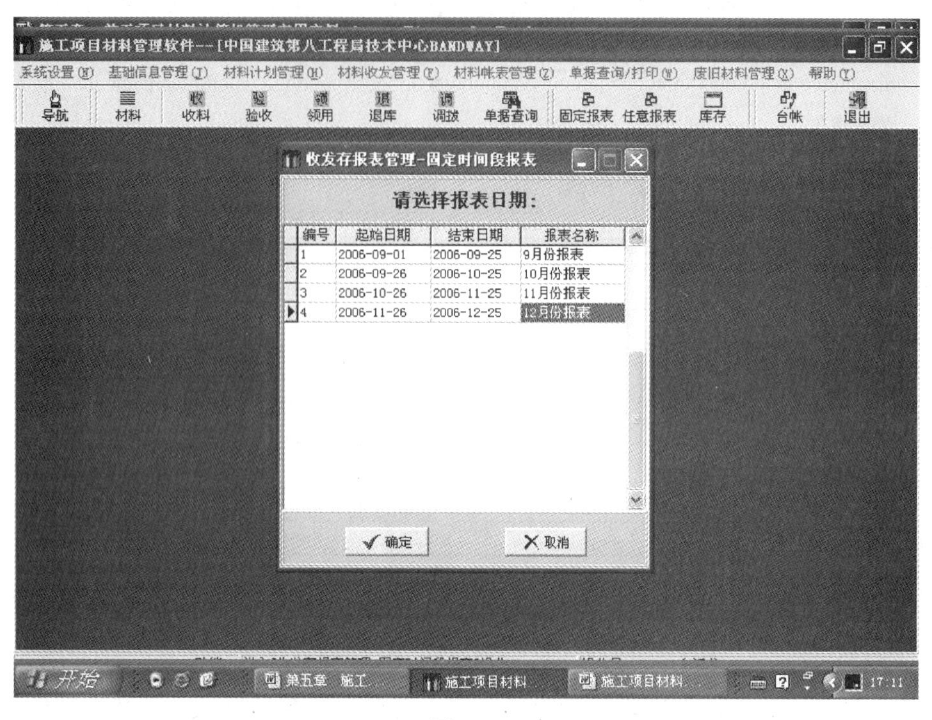

图 5-14

序号	材料名称	型号规格	计量单位	单价	上月结存		收入数量(按来源分)					
							合计		项目自购	上级供应	业主供应	同级调入
					数量	金额	数量	金额				
1	圆钢	φ10	t	2897.1			143.852	416753.63	143.852			
2	圆钢	φ12	t	2897.1			33.572	97261.44	33.572			
3	圆钢	φ6.5	t	2912.56			55.755	162389.78	55.755			
4	圆钢	φ8	t	2912.56			383.570	117170.64	383.570			
5	二级带肋钢筋	12HRB335	t	2953.25			309.293	913419.55	309.293			
6	二级带肋钢筋	14HRB335	t	2953.25			33.320	98402.29	33.320			
7	二级带肋钢筋	16HRB335	t	2931.18			143.231	419835.84	143.231			
8	二级带肋钢筋	18HRB335	t	2931.18			60.804	178227.47	60.804			
9	二级带肋钢筋	20HRB335	t	2903.54			220.991	641656.21	220.991			
10	二级带肋钢筋	22HRB335	t	2903.54			89.327	259364.52	89.327			
11	二级带肋钢筋	25HRB335	t	2903.54			106.033	307871.06	106.033			
12	二级带肋钢筋	28HRB335	t	2897.84			6.000	17387.04	6.000			
13	三级带肋钢筋	8HRB400	t	3070.62			323.676	993886.00	323.676			
14	三级带肋钢筋	10HRB400	t	3070.62			24.188	74272.16	24.188			
15	三级带肋钢筋	14HRB400	t	2953.25			49.213	145338.29	49.213			
16	三级带肋钢筋	16HRB400	t	2931.18			89.074	261091.93	89.074			
17	三级带肋钢筋	18HRB400	t	2931.18			41.400	121350.85	41.400			

图 5-15

任意时间段的报表管理，适用于随时更改收发耗用结存报表数据的起止期限设计的，不作长期保存，随时查询、随时生成。当需要统计各种材料某月（或自年初累计、自开工

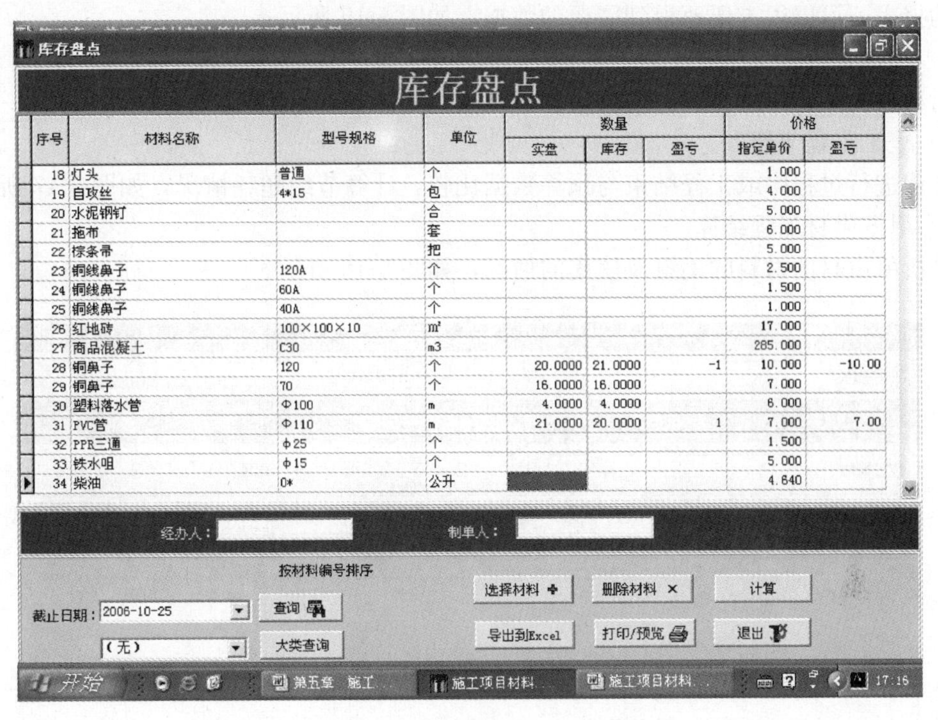

序号	材料名称	型号规格	单位	数量			价格	
				实盘	库存	盈亏	指定单价	盈亏
18	灯头	普通	个				1.000	
19	自攻丝	4*15	包				4.000	
20	水泥钢钉		合				5.000	
21	拖布		套				6.000	
22	棕条帚		把				5.000	
23	铜线鼻子	120A	个				2.500	
24	铜线鼻子	60A	个				1.500	
25	铜线鼻子	40A	个				1.000	
26	红地砖	100×100×10	m²				17.000	
27	商品混凝土	C30	m3				285.000	
28	铜鼻子	120	个	20.0000	21.0000	-1	10.000	-10.00
29	铜鼻子	70	个	16.0000	16.0000		7.000	
30	塑料落水管	Φ100	m	4.0000	4.0000		6.000	
31	PVC管	Φ110	m	21.0000	20.0000	1	7.000	7.00
32	PPR三通	ϕ25	个				1.500	
33	铁水咀	ϕ15	个				5.000	
34	柴油	0*	公升				4.640	

图 5-16

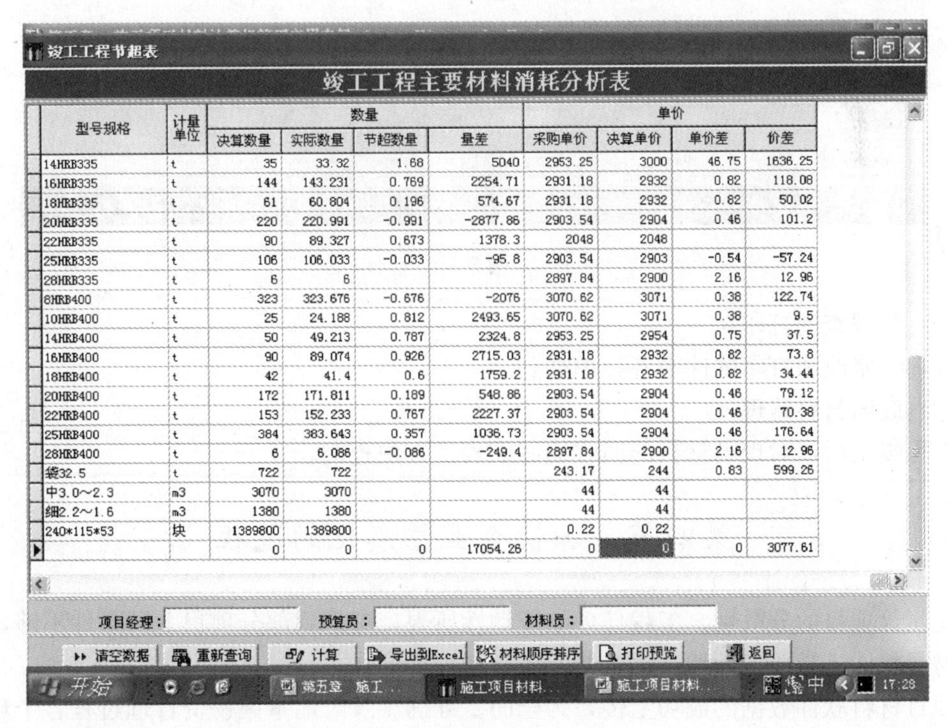

型号规格	计量单位	数量				单价			
		决算数量	实际数量	节超数量	量差	采购单价	决算单价	单价差	价差
14HRB335	t	35	33.32	1.68	5040	2953.25	3000	46.75	1636.25
16HRB335	t	144	143.231	0.769	2254.71	2931.18	2932	0.82	118.08
18HRB335	t	61	60.804	0.196	574.67	2931.18	2932	0.82	50.02
20HRB335	t	220	220.991	-0.991	-2877.86	2903.54	2904	0.46	101.2
22HRB335	t	90	89.327	0.673	1378.3	2048	2048		
25HRB335	t	106	106.033	-0.033	-95.8	2903.54	2903	-0.54	-57.24
28HRB335	t	6	6			2897.84	2900	2.16	12.96
8HRB400	t	323	323.676	-0.676	-2076	3070.62	3071	0.38	122.74
10HRB400	t	25	24.188	0.812	2493.65	3070.62	3071	0.38	9.5
14HRB400	t	50	49.213	0.787	2324.8	2953.25	2954	0.75	37.5
16HRB400	t	90	89.074	0.926	2715.03	2931.18	2932	0.82	73.8
18HRB400	t	42	41.4	0.6	1759.2	2931.18	2932	0.82	34.44
20HRB400	t	172	171.811	0.189	548.86	2903.54	2904	0.46	79.12
22HRB400	t	153	152.233	0.767	2227.37	2903.54	2904	0.46	70.38
25HRB400	t	384	383.643	0.357	1036.73	2903.54	2904	0.46	176.64
28HRB400	t	6	6.086	-0.086	-249.4	2897.84	2900	2.16	12.96
袋32.5	t	722	722			243.17	244	0.83	599.26
中3.0～2.3	m3	3070	3070			44	44		
细2.2～1.6	m3	1380	1380			44	44		
240*115*53	块	1389800	1389800			0.22	0.22		
		0	0	0	17054.26	0	0	0	3077.61

图 5-17

累计）收入数、领用、调拨或退库数据，或者只是需要查询某一材料品种（如钢材）不同时间段（如某月或自年初累计或自开工累计）的进、出数据时，通过这个功能生成相应时间段的报表，可以很方便地得到需要的数据，如图 5-15 所示。

3）库存管理。

对材料的库存进行盘点，生成库存盘点表，如图 5-16 所示。

4）竣工工程节超表。

工程进行过程中或工程结束与预算数据比较，计算节约超耗情况，如图 5-17 所示。

5）甲方供材工程结算。

分析甲供材的材料的用量及使用的情况，如图 5-18 所示。

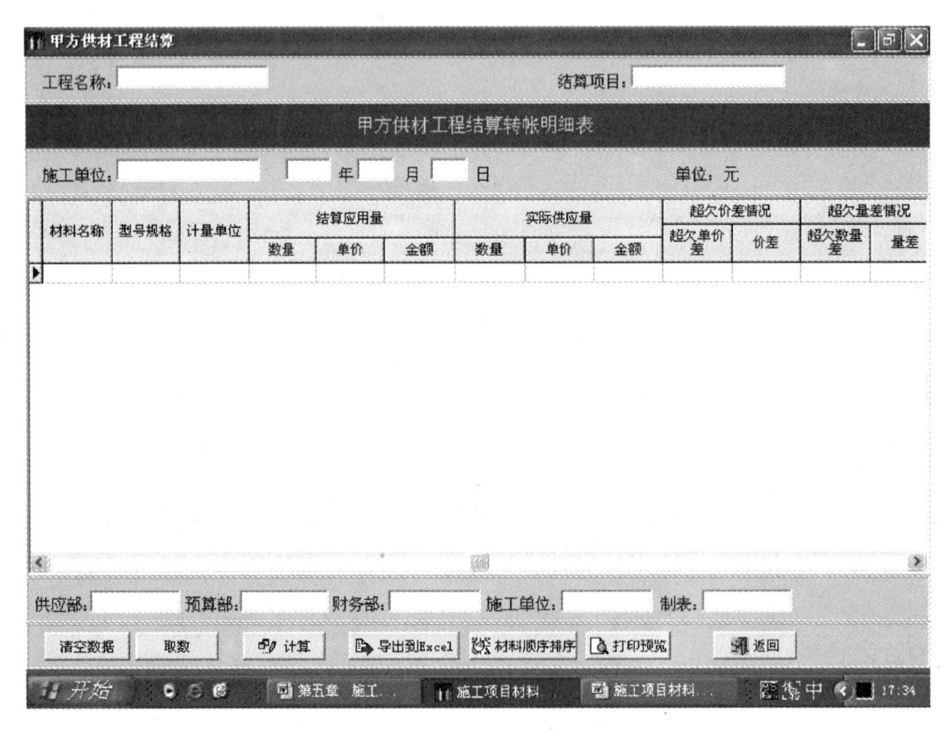

图 5-18

（6）单据查询打印

查询、修改和打印软件中各种单据。

（7）废旧材料管理

工程竣工后，对现场材料的回收编制成表，方便查询。

第四节　加快企业信息化的过程

受建筑项目的分散性、工程任务的流动性所限，考虑到部分项目上网条件不够，目前这套材料软件还是单机版加数据定期上传这样一种形式。

项目材料软件数据的成功上传，为全面、准确、及时地掌握物资管理过程各个环节的各种动态数据奠定了基础，为切实提高公司对基层材料成本的控制水平、顺利实现系统内大力倡导的“三集中”奠定了基础，它标志着该公司物资管理的信息化已经迈出了重要的一步。

随着全国各地各行业信息化建设的不断发展，该公司已经在考虑借助系统内部平台创建一个既能很好地服务于项目又便于上级机关了解、汇总、分析材料信息和监督指导基层材料工作的网络化的物资管理平台。届时，基层所有的原始数据将实现在线操作或随时上传，公司、分公司端也将加强统计分析功能，充分利用信息化手段实现精细化管理。

我们相信，借助于各种越来越普及的先进的信息化管理手段，使各建筑企业的材料管理能力将得到大大提高，企业整体管理水平和效益将因此节节攀升！